辽宁省高水平特色专业群校企合作开发系列教材

摄影测量 4D 产品制作

赵　静　主　编

中国林业出版社
CFPH China Forestry Publishing House

内容简介

《摄影测量 4D 产品制作》是根据企业摄影测量 4D 产品生产及制作的流程及产品质量控制规程进行编写，内容包括空中三角测量、数字高程模型（DEM）生产 、数字正射影像图（DOM）生产、数字线划图（DLG）生产、数字栅格地图（DRG）制作、ESP 三维测图、质量控制与成果检查。

该教材可作为高职院校摄影测量与遥感技术专业及相关专业的教材，也可供其他相关专业的师生、工程技术人员和研究人员学习参考。

图书在版编目（CIP）数据

摄影测量 4D 产品制作/赵静主编．—北京：中国林业出版社，2021.4
辽宁省高水平特色专业群校企合作开发系列教材
ISBN 978-7-5219-1090-2

Ⅰ.①摄…　Ⅱ.①赵…　Ⅲ.①摄影测量-高等职业教育-教材　Ⅳ.①P23

中国版本图书馆 CIP 数据核字（2021）第 048076 号

策划编辑：高兴荣　范立鹏　肖基浒
责任编辑：郑雨馨
责任校对：苏　梅
封面设计：五色空间

出版发行　中国林业出版社
（100009，北京市西城区刘海胡同 7 号，电话 83223120）
电子邮箱　cfphzbs@163.com
网　　址　www.forestry.gov.cn/lycb.html
印　　刷　北京中科印刷有限公司
版　　次　2021 年 4 月第 1 版
印　　次　2021 年 4 月第 1 次印刷
开　　本　787mm×1092mm　1/16
印　　张　12.75
字　　数　310 千字
定　　价　40.00 元

《摄影测量4D产品制作》编写人员

主　编　赵　静

副主编　刘丹丹　娄安颖

编　者　（按姓氏笔画排序）

马晓丹（大连智慧星云科技有限公司）

方德涛（辽宁省自然资源事务服务中心）

刘　莹（辽宁生态工程职业学院）

刘丹丹（辽宁生态工程职业学院）

李英会（辽宁生态工程职业学院）

娄安颖（辽宁生态工程职业学院）

赵　静（辽宁生态工程职业学院）

前 言

摄影测量4D产品一般由数字高程模型(DEM)、数字正射影像图(DOM)、数字线划图(DLG)、数字栅格地图(DRG)组成。摄影测量4D产品制作是摄影测量与遥感专业的核心技能，但现有的摄影测量4D产品制作相关教材大多适用于本科层次的教学，重理论、轻实践，主要采取传统学科体系编写模式，用到的软件多为陈旧版本。为适应学生实践技能和创新能力的培养要求，急需编写一部适用于高职专科层次的教材。

本教材坚持理论与实践一体化的原则，遵循“以项目为载体、以学生为主体、以就业为导向”的设计理念，根据摄影测量4D产品制作流程设计空中三角测量、数字高程模型生产、数字正射影像图生产、数字线划图生产、数字栅格地图制作、三维测图、质量控制与成果检查7个项目，分别选用4D产品制作的相关主流软件Inpho、MapMatrix、Pix4D mapper、EPS及ArcGIS。

本教材由赵静担任主编，刘丹丹、娄安颖担任副主编，具体分工如下：赵静负责整体设计、统稿以及项目1、项目5和项目6的编写；娄安颖负责项目2和项目3的编写；李英会负责项目4的编写；方德涛负责项目7的编写；刘丹丹负责全书数据编辑处理及知识准备的撰写；马晓丹、刘莹负责全书企业案例和数据的制作。

本教材可作为高等职业院校测绘、林业、农业等相关专业的学习用书，对其他从事遥感技术的科技人员也有一定的帮助。

本教材的编写得到辽宁生态工程职业学院有关领导、专家的悉心指导和大力支持，也得到大连智慧星云科技有限公司薛盛娟、万程和沈阳博盛测绘科技有限公司闻绍川的技术指导与帮助，在此一并表示感谢。

由于编写人员水平有限，经验不足，教材中难免会存在不足之处，恳请读者批评指正。

编 者

2020年12月

目　录

项目1 空中三角测量

○ 项目概述

在立体摄影测量中，空中三角测量是指根据少量的野外控制点，在室内进行控制点加密，求得加密点的高程和平面位置的测量方法。其主要目的是为缺少野外控制点的地区测图提供绝对定向的控制点。空中三角测量一般分为两种：模拟空中三角测量，即光学机械法空中三角测量；解析空中三角测量，即电算加密。模拟空中三角测量是利用全能型立体测量仪器(如多倍仪)进行的空中三角测量，是在仪器上恢复与摄影时相似或相应的航线立体模型，并根据测图需要选定加密点测定其高程和平面位置的测量方法。解析空中三角测量是指航空摄影测量中利用像片内在的几何特性，在室内加密控制点的方法，即利用连续摄取的具有一定重叠的航摄像片，依据少量野外控制点，以摄影测量方法建立同实地相应的航线模型或区域网模型(光学的或数字的)，从而获取加密点的平面坐标和高程，主要用于测地形图。

本项目内容主要包括基于 Inpho 软件开展空中三角测量、基于 Pix4D mapper 软件开展空中三角测量和解析空中三角测量结果导入 MapMatrix 3 个任务。通过该项目的学习，应能够利用 Inpho 或 Pix4D 软件完成空中三角测量操作，将处理后的结果导入 MapMatrix 软件中，为后期的摄影测量 4D 产品制作提供数据支持。

○ 知识目标

(1)掌握空中三角测量的原理。

(2)掌握空中三角测量的常用方法。

(3)了解空中三角测量的常用软件。

○ 技能目标

(1)能熟练使用 Inpho 软件进行空中三角测量。

(2)能熟练使用 Pix4D 软件进行空中三角测量。

(3)能够将空中三角测量的成果导入其他软件进行航测产品制作。

○ 素质目标

(1)培养学生认真严谨的工作态度。

(2)培养学生对测绘成果数据保密的意识。

(3)培养学生不怕失败、勇于挑战的精神。

任务 1-1　基于 Inpho 软件开展空中三角测量

任务描述

在 Inpho 软件下进行空中三角测量，并生成质量报告。

任务目标

（1）了解 Inpho 软件的主要功能。
（2）掌握利用 Inpho 软件进行空中三角测量的流程。
（3）能够利用 Inpho 软件完成空中三角测量。

相关知识

Inpho 软件是航空摄影中使用范围很广的一款软件，可处理无人机、有人机拍摄的垂直影像数据，支持大规模数据量，数据处理精度高，可人工参与数据处理流程、控制中间过程数据的精度，以达到最终控制精度的目的。目前，Inpho 软件是主流的航空摄影测量软件，支持对大飞机数据的空三（即解析空中三角测量）加密，同时有专门的无人机模块对无人机数据进行空三加密，对飞行姿态不稳定的无人机数据的处理具有明显优势。

任务实施

1. 新建工程

打开 ApplicationsMaster 主界面，如图 1-1 所示，从黑色框线标识的接口航空摄影传感

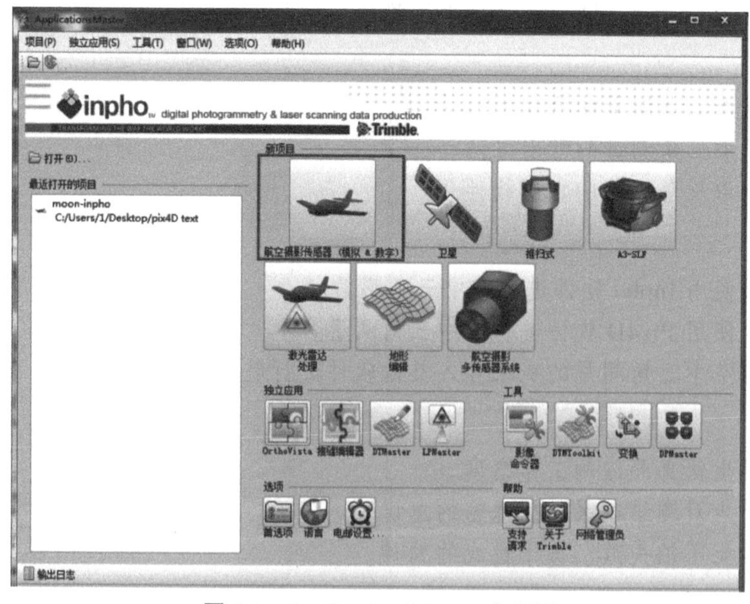

图 1-1　ApplicationsMaster 主界面

器(模拟 & 数字)进入框幅式影像新建工程界面，弹出基本对话框，单击基本对话框上【确认】按钮，进入编辑项目对话框，如图 1-2 所示。在编辑项目窗口中，完善摄影机/传感器、像片(框幅类型)、GNSS/IMU-近似 EO、点 、航条等信息，并通过影像命令器为所有影像生成金字塔，以完成新建工程任务。

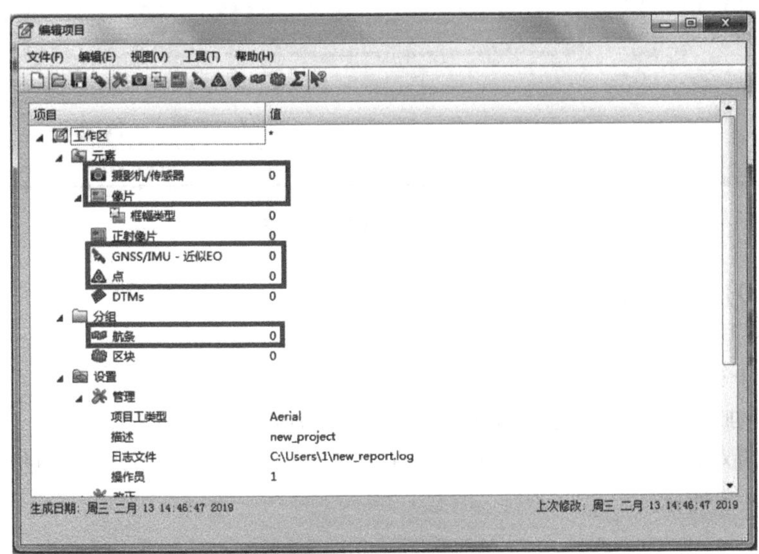

图 1-2　编辑项目对话框

1) 设置相机文件

①在编辑项目窗口(图 1-2)，双击【摄影机/传感器】，打开摄影机对话框(图 1-3)，在摄影机对话框中单击 (添加新条目)按钮，弹出添加新摄影机对话框，在添加新摄影机对话框中进行设置(图 1-4)。

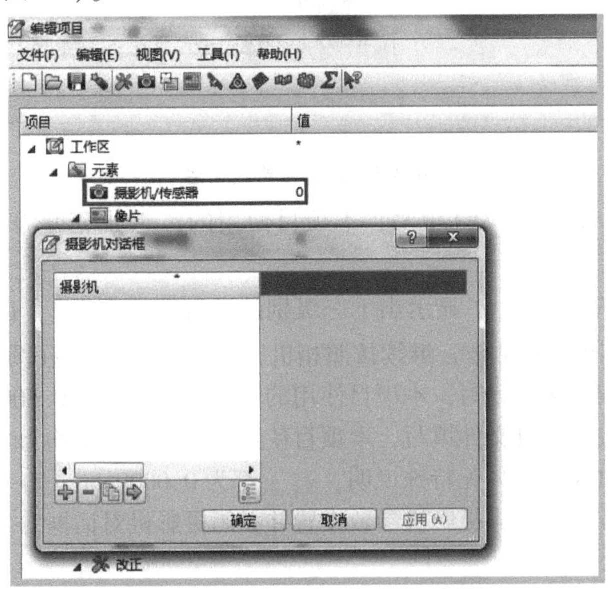

图 1-3　打开摄影机/传感器对话框

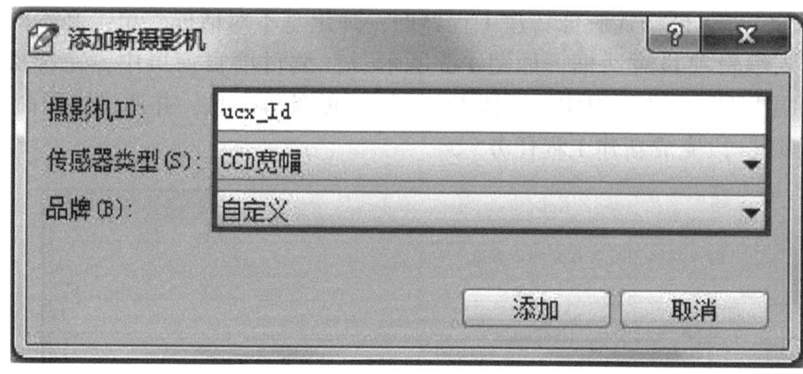

图 1-4　添加新摄影机对话框

【摄影机 ID】：自行定义，如 ucx_Id。

【传感器类型】：下拉选择 CCD 宽幅。

【品牌】：下拉选择自定义。

②单击【添加】按钮，完成新摄影机添加，返回摄影机对话框。

③在摄影机对话框中，让 ucx_Id 处于选中状态，右侧显示摄影机对话框，完善摄影机信息，如图 1-5 所示。

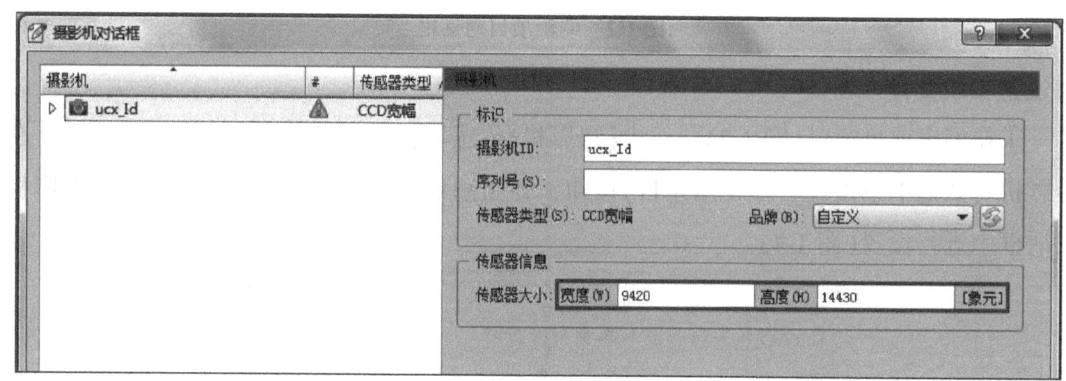

图 1-5　完善摄影机信息

【传感器信息】：按相机文件填写，本项目使用的传感器宽度为 9420 像元，高度为 14430 像元。

④单击 ucx_Id 左侧的 ▷，显示出下一级别的平台和校准集 1，让校准集 1 处于选中状态，右侧显示校准集 1 对话框，继续按照相机文件完善相关信息(图 1-6)。

【焦距】：按照相机文件填写，本项目使用的传感器焦距为 100.5000mm。

【象元大小】：按照相机文件填写，本项目使用的宽度和高度均为 7.2000mm。

【自准直主点(PPA)】：如无特殊说明，x、y 都为 0.0000mm。

⑤单击【确定】按钮，完成摄影机参数设置并关闭摄影机对话框。

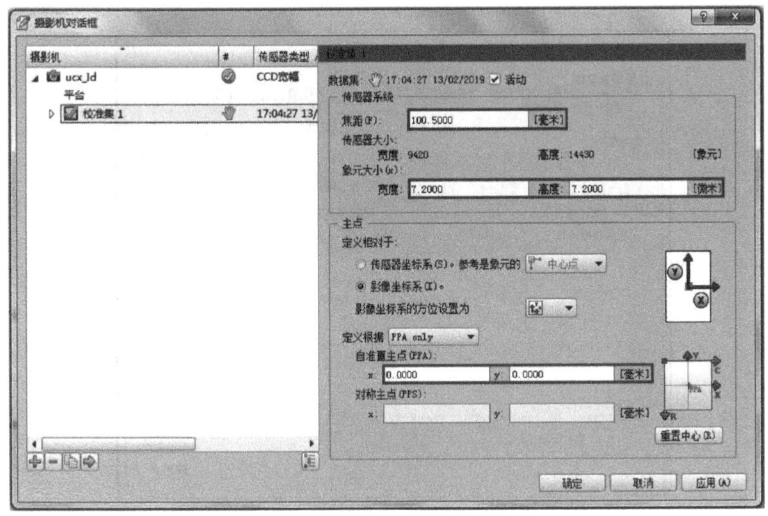

图 1-6　完善校准集 1 信息

2) 导入 POS 文件

①在编辑项目窗口，双击【GNSS/IMU-近似 EO】，打开 GNSS/IMU 对话框(图 1-7)，在 GNSS/IMU 对话框中单击【导入】，弹出 GNSS/IMU 导入器对话框。在 GNSS/IMU 导入器对话框(图 1-8)中单击 ... 按钮，找到制作好的 POS 文件，将其在 GNSS/IMU 导入器中打开，单击【下一步】→【下一步】，进入 GNSS/IMU 导入器的分配列域格式界面(图 1-9)，在该界面中指定对应列的含义。继续单击【下一步】→【下一步】→【下一步】→【下一步】→【完成】，关闭 GNSS/IMU 导入器，将 POS 文件在 GNSS/IMU 对话框中打开，如图 1-10 所示。

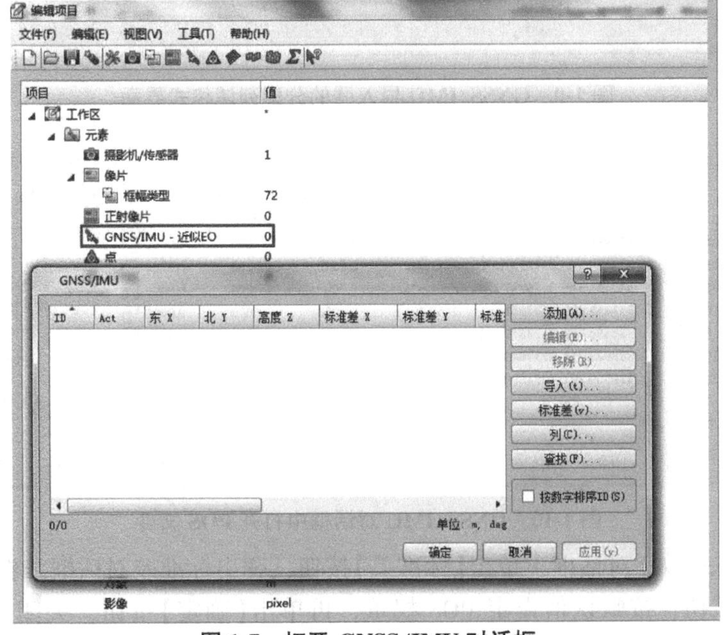

图 1-7　打开 GNSS/IMU 对话框

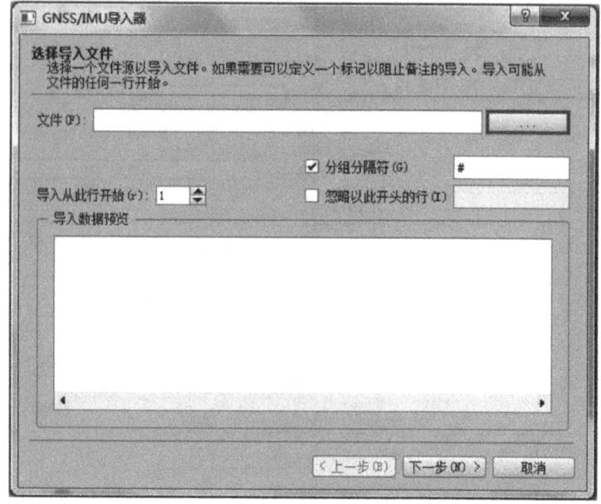

图 1-8 GNSS/IMU 导入器对话框

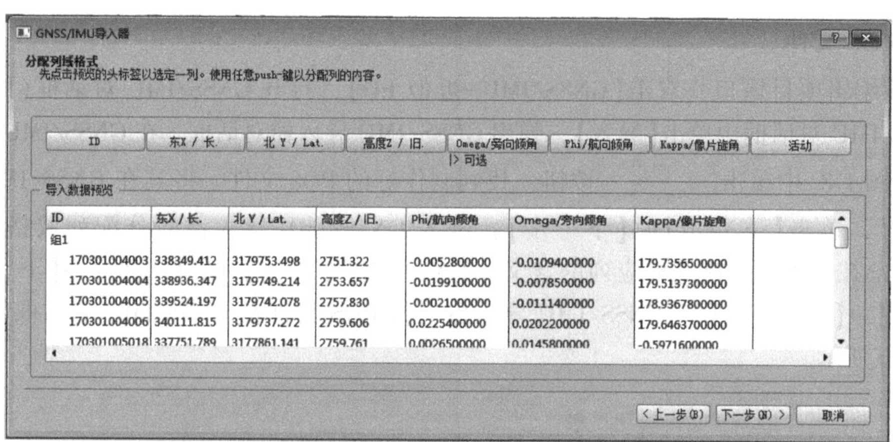

图 1-9 GNSS/IMU 导入器的分配列域格式界面

GNSS/IMU

ID	Act	东 X	北 Y	高度 Z	标准差 X	标准差 Y	标准差 Z	Act
170301004003	☑	338349.412	3179753.498	2751.322	0.0000	0.0000	0.0000	☑
170301004004	☑	338936.347	3179749.214	2753.657	0.0000	0.0000	0.0000	☑
170301004005	☑	339524.197	3179742.078	2757.830	0.0000	0.0000	0.0000	☑
170301004006	☑	340111.815	3179737.272	2759.606	0.0000	0.0000	0.0000	☑
170301005018	☑	337751.789	3177861.141	2759.761	0.0000	0.0000	0.0000	☑
170301005019	☑	338336.953	3177849.831	2758.315	0.0000	0.0000	0.0000	☑
170301005020	☑	338923.213	3177840.701	2748.264	0.0000	0.0000	0.0000	☑
170301005021	☑	339509.292	3177830.686	2743.789	0.0000	0.0000	0.0000	☑

添加(A)... 编辑(E)... 移除(R) 导入(t)... 标准差(v)... 列(C)... 查找(F)... 按数字排序ID(S)

0/694 单位：m, deg

确定 取消 应用(y)

图 1-10 GNSS/IMU 对话框中打开 POS 文件

②单击 GNSS/IMU 对话框，单击【标准差】按钮，弹出标准差对话框。在标准差对话框中单击【默认】按钮，按默认值设定 POS 权重，再单击【确定】按钮，关闭标准差对话框。

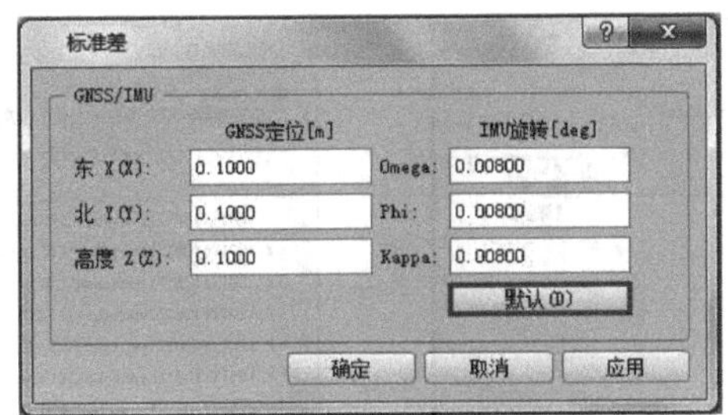

图 1-11　标准差对话框

在 GNSS/IMU 对话框中，单击【确定】按钮，完成 POS 文件导入并关闭 GNSS/IMU 对话框（图 1-11）。

3）导入影像

①在编辑项目窗口，双击【框幅类型】，打开框幅像片对话框，在框幅像片对话框中单击【导入】→【影像文件】，打开框幅像片导入器对话框，如图 1-12 所示。在框幅像片导入器对话框单击【添加】→【选择目录】，找到影像所在目录，通过目录将所有的影像添加到框幅像片导入器中，经过分析确定该测区的地形高度为 5m，所以设置地形高度为该值，如图 1-13、图 1-14 所示。

②在框幅像片导入器对话框中，单击【下一步】→【下一步】→【完成】，完成影像导入并关闭框幅像片导入器对话框，返回框幅像片对话框，单击框幅像片对话框上的【确定】按钮，关闭框幅像片对话框。

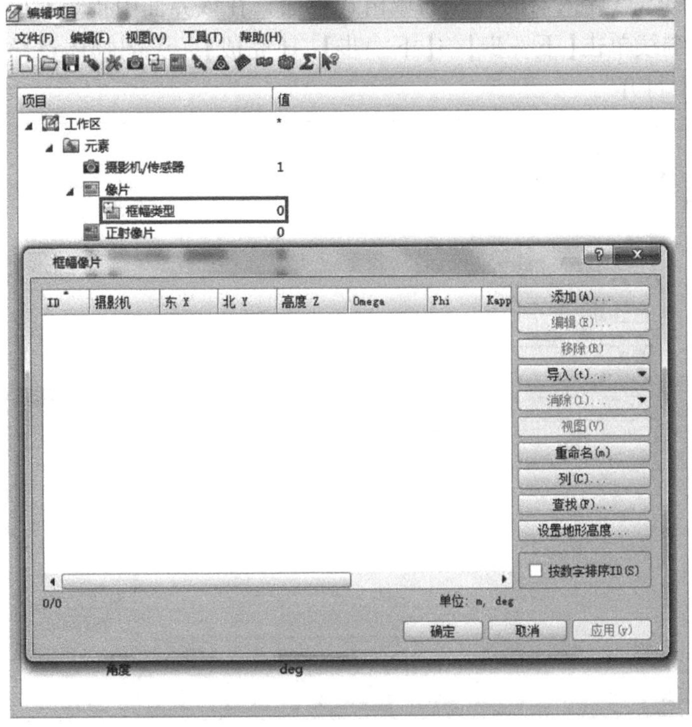

图 1-12　打开框幅像片对话框

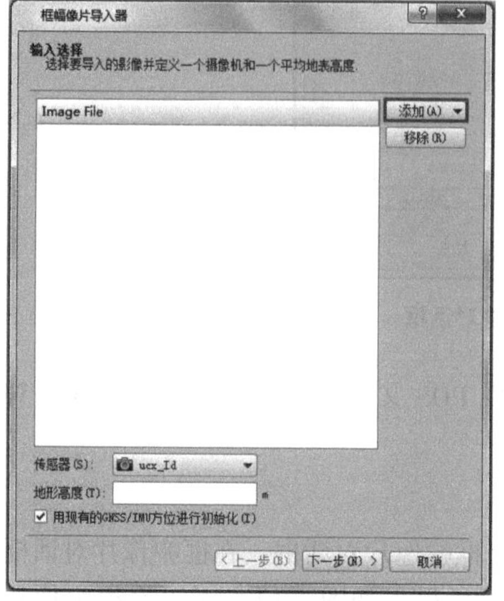

图 1-13　添加框幅像片

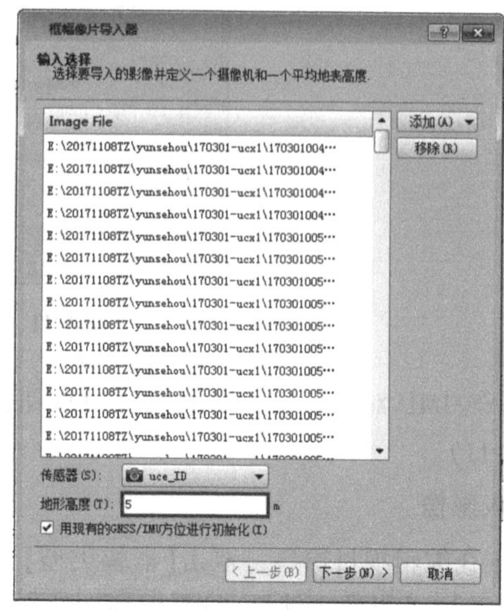

图 1-14　设置平均地形高度

4) 导入控制点文件

①在编辑项目窗口，双击【点】，打开控制点对话框，如图 1-15 所示。在点对话框中单击【导入】，弹出物体点导入器对话框，如图 1-16 所示。在物体点导入器对话框中单击 ... 按钮，找到制作好的控制点文件，将其在物体点导入器中打开，单击【下一步】→【下一步】，进入物体点导入器的分配列域格式界面，在该界面中指定对应列的含义，结果如图 1-17 所示。继续单击【下一步】→【下一步】→【完成】，关闭物体点导入器，将控制点文件在点对话框中打开。

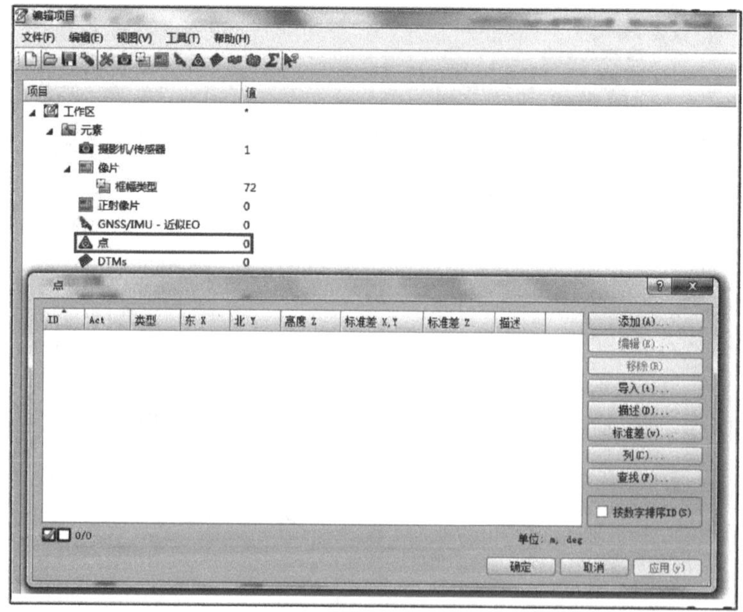

图 1-15　打开控制点对话框

图 1-16　物体点导入器对话框

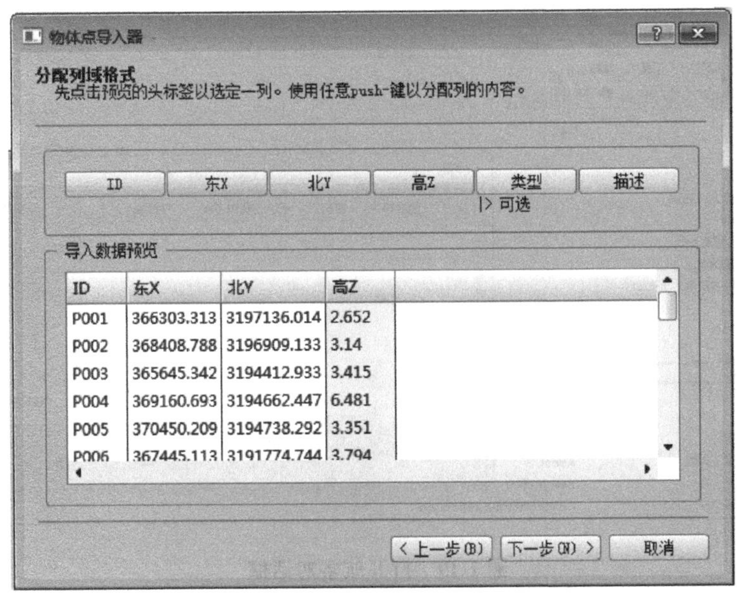

图 1-17　物体点导入器的分配列域格式界面

②在点对话框，单击【标准差】按钮，打开标准差对话框，结果如图 1-18 所示。在该对话框中，给控制点附权重，依次单击标准差向导按钮，按默认赋值即可，所有赋值完毕，单击【确定】按钮，关闭标准差对话框，返回点对话框，再单击点对话框上【确定】按钮，关闭点对话框，完成控制点文件的导入。

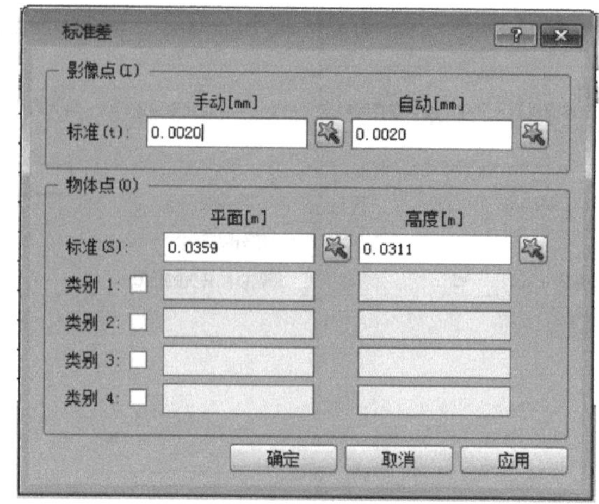

图 1-18　标准差对话框

5) 建立航带

在编辑项目窗口，双击【航条】，打开航条对话框，如图 1-19 所示。在航条对话框中单击【生成】，弹出航条生成向导对话框，单击【下一步】→【下一步】→【完成】，关闭航条生成器对话框，回到航条对话框，单击航条对话框上的【确认】按钮，关闭航条对话框，完成航带建立。

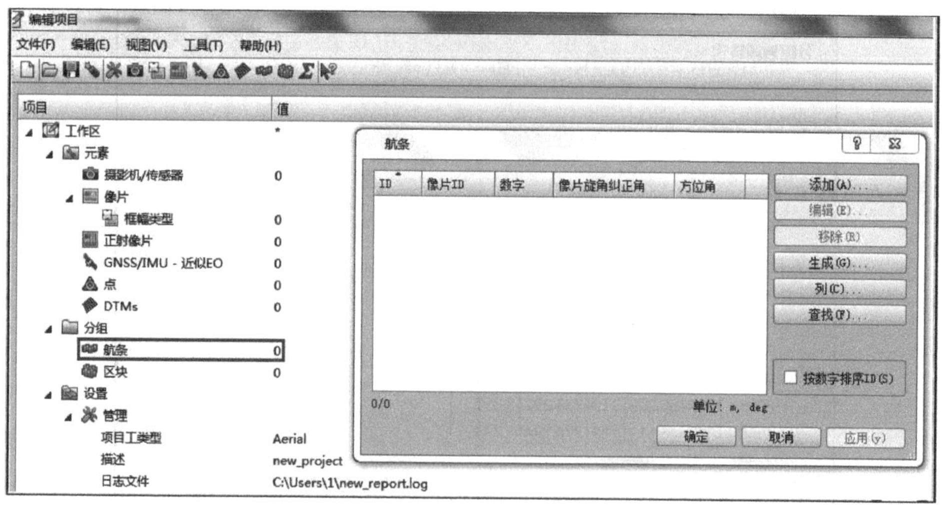

图 1-19　打开航条对话框

6) 生成影像金字塔

①在 ApplicationsMaster 主界面，如图 1-20 所示，单击黑色框线所标注的接口，打开影像命令器窗口。在影像命令器窗口，单击【添加】→【添加目录】，打开选择目录对话框，找到影像所在目录，通过目录将所有的影像添加到影像命令器窗口中，如图 1-21 所示。

图 1-20　打开影像命令器窗口

文件	概览	外部	深度	通道	生成图块	RGB索引
E:\20171108TZ\yunsehou\170301-ucx1\170301004003.TIF	0	否	8	3	图块已生成	[0,1,2]
E:\20171108TZ\yunsehou\170301-ucx1\170301004004.TIF	0	否	8	3	图块已生成	[0,1,2]
E:\20171108TZ\yunsehou\170301-ucx1\170301004005.TIF	0	否	8	3	图块已生成	[0,1,2]
E:\20171108TZ\yunsehou\170301-ucx1\170301004006.TIF	0	否	8	3	图块已生成	[0,1,2]
E:\20171108TZ\yunsehou\170301-ucx1\170301005018.TIF	0	否	8	3	图块已生成	[0,1,2]
E:\20171108TZ\yunsehou\170301-ucx1\170301005019.TIF	0	否	8	3	图块已生成	[0,1,2]
E:\20171108TZ\yunsehou\170301-ucx1\170301005020.TIF	0	否	8	3	图块已生成	[0,1,2]
E:\20171108TZ\yunsehou\170301-ucx1\170301005021.TIF	0	否	8	3	图块已生成	[0,1,2]
E:\20171108TZ\yunsehou\170301-ucx1\170301005022.TIF	0	否	8	3	图块已生成	[0,1,2]
E:\20171108TZ\yunsehou\170301-ucx1\170301005023.TIF	0	否	8	3	图块已生成	[0,1,2]
E:\20171108TZ\yunsehou\170301-ucx1\170301005024.TIF	0	否	8	3	图块已生成	[0,1,2]
E:\20171108TZ\yunsehou\170301-ucx1\170301005025.TIF	0	否	8	3	图块已生成	[0,1,2]
E:\20171108TZ\yunsehou\170301-ucx1\170301005026.TIF	0	否	8	3	图块已生成	[0,1,2]

影像命令器　添加(A)　移除(R)　处理影像概览(I)...　处理项目概览(P)...　停止处理(S)　RGB通道分配(C)...　渐晕...　RadioMetrix...　倾斜...　查看影像(V)　处理选项(P)　关闭

图 1-21　影像命令器窗口

②在影像命令器窗口，单击【RGB 通道分配】，打开 RGB 通道分配对话框，如图 1-22 所示，设置 RGB 的通道，设置后，单击【确定】按钮，关闭 RGB 通道分配对话框。单击【处理影像概览】，弹出生产概览对话框(图 1-23)，采用默认设置，单击【开始】按钮，即生成影像金字塔。

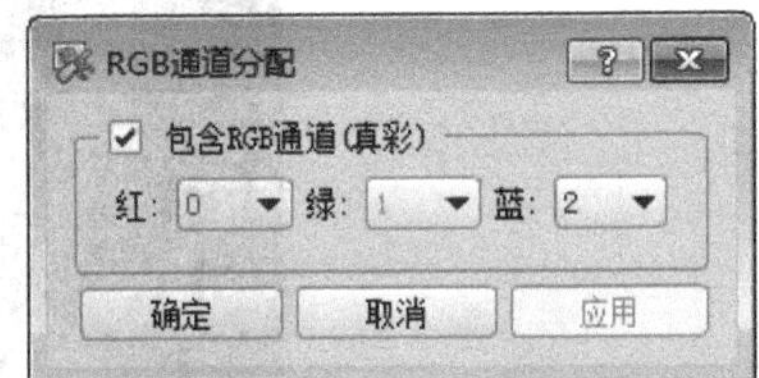

图 1-22　RGB 通道分配

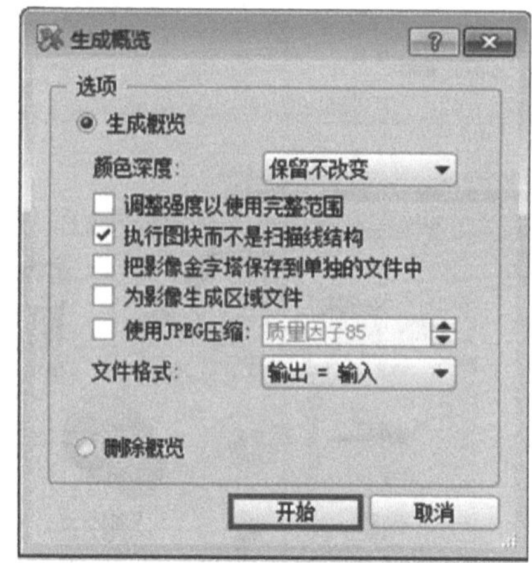

图 1-23　开始生成概览

2. 运行空三加密

①工程建立完成后，回到 ApplicationsMaster 主界面，如图 1-24 所示，在该界面上单击工具条上的按钮，打开摄影测量界面。在摄影测量界面，单击左侧的【影像】按钮，切换到影像属性表，用键盘上的 Ctrl+A 快捷键选中像片列表中所有影像记录，在影像记录上单击右键，将【显示样式】设置为【活动】，如图 1-25 所示。单击【选项】→【首选项】，弹出首选项窗口，切换到 Views 选项卡，勾选【在主视图显示航空影像(i)】前的单选按钮，如图 1-26 所示。经过以上设置，就可以在摄影测量界面显示影像。

②依次浏览并查看摄影测量界面中的所有影像，以确定工程是否建立成功，一般查看以下两个方面内容：一是查看 POS 点位置是否准确，二是查看是否有不接边的影像。若有问题，进行修改；若检查无误，关闭摄影测量界面，继续运行空三加密步骤。

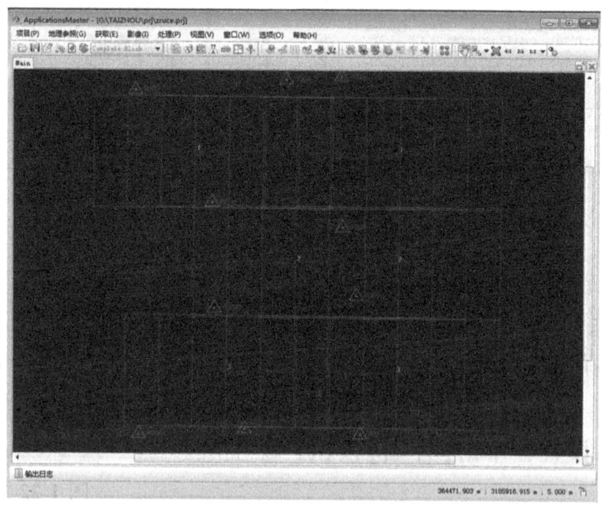

图 1-24　建立工程后的 ApplicationsMaster 主界面

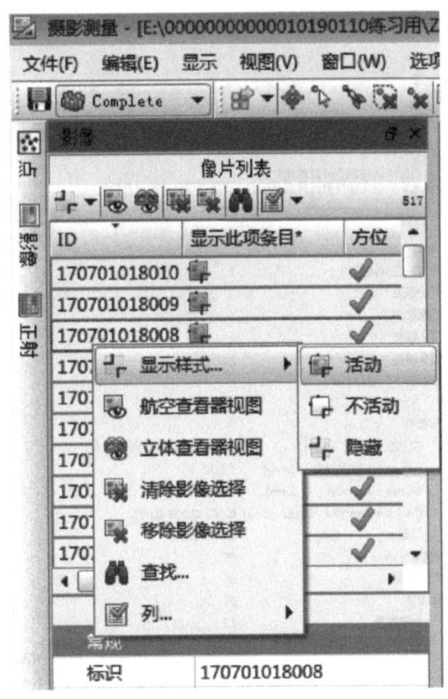

图 1-25　设置影像显示样式为活动

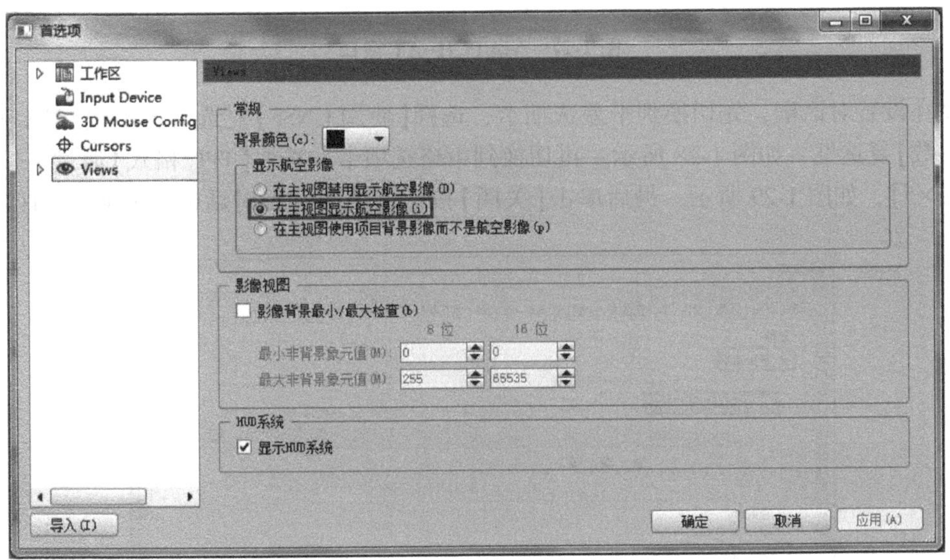

图 1-26　首选项对话框

1) 匹配连接点

①在 ApplicationsMaster 主界面，单击工具条中的按钮，在 MATCH-AT 窗口中，在【运行】选择处理步骤下拉菜单中选择【连接点自动提取和区域网平差】，如图 1-27 所示。然后单击【编辑】按钮，弹出设置对话框。

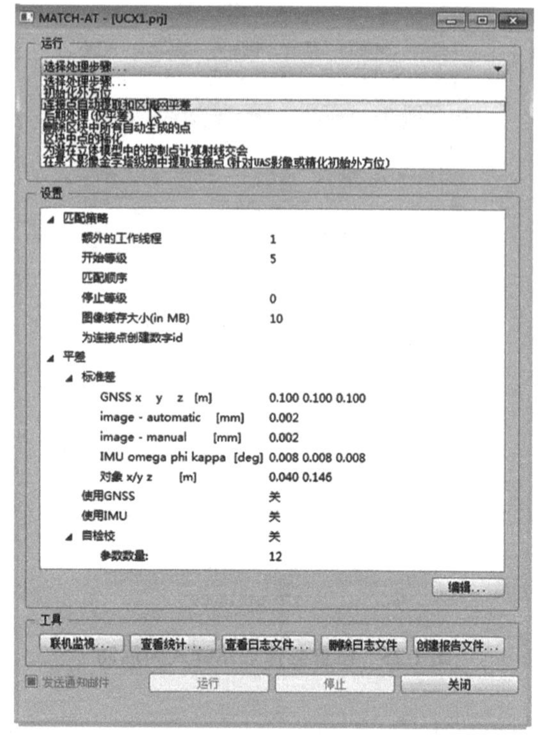

图 1-27　MATCH-AT 窗口

②在设置对话框，先切换到平差选项卡，选择【使用 GNSS】复选框，不选【计算移位/漂移参数】复选框，如图 1-28 所示。再切换到策略选项卡，选取【TPC 格式】通过下拉框设置为【5×5】，如图 1-29 所示。最后单击【关闭】按钮，关闭设置对话框，回到 MATCH-AT 窗口。

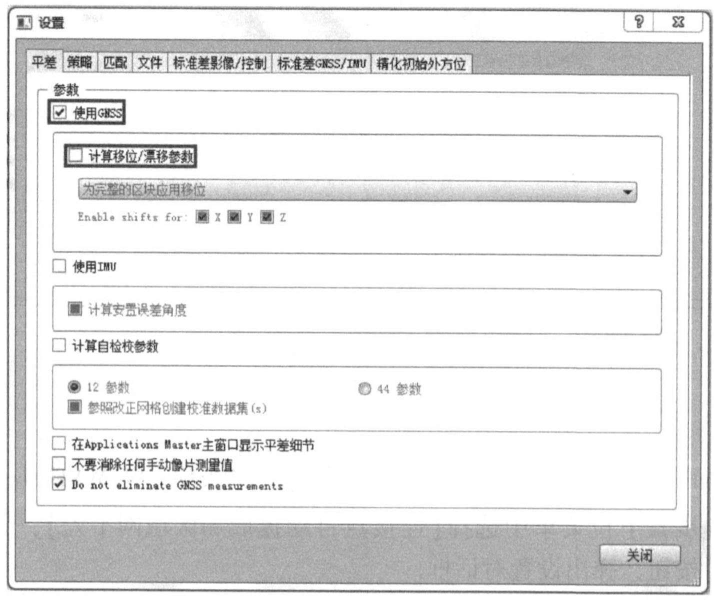

图 1-28　设置对话框的平差选项卡

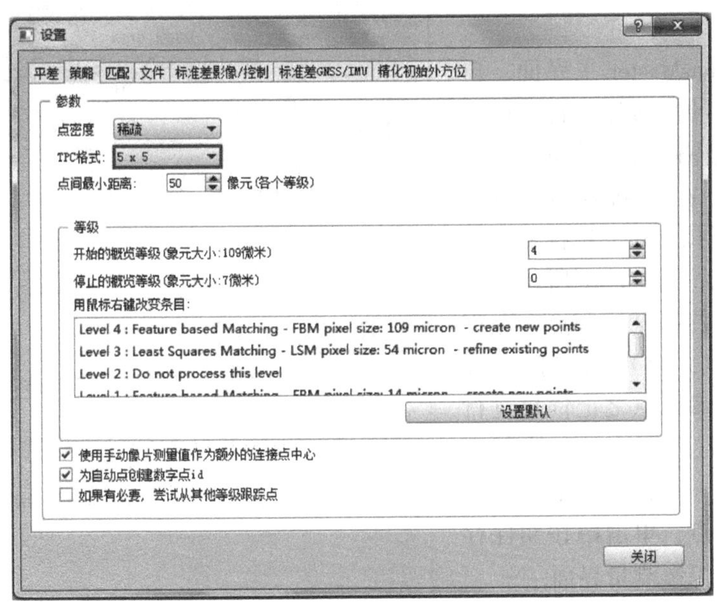

图 1-29　设置对话框的策略选项卡

③在 MATCH-AT 窗口，单击【运行】按钮，开始匹配连接点。连接点匹配后，单击【查看平差统计】按钮，弹出查看平差统计对话框，切换到像片观测值选项卡，查看连接点最大值，如图 1-30 所示。检查无误后，关闭 MATCH-AT 窗口。

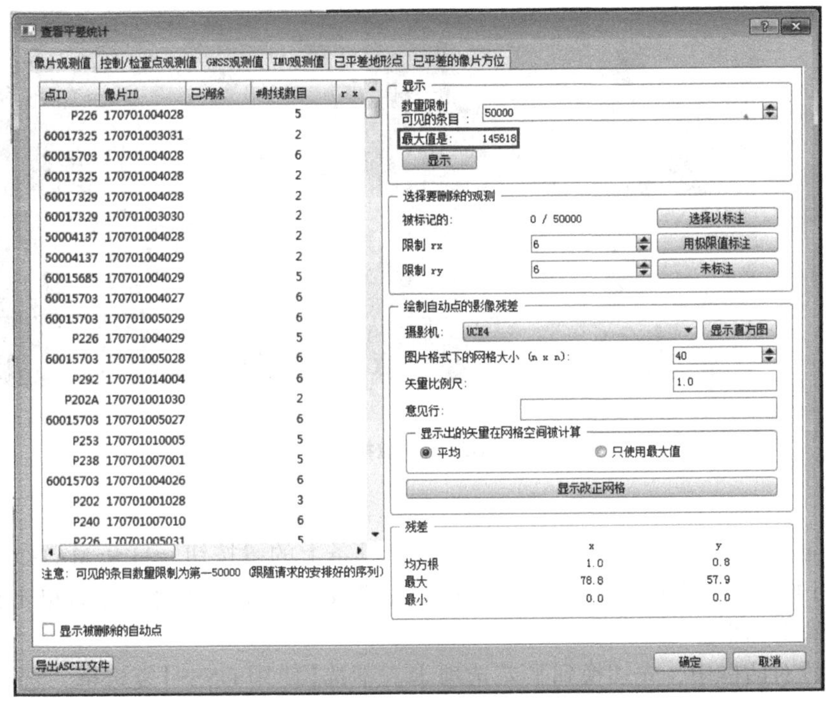

图 1-30　查看平差统计对话框

2) 刺像控点

在 ApplicationsMaster 主界面，再次单击工具条上的按钮，打开摄影测量界面，单击左侧的【点】按钮，切换到点属性表，在点列表中，单击【显示点类型】下拉列表，选择显示类型为"GCPonly"，如图 1-31 所示，这样点列表中显示的都是控制点。左键双击任一控制点，出现刺像控点界面，使用按钮参照点之记信息进行刺点，如图 1-32 所示。一个控制点刺完后，双击下一个控制点继续，直到刺完所有控制点，单击按钮保存以上操作，关闭摄影测量界面。

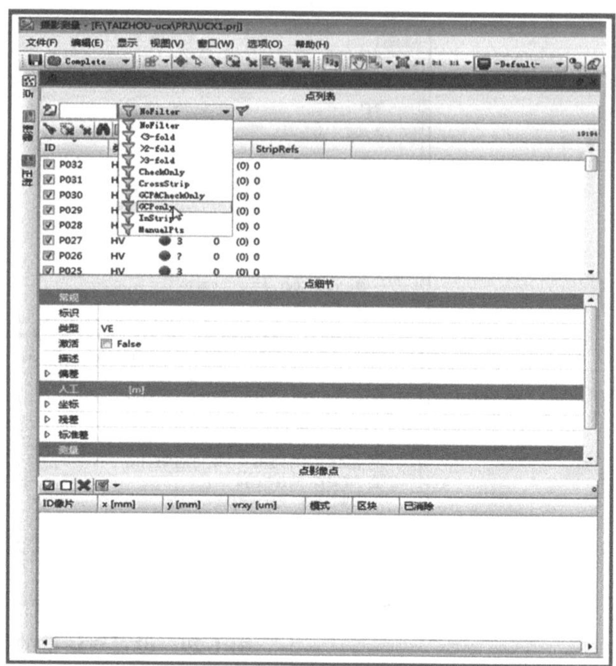

图 1-31　切换显示点类型

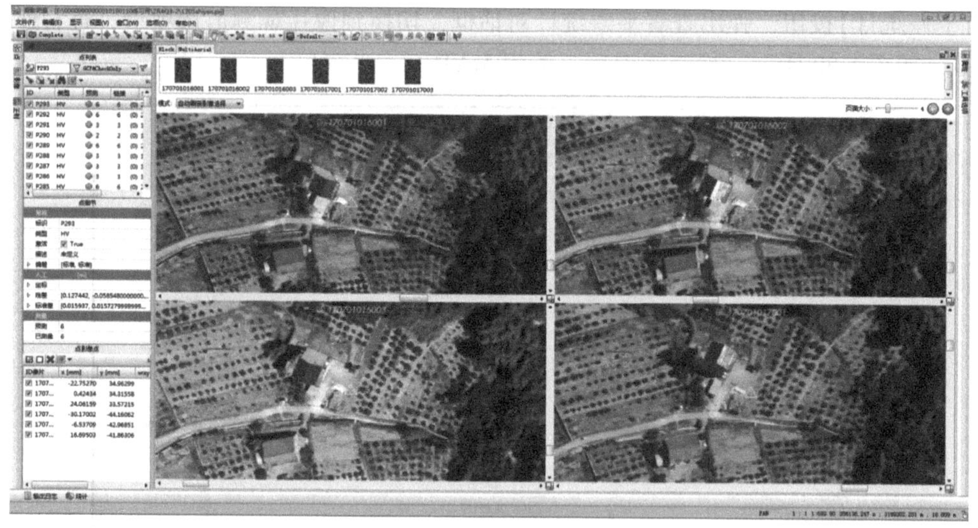

图 1-32　刺像控点

3) 平差

①在 ApplicationsMaster 主界面，再次单击工具条上的按钮，打开 MATCH-AT 对话框，在【运行】选择处理步骤下拉菜单中选择【后期处理(仅平差)】，然后单击【编辑】按钮，弹出设置对话框。

②在设置对话框中，先切换到平差选项卡，不选【使用 GNSS】复选框，选择【计算移位/漂移参数】复选框，如图 1-33 所示。最后单击【关闭】按钮，关闭设置对话框，回到 MATCH-AT 窗口。

图 1-33　设置对话框的平差选项卡

③在 MATCH-AT 对话框，单击【运行】按钮，开始平差。平差完成后，单击【查看平差统计】按钮，弹出查看平差统计对话框，切换到控制/检查点观测值选项卡，查看影像控点的精度，如图 1-34 所示。检查无误后，关闭 MATCH-AT 对话框。

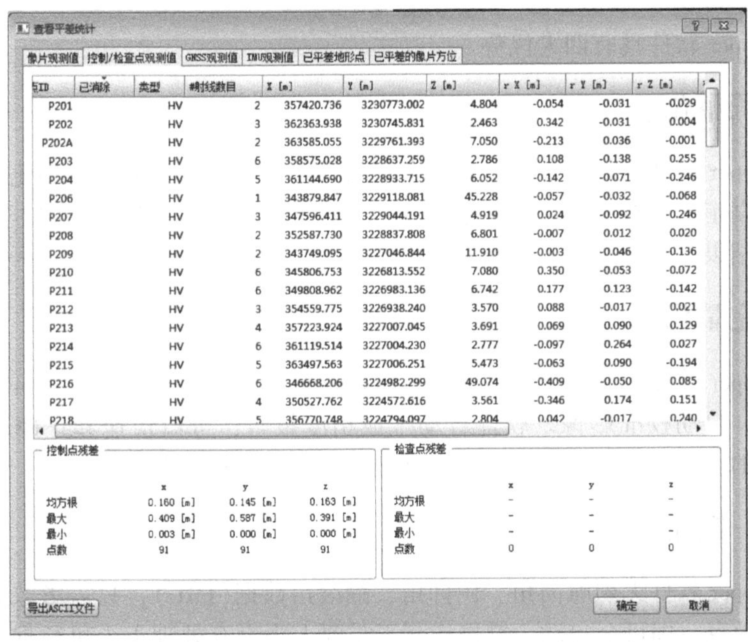

点ID	已消除	类型	#射线数目	X [m]	Y [m]	Z [m]	r X [m]	r Y [m]	r Z [m]
P201		HV	2	357420.736	3230773.002	4.804	-0.054	-0.031	-0.029
P202		HV	3	362363.938	3230745.831	2.463	0.342	-0.031	0.004
P202A		HV	2	363585.055	3229761.393	7.050	-0.213	0.036	-0.001
P203		HV	6	358575.028	3228637.259	2.786	0.108	-0.138	0.255
P204		HV	5	361144.690	3228933.715	6.052	-0.142	-0.071	-0.246
P206		HV	1	343879.847	3229118.081	45.228	-0.057	-0.032	-0.068
P207		HV	3	347596.411	3229044.191	4.919	0.024	-0.092	-0.246
P208		HV	2	352587.730	3228837.808	6.801	-0.007	0.012	0.020
P209		HV	2	343749.095	3227046.844	11.910	-0.003	-0.046	-0.136
P210		HV	6	345806.753	3226813.552	7.080	0.350	-0.053	-0.072
P211		HV	6	349808.962	3226983.136	6.742	0.177	0.123	-0.142
P212		HV	3	354559.775	3226938.240	3.570	0.088	-0.017	0.021
P213		HV	4	357223.924	3227007.045	3.691	0.069	0.090	0.129
P214		HV	6	361119.514	3227004.230	2.777	-0.097	0.264	0.027
P215		HV	5	363497.563	3227006.251	5.473	-0.063	0.090	-0.194
P216		HV	6	346668.206	3224982.299	49.074	-0.409	-0.050	0.085
P217		HV	4	350527.762	3224572.616	3.561	-0.346	0.174	0.151
P218		HV	5	356770.748	3224794.097	2.804	0.042	-0.017	0.240

控制点残差

	x	y	z
均方根	0.160 [m]	0.145 [m]	0.163 [m]
最大	0.409 [m]	0.587 [m]	0.391 [m]
最小	0.003 [m]	0.000 [m]	0.000 [m]
点数	91	91	91

检查点残差

	x	y	z
均方根	-	-	-
最大	-	-	-
最小	-	-	-
点数	0	0	0

图 1-34　查看平差统计对话框

○ 成果提交

查看上述任务中基于 Inpho 软件进行空三加密后形成的平差统计报告，精度合格则提交平差统计报告。

○ 巩固练习

(1)什么是空中三角测量?
(2)为什么需要进行空中三角测量?
(3)简述利用 Inpho 软件进行空中三角测量的流程。

任务 1-2　基于 Pix4D mapper 软件开展空中三角测量

○ 任务描述

通过本任务的学习，利用 Pix4D mapper 软件进行空中三角测量，并生成质量报告。

○ 任务目标

(1)了解 Pix4D mapper 软件的主要功能。
(2)掌握利用 Pix4D mapper 软件进行空中三角测量的流程。
(3)能够利用 Pix4D mapper 软件完成空中三角测量。

○ 相关知识

Pix4D mapper 软件具有四大优势。

1. 专业化、简单化

Pix4D mapper 软件引领摄影测量进入全新的时代，整个过程完全自动化，并且精度更高，使无人机真正变为新一代专业测量工具。飞控手只需简单操作，不需专业知识，就能够处理和查看结果，并把结果发送给最终用户。

2. 精确化、定量化

Pix4D mapper 软件能通过自动空三计算原始影像外方位元素。利用 Pix4UAV 技术和区域网平差技术，自动校准影像。软件自动生成精度报告，可以快速和正确地评估结果质量。提供详细的、定量化的自动空三、区域网平差和地面控制点的精度。

3. 全自动、一键化

Pix4D mapper 软件无须航向角、俯仰角、翻滚角数据(IMU)，只需影像的全球定位系统(GPS)位置信息，即可全自动一键操作，不需要人为交互处理无人机数据，且作为原生 64 位软件，处理速度大大提高。自动生成正射影像并自动镶嵌及匀色，将所有数据拼接

为一个大影像。影像成果可通过 GIS 和 RS 软件显示。

4. 云数据、多相机

Pix4D mapper 利用自己独特的模型，能同时处理多达 10000 张影像；能处理多个不同相机拍摄的影像，将多个数据合并成一个工程进行处理；支持多架次、大于 2000 张数据全自动处理；界面直观便捷，便于添加地面控制点(GCP)；能快速成果图(DOM、DSM 等)。

应用领域包括：航测制图、灾害应急、安全执法、农林监测、水利防汛、电力巡线、海洋环境、高校科研等。

在实际应用中，还需要准确把握数据精度以选择合适的测图比例尺。

(1)比例尺精度

人眼能分辨的两点间的最小距离是 0.1mm，因此，把地形图上 0.1mm 能代表的实地水平距离称为比例尺精度。如 1∶1000 比例尺地形图的精度为 0.1mm×1000=0.1(m)。

(2)数据精度

根据计算出来的数据精度来推算该数据满足的测图比例尺。

(3)计算公式

$$数据精度=(飞行高度-地面高度)/焦距\times像元大小$$

式中，像元大小单位为 mm，在实际运算时需转换为 m。

例如，代入某测量数据，计算可得(432−55)/ 36.35×0.00678 =0.07(m)。计算结果中 0.07m<0.1m，所以该数据满足 1∶1000 比例尺要求。

○ 任务实施

1. 原始资料准备

①原始资料包括影像数据、POS 数据、相机文件以及控制点数据。确认原始数据的完整性，检查获取的影像质量。同时查看 POS 数据文件，主要检查航带变化处的像片号，防止其与影像数据像片号不对应，若不对应则应手动调整。

②POS 数据文件的数据格式如图 1-35 所示，从左往右依次是像片号、经度、纬度、高度、航向倾角、旁向倾角、像片旋角，其中后 3 项未列出则默认为 0。

③控制点文件的数据格式如图 1-36 所示，为了方便内业刺控制点，控制点名称包含

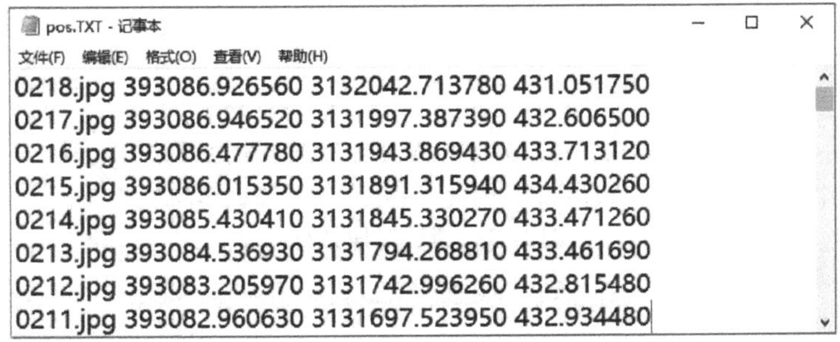

pos.TXT - 记事本
文件(F) 编辑(E) 格式(O) 查看(V) 帮助(H)
0218.jpg 393086.926560 3132042.713780 431.051750
0217.jpg 393086.946520 3131997.387390 432.606500
0216.jpg 393086.477780 3131943.869430 433.713120
0215.jpg 393086.015350 3131891.315940 434.430260
0214.jpg 393085.430410 3131845.330270 433.471260
0213.jpg 393084.536930 3131794.268810 433.461690
0212.jpg 393083.205970 3131742.996260 432.815480
0211.jpg 393082.960630 3131697.523950 432.934480

图 1-35　POS 数据文件

```
文件(F)  编辑(E)  格式(O)  查看(V)  帮助(H)
882 392966.330049000 3131983.943015000 54.363634000
883 392712.112523000 3131961.735398000 55.458280000
885 392203.965573000 3131899.591049000 60.216456000
8811 393130.892527000 3132010.137087000 54.719091000
8812 393116.991943000 3131796.189590000 53.335882000
8813 393281.781712000 3132041.801677000 50.422815000
8896 392216.311249000 3131499.700749000 63.693039000
8897 392861.094319000 3131369.583720000 55.531340000
88006 392786.230964000 3131709.075462000 55.621580000
88007 392967.205869000 3131562.000211000 55.867168000
88105 393150.619419000 3131477.855569000 51.017172000
88108 393264.702392000 3131684.597516000 48.613689000
```

图 1-36　控制点文件

了点所在的像片号，从左往右依次是像片号、经度、纬度和高度。

2. 建立工程并导入数据

1) 建立工程

启动 Pix4D mapper 软件，点击【项目】→【新建项目】，弹出新项目对话框并设置工程的属性，如图 1-37 所示，输入工程名字 yld4D 190111，并设置路径(工程名字以及工程路径不能包含中文)。选中【新项目】，点击【Next】。

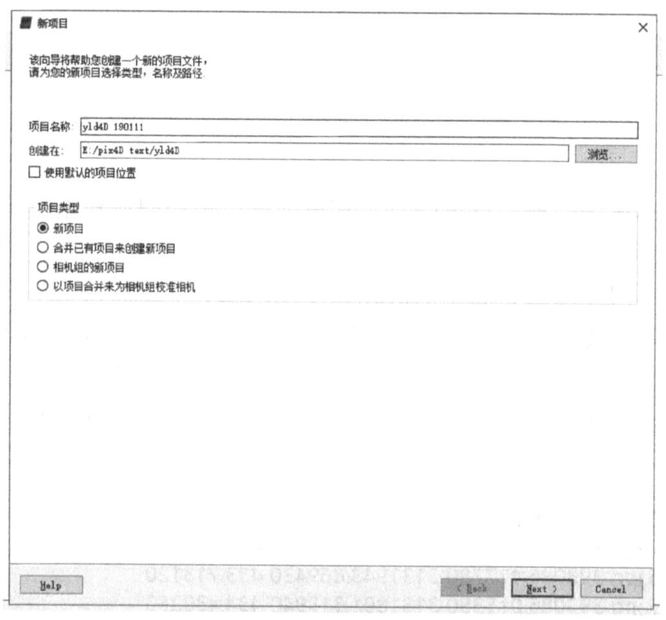

图 1-37　新建工程界面

2) 加入影像

点击【添加图像】，选择要加入的影像，选择 image 影像文件夹，添加所有影像(图 1-38)。影像路径可以不在工程文件夹中，但路径中也不能包含中文。添加成功后，点击【Next】。

图 1-38　添加图像

3) 设置图片属性

在图片属性栏目下方的坐标系、地理定位、相机型号版块中对图片相应属性进行设置(图 1-39)。

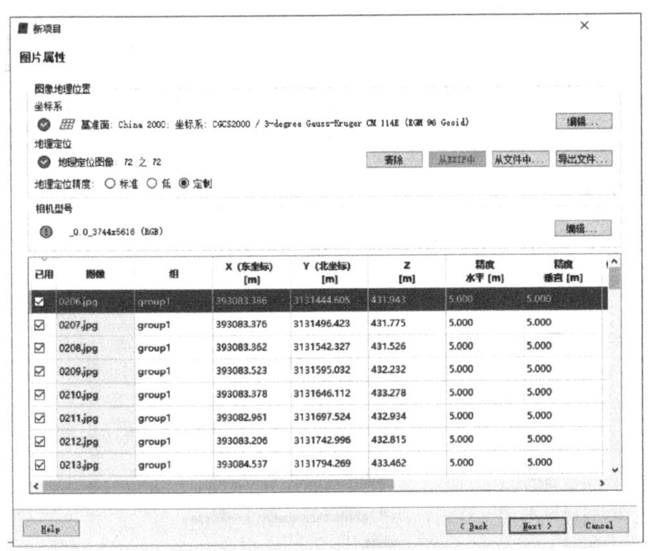

已用	图像	组	X (东坐标) [m]	Y (北坐标) [m]	Z [m]	精度 水平 [m]	精度 垂直 [m]
☑	0206.jpg	group1	393083.386	3131444.605	431.943	5.000	5.000
☑	0207.jpg	group1	393083.376	3131496.423	431.775	5.000	5.000
☑	0208.jpg	group1	393083.362	3131542.327	431.526	5.000	5.000
☑	0209.jpg	group1	393083.523	3131595.032	432.232	5.000	5.000
☑	0210.jpg	group1	393083.378	3131646.112	433.278	5.000	5.000
☑	0211.jpg	group1	393082.961	3131697.524	432.934	5.000	5.000
☑	0212.jpg	group1	393083.206	3131742.996	432.815	5.000	5.000
☑	0213.jpg	group1	393084.537	3131794.269	433.462	5.000	5.000

图 1-39　图片属性设置界面

(1)坐标系设置

设置 POS 数据坐标系，点击图像地理位置后方的【编辑】按钮，打开选择图像坐标系对话框(图 1-40)。

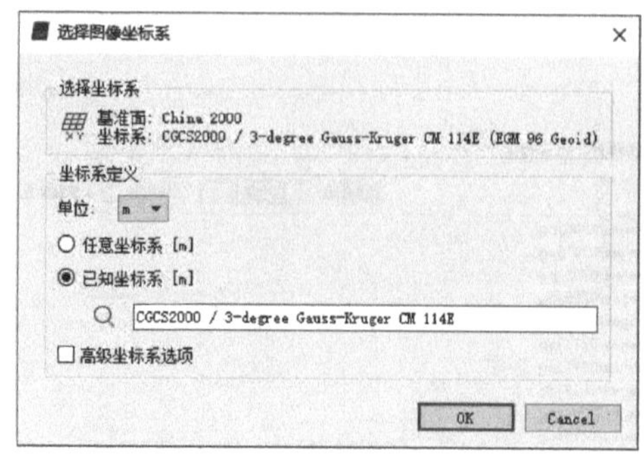

图 1-40　设置 POS 数据坐标系

(2)地理定位

①设置 POS 数据文件，单击【从文件中选择 POS 文件】，打开【选择定位信息文件】，如图 1-41 所示。Pix4D mapper 软件中定义的是 X 代表东方向，Y 代表北方向，Z 代表高度。在 POS 数据中，有代号的、长度比较长的是北方向，按照 X、Y、Z 顺序输入。

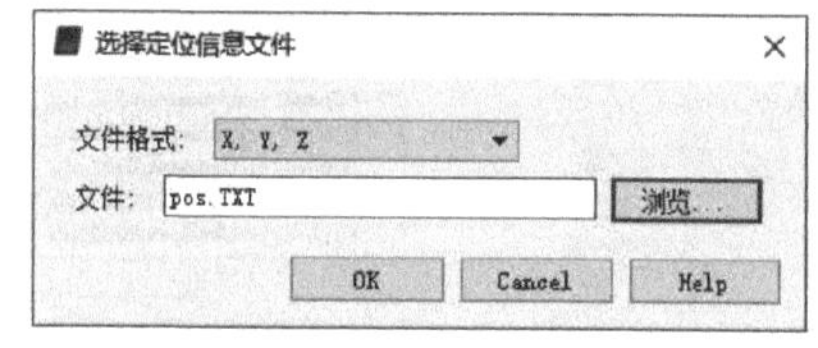

图 1-41　选择 POS 文件

②根据 POS 数据的来源，设置 POS 数据的精度，其中水平精度 5m、垂直精度 5m 。

(3)相机型号

设置相机文件。如果相机模型库没有拍摄的相机，选择【编辑】手动设置相机参数。确认图片属性各项设置后，单击【Next】进入下一步。

4)选择输出坐标系

在选择输出坐标系界面，勾选【已知坐标系界面】，单击【Next】。

注意：输出的图像坐标系应该和 POS 坐标系一致。

5)处理选项模板(图 1-42)

在标准栏目下有 3D Maps、3D Models、Ag Multispectral 共 3 种不同的输出模板，分别

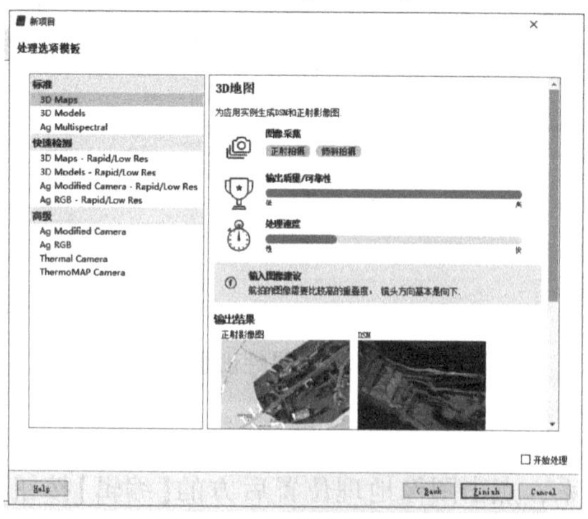

图 1-42　选择处理模板

对应不同应用功能。3D Maps 生成 ESM、DOM，用于地形测绘；3D Models 用于倾斜摄影测量，创建万维模型；Ag Multispectral 用于多光谱影像处理。本任务选择 3D Maps。然后单击【Finish】完成工程的建立。

3. 快速处理检查

快速处理检查的结果精度较低，但速度较快。因此建议在飞行现场进行快速处理，发现问题方便及时处理。如果快速处理失败，后续的操作会受影响，并可能出现失败的结果，即使后续处理成功，得到的成果精度也不高。

启动 Pix4D mappor 软件点击【运行】，选择【本地处理】。设置如图 1-43 所示，选择【初步处理】和【快速检测】，其他不选，点击【开始】，等待软件运行完毕，可以查看快速处理得到的成果(一张影像拼图)，以及快速处理报告(图 1-44)。

快捷处理主要检查两个问题，即数据集和相机参数优化质量。

图 1-43　本地处理界面

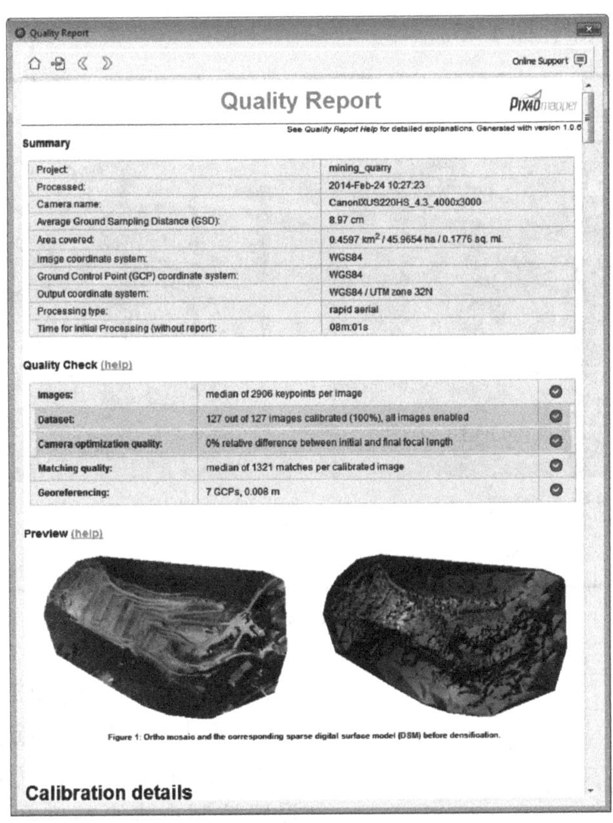

图 1-44　快速处理报告

1)数据集(dataset)

在快速处理过程中所有的影像都会进行匹配，需要确定大部分或者所有的影像都进行了匹配。否则就表明飞行时像片间的重叠度不够或者像片质量太差。

2)相机参数优化质量(camera optimization quality)

最初的相机焦距和计算得到的相机焦距相差不能超过5%，否则代表最初选择的相机模型有误，需重新设置。

4. 加入控制点及刺点

控制点必须在测区范围内合理分布，通常测区四周以及中间都要有控制点。要完成模型的重建至少要有3个控制点。通常100张像片需要6个左右控制点，更多的控制点对精度也不会有明显的提升(在高程变化大的地方更多的控制点可以提高高程精度)。控制点不要布置在太靠近测区边缘的位置，最好能够在5张影像上同时找到(至少两张)。

1)使用像控点编辑器加入控制点

这种方法需要在像片上刺出逐个控制点，刺出后由软件自动完成初步处理、生成点云、生成DSM以及正射影像。

①加入控制点文件，在主窗口显示由POS数据绘制出的航线图。联网状态时，底层还会显示飞行区域的影像图(图1-45)。

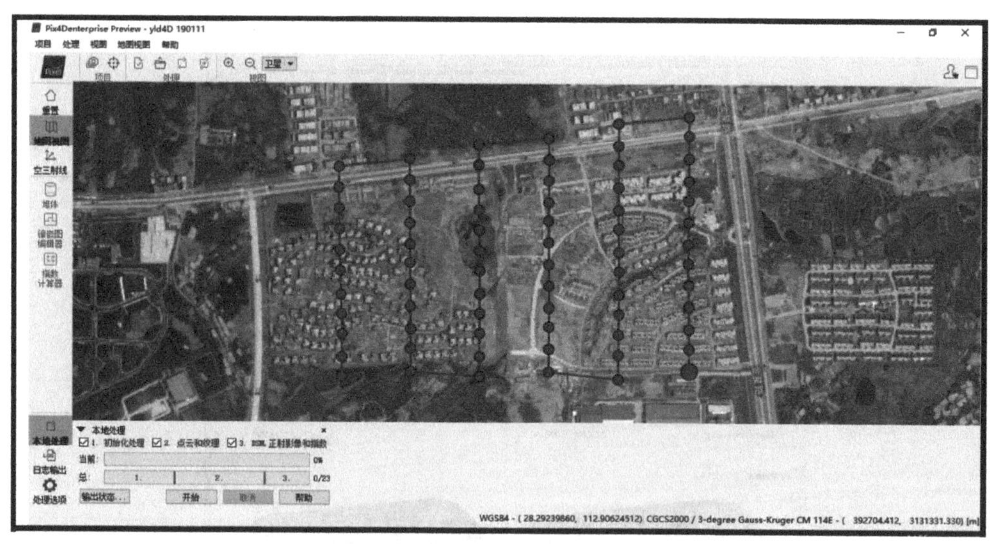

图1-45 主窗口显示由POS数据绘制出的航线图

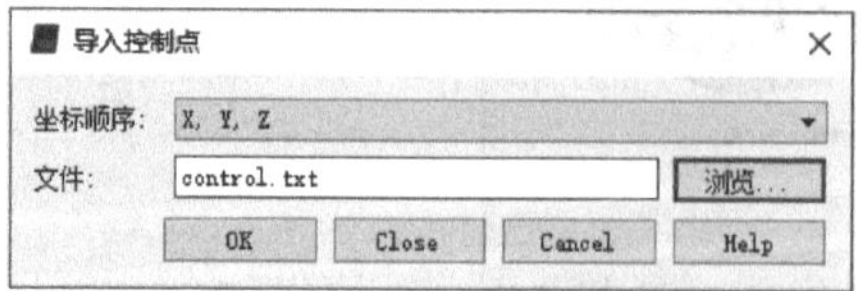

图1-46 导入控制点

②点击【项目】，选择【GCP/MTP 管理】(像控点编辑器)。点击【导入控制点】后，弹出对话框，选择控制点文件control.txt，点击【OK】(图1-46)。

③设置控制点水平精度和垂直精度。如果控制点是利用RTK方式获取的，可以选择默认值

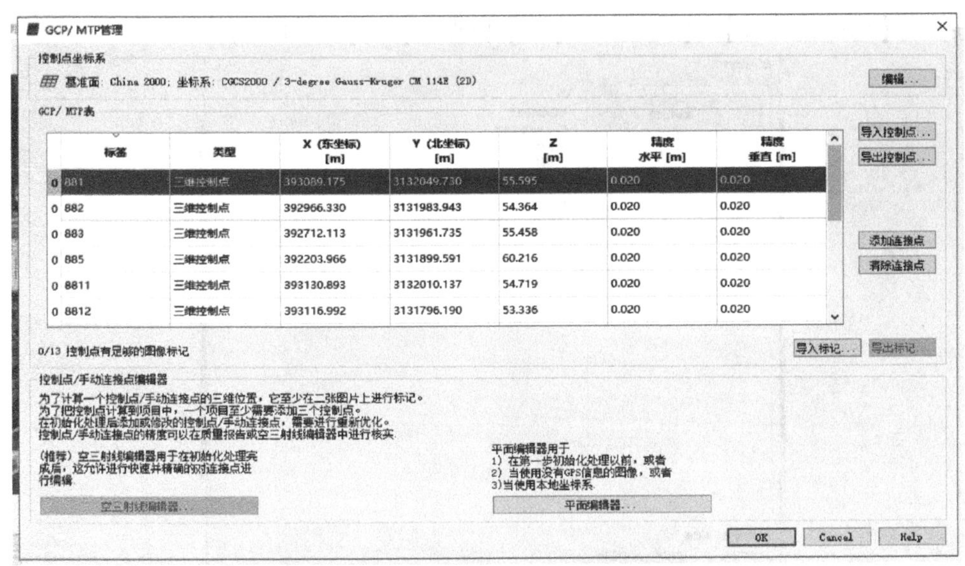

图 1-47 设置控制点水平精度和垂直精度

0. 02m。点击【OK】(图 1-47)。

④控制点数据显示在地图窗口中(以蓝色十字丝显示)。这时需要检查控制点是否处于飞行的区域内，如果控制点不在飞行区域内，说明导入的 POS 坐标系和控制点的坐标系不一致(图 1-48)。

图 1-48 蓝色十字丝控制点数据

2) 快速处理

此方法是不需要控制点参与的空中三角测量，能进行控制点点位的准确预测，减少后期刺点的工作量。

①选择【初始化处理】→【快速检测】，最后点击【OK】(图 1-49)。

图 1-49　初始化处理快速检测

②主界面的左下方点击【开始】。在几分钟之内，可以对影像进行粗处理，便于检查飞行的影像之间的连接关系、重叠率是否合格等(图 1-50)。生成初始的质量报告如图 1-51 所示。

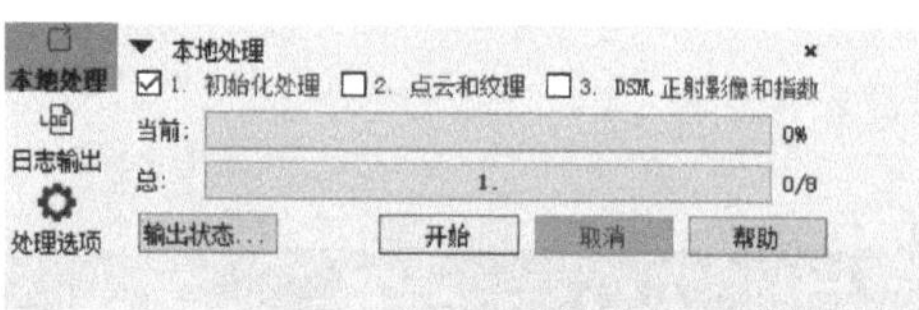

图 1-50　进行初始化处理

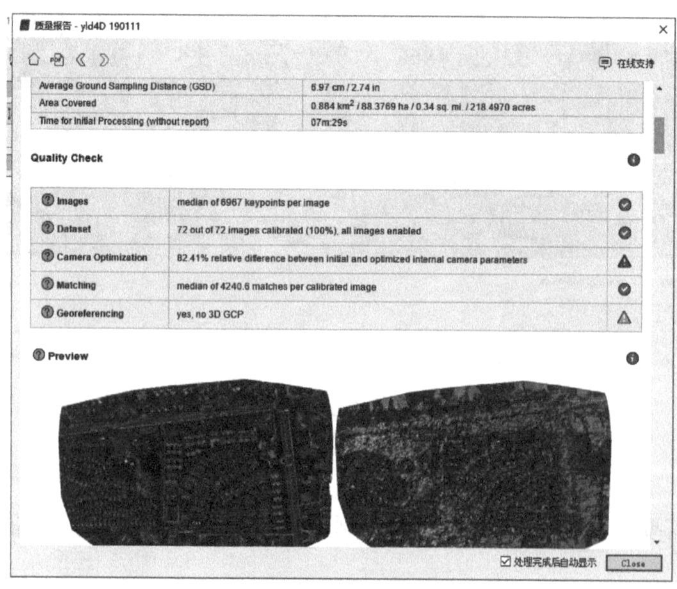

图 1-51　初始的质量报告

3) 刺控制点 GCP

点击菜单栏的【视图】，打开空三射线编辑器，如图 1-52 所示，显示生成的连接点以及系统预测的控制点位置(蓝色的圆圈，中间有一个小点)。

①点击 881 号控制点，在右侧属性栏会出现 5 张影像，其中显示 881 号控制点的预测位置(用蓝色圆圈显示)。

②需要根据控制点点之记文件确定 881 号控制点的准确位置(图 1-53)，在下列所有图像中准确刺入 881 号控制点的位置。方法是：鼠标移至第一张图像中，变成十字丝状态，调节图像尺寸和缩放比例使图像放大，在路灯右侧第 3 个斑马线的左上角点击鼠标左键，刺入第一个点(还可以点击空格按键，放大显示每个小窗口，再点击空格或 Esc 按键返回)。

③其余图像刺点过程同上述方法。881 号控制点全部刺入后如图 1-54 所示。

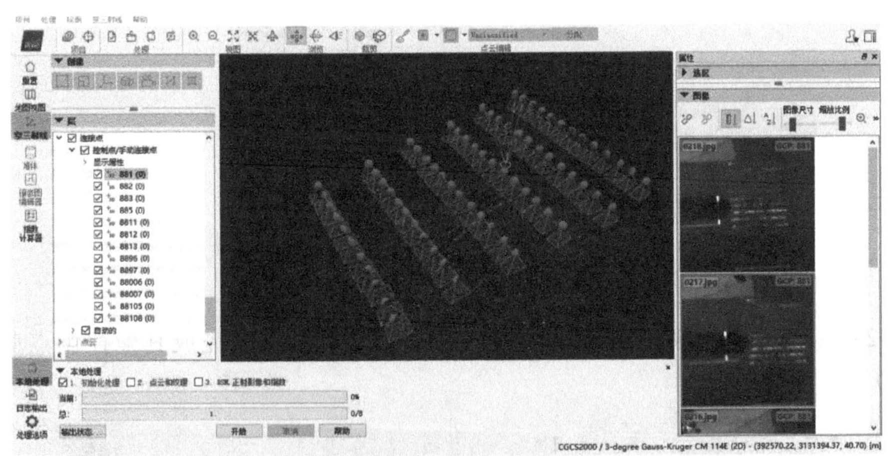

图 1-52　空三射线编辑器

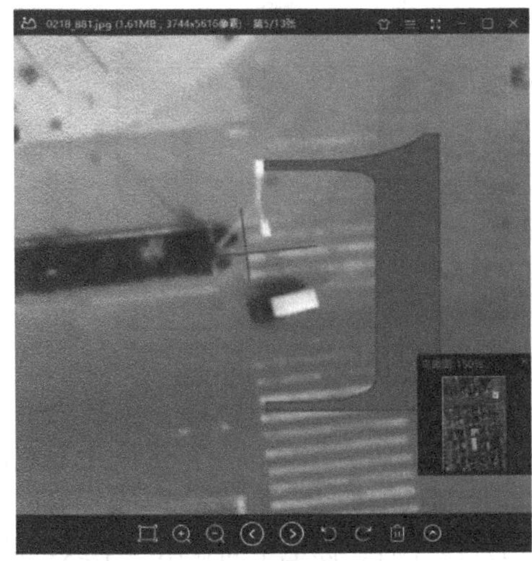

图 1-53　881 号控制点的准确位置

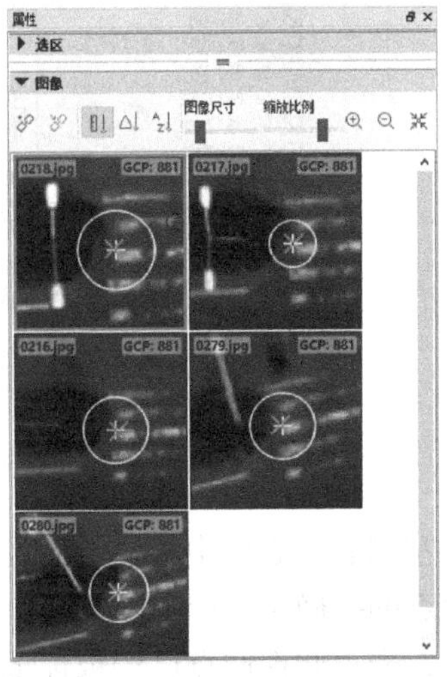

图 1-54　881 号控制点全部刺点示意

④在选区部分点击【使用】，进行 881 号控制点位置保存。至此，完成 881 号控制点的刺点及保存(图 1-55)。

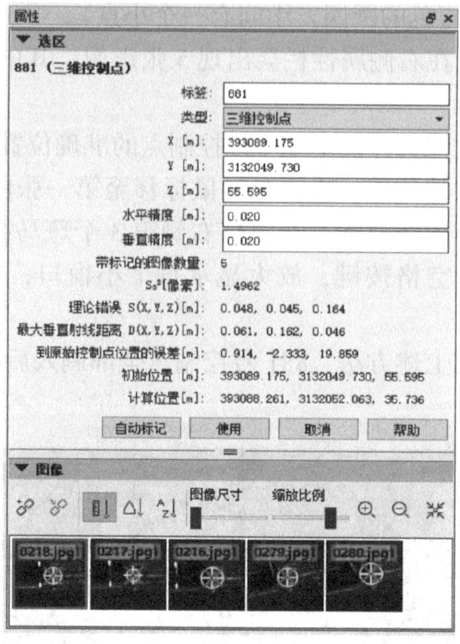

图 1-55　881 号控制点的刺点及保存

⑤882~88108 号控制点的刺点方法同上。重复上述步骤，完成其他控制点刺点工作(图 1-56)。

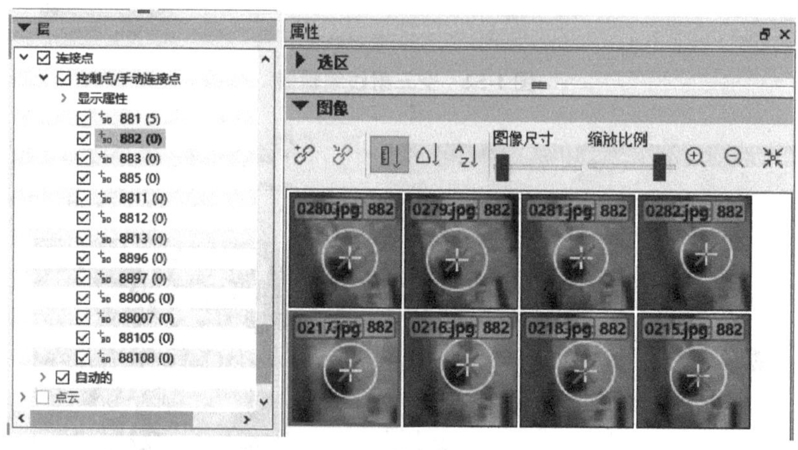

图 1-56　其他控制点的刺点示意

⑥在左侧的列表框中会显示此控制点所在选区的所有图像，在每张像片上左击图像，标出控制点的准确位置(至少标出两张)。这时控制点的标记会形成一个黄色的框，中间有黄色的叉，表示此控制点已经被标记，标出两张像片后，标记中间显示一个绿色的叉，则表示此控制点已经参与计算(重新得到的位置)，如图 1-57 所示。

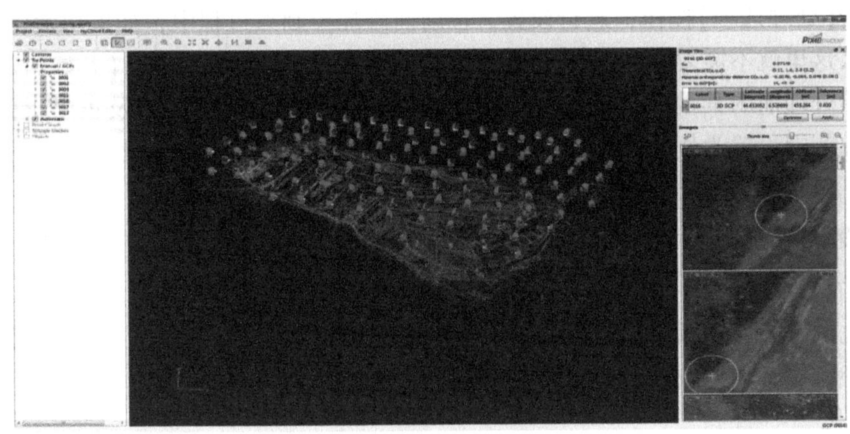

图 1-57　控制点及准确位置显示

⑦检查其他影像上的绿色标记，如果绿色标记能够与控制点位置对应，该控制点不需要再标注，否则需要在更多影像上标记出该控制点。当所有图像中的绿色标记能一一对应后，点击【Apply】(应用)，如图 1-58 所示。

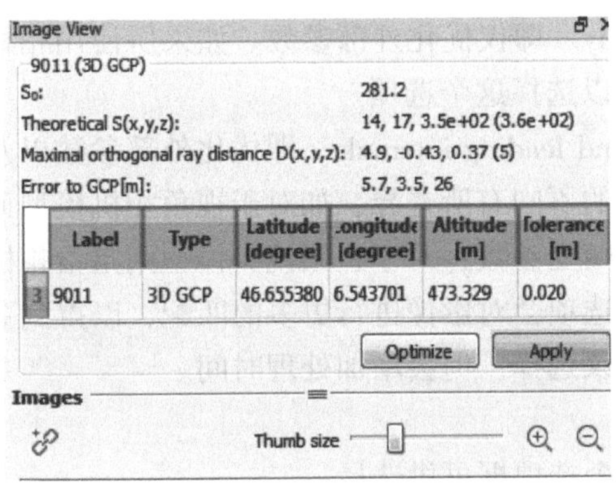

图 1-58　影像视图界面

⑧对其他的控制点分别进行上述操作。当所有点都标记完成，点击菜单栏【运行】，选择【Reoptimize】(重新优化)，把新加入的控制点加入重建，重新生成结果。

5. 全自动处理

①点击菜单栏【运行】，选择【本地处理】，系统出现对应对话框(图 1-59)。本次处理需要控制点参与空三计算，生成报告和 DSM、DOM 等数据，时间较长，一般需要 5h。

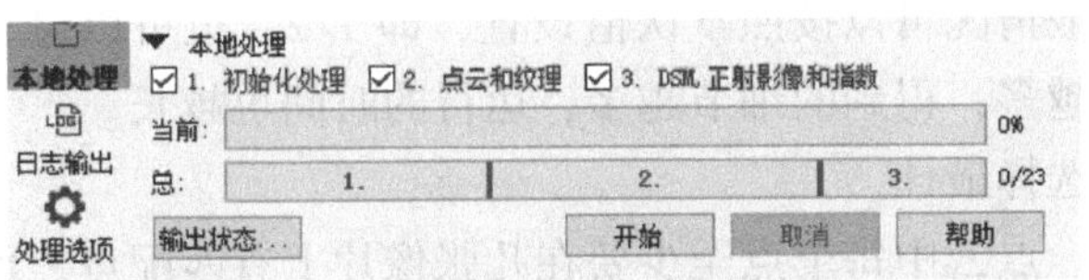

图 1-59　全自动处理

②点击【处理选项】按钮，进行设置。在前面添加控制点过程中，如果初始化处理已经运行，那么这里就不需要再次运行了。根据需要选择运行的步骤，点击【开始】按钮运行。

③开始处理前的其他设置(一般选择默认选项)包括生成的点云以及正射影像的范围。以正射影像范围设置为例，选择【地图视图】→【正射影像区】→【绘定设置生成正射影像的范围】，点云设置方法相同。

1)初始化设置

(1)特征匹配

初始化设置一般包括3部分内容，特征匹配、优化和输出。特征匹配是指设置处理单位像素大小，像素越大效果越好，花的时间也越多。

(2)优化

优化环节包括了多次的空中三角测量、光束法局域网平差以及相机自检校计算。优化的参数一般包括 Internal camera parameters、External camera parameters，即内部参数和外部参数(可以分别理解为内方位元素以及外方位元素)。具体优化参数选项如下。

①Optimize externaland all internals。即优化外部和内部所有参数。通常无人机震动比较大，建议两个参数都进行优化计算。

②Optimize external only。即仅优化外部参数。如果所使用相机已经进行严格检校，而且相机参数已被使用，可以选择这个选项。

③Optimize externals and leading internals。即优化外部参数以及主要的内部参数。这里的主要内部参数根据相机的不同有所差异，如对于视角相机模型而言，主要的内部参数包括相机焦距以及两个径向畸变参数；对于鱼眼镜头模型则是指相机参数的多项式系数。

④重新匹配影像。该选项会对影像进行更多的匹配，以得到更好的匹配效果。当测区内有大量植被、森林时建议选择，但会增加处理时间。

(3)输出

输出模块下一般有3个选项框可供选择。

①Camera internals and externals，AAT，BBA。用以生成相机内部参数以及外部参数、空三文件、区域网光束平差文件。

②未畸变影像。即生成畸变纠正影像，如果提供了相机参数，在【processing-save undistorted images】(处理保存无畸变图像)中可以生成畸变纠正影像。

③低分辨率影像图。勾选该选项可以生成低分辨率的影像图(快拼图)。

2)点云和纹理(图1-60)

(1)点云加密

①图像比例。一般情况可以按照默认值设置，即1/2，也可以设置其他数值。设置的数值越大，生成的点越多，得到的细节越多，运行的时间也越长。

②点密度。可以选择最佳。

③匹配最低数值。点云中每个点至少要在几张像片上有匹配点。可以选择默认数值3。通常影像重叠度不是很高的情况下，也可以选择2，得到的点云质量也不是很高。

图 1-60　点云加密界面

(2)点云分类

需要输出分类点云，可以勾选【分类点云】。

(3)导出

可以根据需要导出 LAS、LAZ、XYZ 等数据。其中，LAS 是 LiDAR 点云文件，LAZ 是 LAS 压缩文件，XYZ 是空间坐标文件。

3) DSM 和正射影像图生成(图 1-61)

(1)栅格数字表面模型(DSM)

①GeoTiff。保存 DSM 为 GEOTIFF 文件。

②合并瓦片。生成为整体融合的 DSM 大文件，没有勾选时生成的 DSM 是分块的。

(2)DSM 过滤

可以选择【使用噪波过滤】及【使用平滑表面】。

(3)正射影像图

①勾选【GeoTiff】可以输出正射影像图。一般默认选项为“距离倒数加权法”，如果选择【Multi-band Blending】，那么处理速度会加快，但是一些边角区域会产生更多误差。

②勾选【谷歌地图瓦片和 KML】则会生成 KML 文件并可以在 GoogleMaps 中显示的影像。

(4)三角模型

三角模型是用正射影像、DSM 生成的 OBJ 格式文件，在三维建模时使用，可以在 3ds Max 中打开。

(5)等高线

该选项可用于设置生成的等高线文件格式。

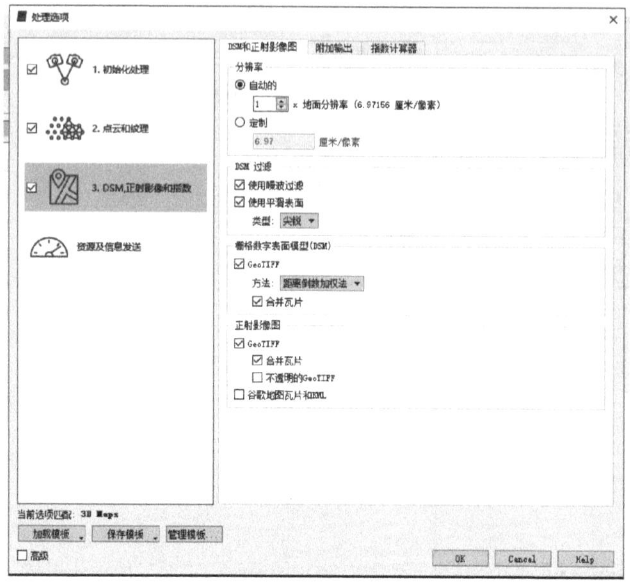

图 1-61　数字表面模型及正射影像生成

①基地轮廓。设置开始生成时的等高线高程。

②海拔区间。设置等高线距离(等高距)。

成果提交

分别提交上述任务符号化后的结果图，每个结果图均保存为“. mxd”后缀格式的地图文档。

知识拓展

点线面符号的修改和制作。

1. 质量报告分析

对质量报告进行分析时，主要关注区域网空三误差、相机自检校误差、控制点误差情况。

(1)区域网空三误差

如图 1-62 所示，“Mean reprojection error”行末所示数值即区域网空三误差，以像素为单位。相机传感器上的像素大小通常为 6μm。不同相机可能不一样，换算成物理长度单位即 0. 166577×6μm。

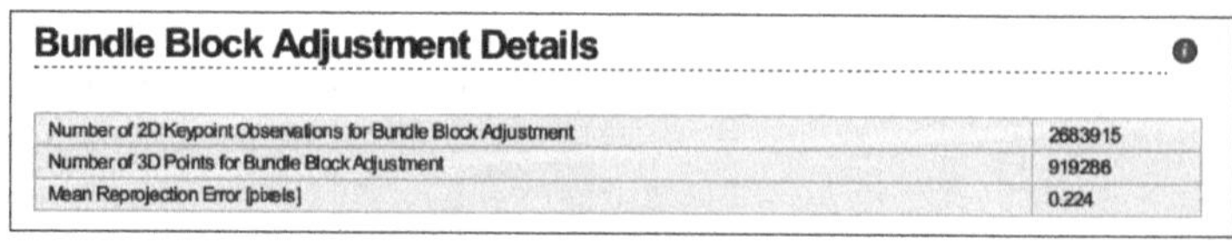

Bundle Block Adjustment Details

Number of 2D Keypoint Observations for Bundle Block Adjustment	2683915
Number of 3D Points for Bundle Block Adjustment	919286
Mean Reprojection Error [pixels]	0.224

图 1-62　区域网空三误差

(2)相机自检校误差

在相机自检校误差中上下两个参数不能相差太大，如图 1-63 所示，Focal length 上面是 33.838mm，下面是 20mm，是因为初始相机参数设置有问题。R1、R2、R3 这 3 个参数不能大于 1，否则可能出现严重扭曲现象。

Internal Camera Parameters

_0.0_3744x5616 (RGB). Sensor Dimensions: 25.400 [mm] x 38.100 [mm]

EXIF ID: _0.0_3744x5616

	Focal Length	Principal Point x	Principal Point y	R1	R2	R3	T1	T2
Initial Values	2948.032 [pixel] 20.000 [mm]	1872.000 [pixel] 12.700 [mm]	2808.000 [pixel] 19.050 [mm]	0.000	0.000	0.000	0.000	0.000
Optimized Values	5358.165 [pixel] 36.351 [mm]	1871.475 [pixel] 12.696 [mm]	2806.031 [pixel] 19.037 [mm]	0.003	-0.021	0.038	-0.000	0.000
Uncertainties (Sigma)	0.503 [pixel] 0.003 [mm]	0.284 [pixel] 0.002 [mm]	0.270 [pixel] 0.002 [mm]	0.000	0.001	0.001	0.000	0.000

图 1-63　相机自检校误差

(3)控制点误差

①如图 1-64 所示，ErrorX、ErrorY、ErrorZ 为 3 个方向的误差。

②精度报告的结尾，可以显示控制点在哪些像片中已经刺出来，还有哪些像片没有刺出来。如果精度不够高，可以根据需要在像片中刺出控制点，提高精度。

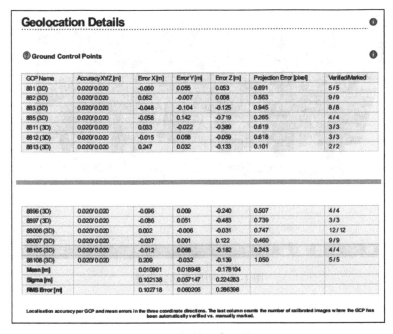

Geolocation Details

Ground Control Points

GCP Name	Accuracy XY/Z [m]	Error X [m]	Error Y [m]	Error Z [m]	Projection Error [pixel]	Verified/Marked
881 (3D)	0.020/0.020	-0.060	0.055	0.053	0.691	5/5
882 (3D)	0.020/0.020	0.062	-0.007	0.008	0.563	9/9
883 (3D)	0.020/0.020	-0.048	-0.104	-0.125	0.945	8/8
885 (3D)	0.020/0.020	-0.058	0.142	-0.719	0.265	4/4
8811 (3D)	0.020/0.020	0.033	-0.022	-0.389	0.619	3/3
8812 (3D)	0.020/0.020	-0.015	0.058	-0.059	0.618	3/3
8813 (3D)	0.020/0.020	0.247	0.032	-0.133	0.101	2/2
8896 (3D)	0.020/0.020	-0.096	0.009	-0.240	0.507	4/4
8897 (3D)	0.020/0.020	-0.086	0.051	-0.483	0.739	3/3
88006 (3D)	0.020/0.020	0.002	-0.006	-0.031	0.747	12/12
88007 (3D)	0.020/0.020	-0.037	0.001	0.122	0.460	9/9
88105 (3D)	0.020/0.020	-0.012	0.068	-0.182	0.243	4/4
88108 (3D)	0.020/0.020	0.209	-0.032	-0.139	1.050	5/5
Mean [m]		0.010901	0.018948	-0.178104		
Sigma [m]		0.102138	0.057147	0.224283		
RMS Error [m]		0.102718	0.060206	0.286398		

Localisation accuracy per GCP and mean errors in the three coordinate directions. The last column counts the number of calibrated images where the GCP has been automatically verified vs. manually marked.

图 1-64　控制点误差

2. 点云以及正射影像编辑输出

在 DOM 图中会出现变形比较明显的区域，如图 1-65 所示左下角处的房屋。放大后发现房屋本身变形明显，如图 1-66 所示。

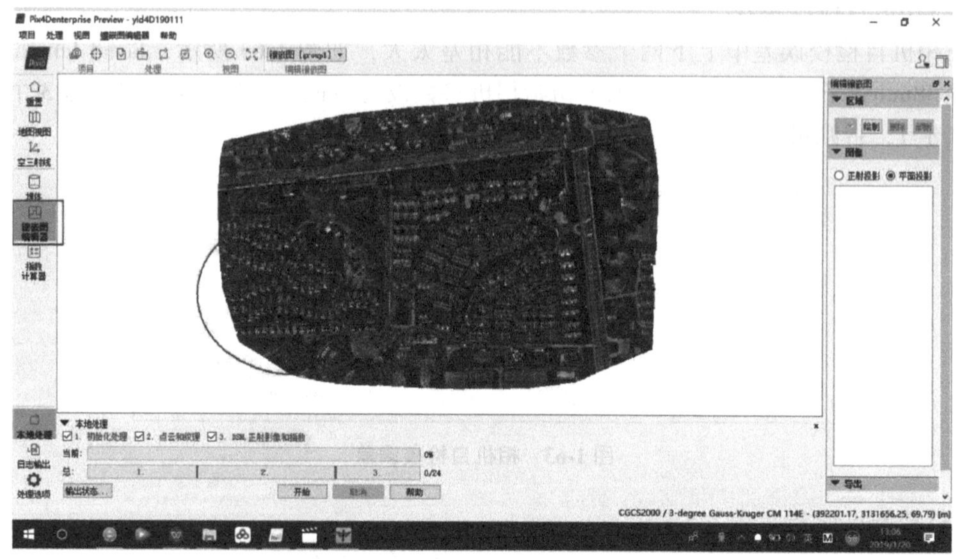

图 1-65　DOM 图中变形明显的区域

图 1-66　明显变形的房屋

出现这种情况时需要用平面影像替换正射影像，具体操作如下。

①在右侧的编辑镶嵌图对话框中点击【绘制】按钮(图 1-67)。

图 1-67　点击绘制按钮

②打开 Pix4D 工程，在左侧菜单点击【镶嵌图编辑器】，初次加载时需要等待一段时间。DOM 加载后，在中间显示地图窗口，可以进行检查，如果房子等地物出现拉花、变形的现象，说明需要对其区域进行编辑。

③在影像中，沿着道路，用鼠标左键单击勾绘出有变形的建筑物区域，点击鼠标右键结束(图 1-68)。

④在右侧出现的可替换的影像中选择第一个，鼠标左键单击，如图 1-69 所示。

⑤DOM 中的影像会自动替换，效果如图 1-70 所示。

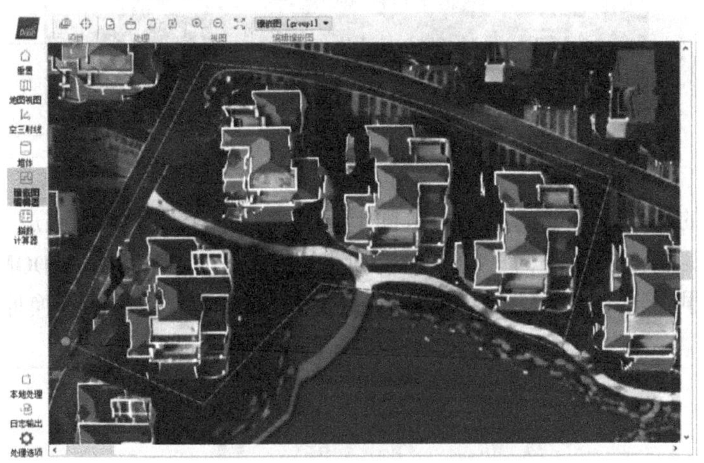

图 1-68　沿着道路勾绘出有变形的建筑物

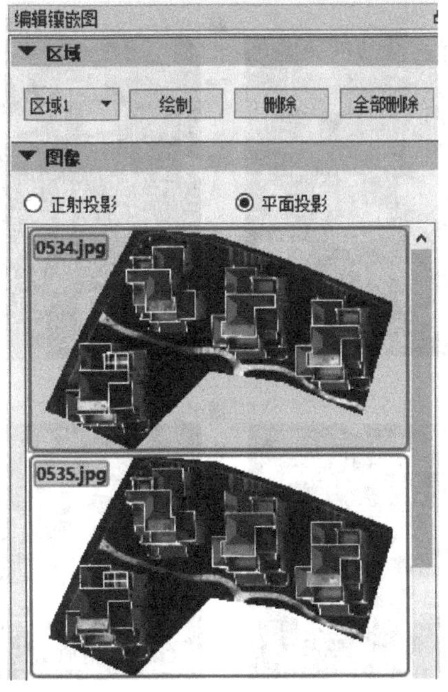

图 1-69　选择效果好的影像作为替换影像

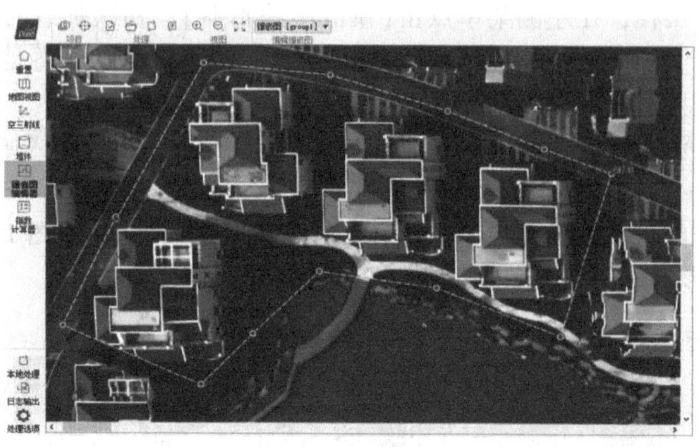

图 1-70　DOM 中影像自动替换效果

⑥其他区域的变形建筑物的编辑方法同上。重复执行上述步骤，完成 DOM 影像编辑。

⑦在右侧的编辑镶嵌图对话框的导出选项卡中点击【保存】，完成 DOM 修改后的数据保存(图 1-71)。再点击【导出】，将 DOM 数据导出到指定的路径，替换原来的初始 DOM 数据(图 1-72)。

图 1-71　保存 DOM 的修改

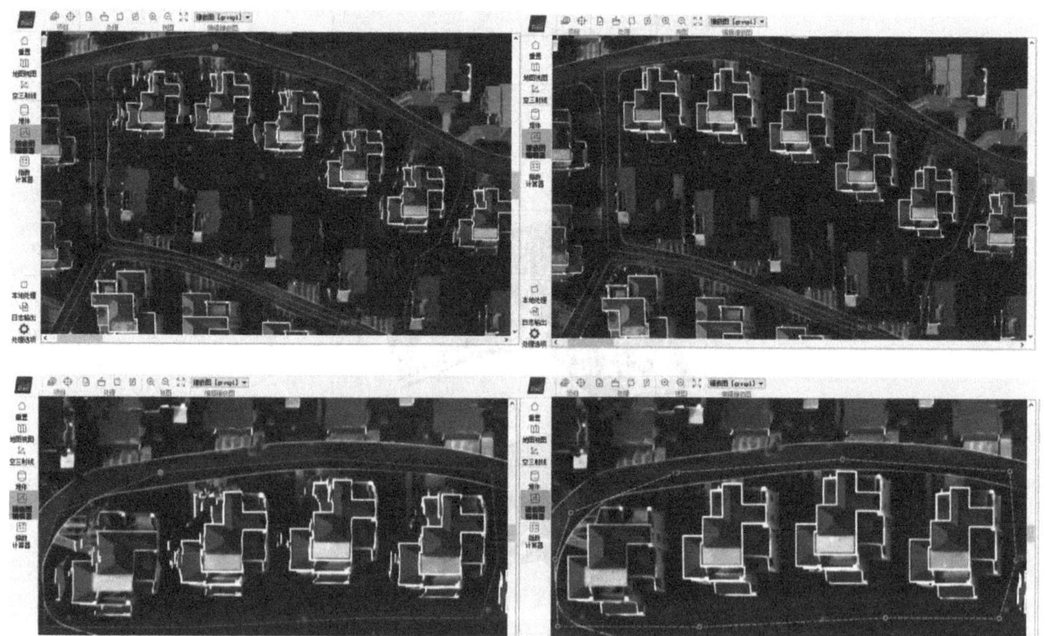

图 1-72　替换前(左侧)、后(右侧)的 DOM 影像对比

○ 巩固练习

(1) Pix4D Mapper 软件进行空中三角测量的步骤是什么？
(2) 如何进行原始资料准备(包括影像数据、POS 数据、相机文件以及控制点数据)？
(3) 如何进行初始 DOM 影像图编辑？

任务 1-3　解析空中三角测量结果导入 MapMatrix

○ 任务描述

项目的前两个任务分别利用 Pix4D mapper 软件及 Inpho 软件对影像进行了空中三角测量，输出了空三处理后的精度报告，得到结果满足生产要求。本任务将继续利用摄影测量数据处理软件 MapMatrix 进行数据采集、编辑等操作。

本任务学习如何将 Pix4D mapper 软件及 Inpho 软件空三处理后的结果导入 MapMatrix 软件中，并以 Pix4D mapper 软件的空三结果为例，整理出一套完整的处理流程。

○ 任务目标

(1) 能够读懂 Pix4D mapper 软件的空三结果报告。
(2) 能够对结果进行格式的整理。
(3) 能够将 Pix4D mapper 软件的空三结果导入 MapMatrix 软件中。

○ 相关知识

Pix4D mapper 软件进行空三加密后的成果需要按照 MapMatrix 软件的格式进行整理。整理内容包括整理空三后的相机文件数据、外方位元素、扫描分辨率 3 个文件。

1. 整理相机文件数据

打开空三结果文件夹，找到相机文件位置，如图 1-73 所示。

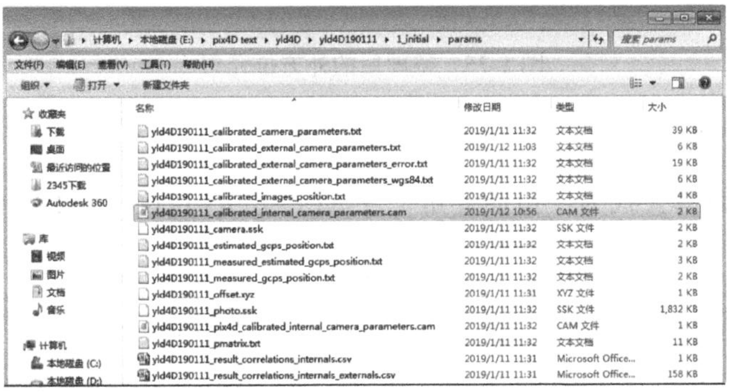

图 1-73　相机文件位置及名称

打开相机文件，如图 1-74(a)所示，按照 MapMatrix 软件默认的相机文件格式进行对应的整理，整理结果如图 1-74(b)所示。

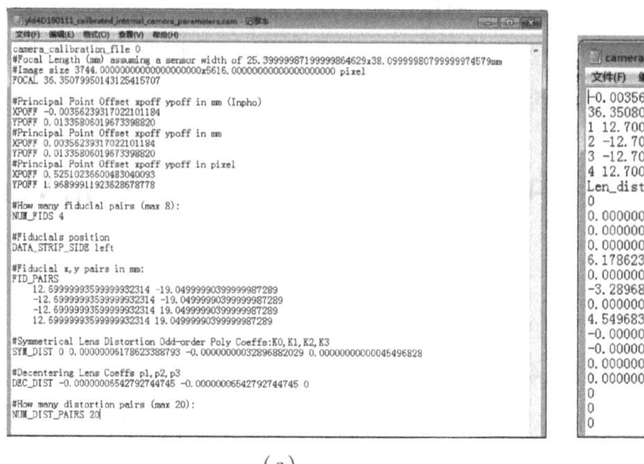

```
yid4D190111_calibrated_internal_camera_parameters.cam - 记事本
文件(F) 编辑(E) 格式(O) 查看(V) 帮助(H)
camera_calibration_file 0
#Focal Length (mm) assuming a sensor width of 25.39999987199999864629x38.0999998079999974579mm
#Image size 3744.00000000000000000000x5616.00000000000000000000 pixel
FOCAL 36.35079950143125415707

#Principal Point Offset xpoff ypoff in mm (Inpho)
XPOFF -0.00356239317022101184
YPOFF 0.01335806019673398820
#Principal Point Offset xpoff ypoff in mm
XPOFF 0.00356239317022101184
YPOFF 0.01335806019673398820
#Principal Point Offset xpoff ypoff in pixel
XPOFF 0.52510236600483040093
YPOFF 1.96899911923628678778

#How many fiducial pairs (max 8):
NUM_FIDS 4

#Fiducials position
DATA_STRIP_SIDE left

#Fiducial x,y pairs in mm:
FID_PAIRS
    12.69999935999999932314 -19.04999903999999987289
    -12.69999935999999932314 -19.04999903999999987289
    -12.69999935999999932314 19.04999903999999987289
    12.69999935999999932314 19.04999903999999987289

#Symmetrical Lens Distortion Odd-order Poly Coeffs:K0,K1,K2,K3
SYM_DIST 0 0.00000006178623388793 -0.00000000032896882029 0.00000000000045496828

#Decentering Lens Coeffs p1,p2,p3
DEC_DIST -0.00000006542792744745 -0.00000006542792744745 0

#How many distortion pairs (max 20):
NUM_DIST_PAIRS 20
```

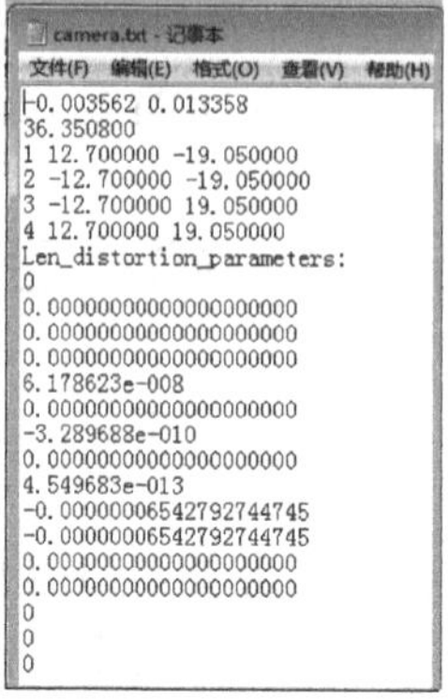

```
camera.txt - 记事本
文件(F) 编辑(E) 格式(O) 查看(V) 帮助(H)
-0.003562 0.013358
36.350800
1 12.700000 -19.050000
2 -12.700000 -19.050000
3 -12.700000 19.050000
4 12.700000 19.050000
Len_distortion_parameters:
0
0.00000000000000000000
0.00000000000000000000
0.00000000000000000000
6.178623e-008
0.00000000000000000000
-3.289688e-010
0.00000000000000000000
4.549683e-013
-0.00000006542792744745
-0.00000006542792744745
0.00000000000000000000
0.00000000000000000000
0
0
0
```

(a) (b)

图 1-74 整理前相机文件(a)与整理后相机文件(b)

2. 整理外方位元素文件

整理后文件如图 1-75 所示，在文件中将第一列的“.jpg”和第一行的说明删除，每一行的数据从左到右分别代表：图片名称、X、Y、Z、Omega、Phi、Kapa。

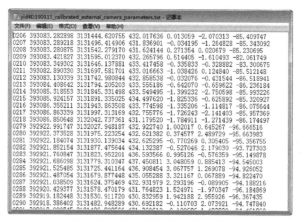

```
yid4D190111_calibrated_external_camera_parameters.txt - 记事本
文件(F) 编辑(E) 格式(O) 查看(V) 帮助(H)
0206 393083.282898 3131444.620755 432.017636 0.013059 -2.070313 -85.409747
0207 393083.289218 3131496.414906 431.836901 -0.034195 -1.264828 -85.343092
0208 393083.280875 3131542.279170 431.624144 0.271354 0.020679 -85.230695
0209 393083.421827 3131595.012370 432.265796 0.514405 -1.610493 -82.061749
0210 393083.349302 3131646.137881 433.417458 -0.335833 -0.328882 -83.300675
0211 393082.890330 3131697.581701 433.016663 -1.038426 0.124840 -85.512148
0212 393083.130339 3131742.980844 432.858538 -0.032076 -0.431544 -86.518941
0213 393084.408642 3131794.205203 433.555186 -0.642070 -0.659622 -86.236184
0214 393085.318553 3131845.331498 433.549495 -1.399232 -2.750598 -85.993226
0215 393085.924157 3131891.335025 434.497620 -1.825336 -0.625892 -85.320927
0216 393086.355211 3131943.863508 433.774598 -1.335206 -1.114817 -86.075644
0217 393086.863339 3131997.313169 432.755776 -1.726243 -2.141403 -85.957369
0218 393086.850648 3132042.737361 431.179520 -1.784911 -1.271439 -86.174497
0279 392922.991747 3132027.948187 432.922740 1.002017 0.645267 -96.666516
0280 392922.373528 3131975.223254 432.621382 0.374577 2.489729 -95.663983
0281 392922.184074 3131930.139034 432.625295 -0.770269 0.305405 -95.356755
0282 392921.852154 3131877.475644 434.132387 -0.527046 2.179030 -93.727303
0283 392921.760847 3131823.952201 436.593566 0.995126 -0.576359 -95.149878
0284 392921.686098 3131779.310347 437.450811 3.048059 0.885413 -94.545003
0285 392921.525485 3131725.441164 436.908454 3.067757 1.269078 -94.926052
0286 392921.487054 3131679.877448 435.055288 3.321167 0.067889 -94.822470
0287 392921.038509 3131624.375469 432.931979 2.293196 -0.089905 -94.188216
0288 392920.429377 3131578.470179 431.764823 1.524971 -1.970347 -96.184869
0289 392919.182448 3131530.911720 430.832959 1.942188 2.955926 -96.367435
0290 392918.386402 3131482.948289 430.692182 -0.110703 2.073921 -94.747840
```

图 1-75 整理后的外方位元素

3. 计算扫描分辨率

扫描分辨率的计算公式为：扫描分辨率 = A/a = B/b = 0.0067842，具体数据和计算过程如图 1-76 所示。

A	B	C
根据pix4D空三后的相机文件参数	A/a	B/b
	25.39999871199990000000	38.09999807999990000000
	3744.00000000000000000000	5616.00000000000000000000
	0.00678418799999997000	0.00678418799999998000

图 1-76 扫描分辨率计算

整理后在 E 盘新建 moon 文件夹，其中放置无人机影像(images 文件夹)、相机参数(camera. txt)、控制点文件(control. txt)、外方位元素(y1d4D190111_ calibrated_ external_ camera_ parameters. txt)、扫描分辨率(扫描分辨率计算 . xls) 5 个文件(图 1-77)。

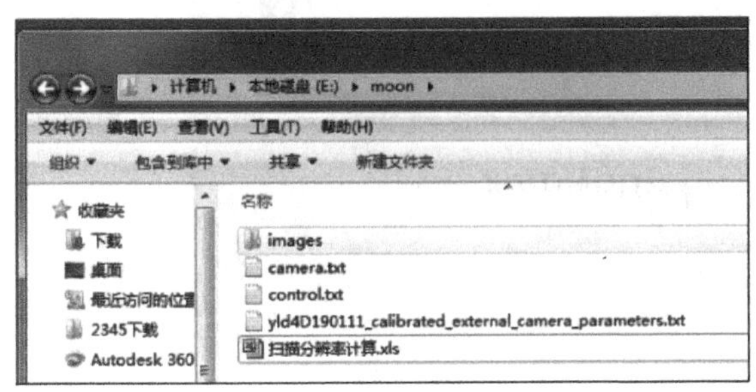

图 1-77　整理后的文件列表

任务实施

在 MapMatrix 中导入 Pix4D 空三结果，主要步骤包括：打开 MapMatrix、添加无人机影像、编辑相机文件、数码量测相机内定向、编辑外方位元素、创建立体像对、新建 DLG、生成实时核线像对、导入控制点进行精度检查、立体测图，具体步骤如下。

1. 打开 MapMatrix

点击【文件】→【新建工程】，选择 E：\ moon 文件夹，可以自定义设置文件夹名称(图 1-78)。

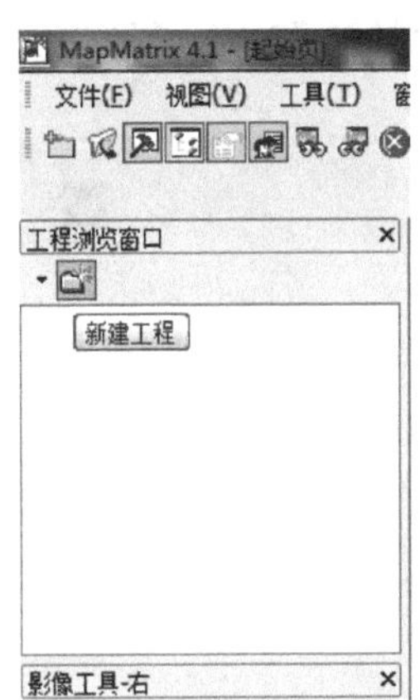

图 1-78　MapMatrix 软件新建工程

2. 添加无人机影像

右键单击航带 Strip0，在打开的小菜单中选择【添加影像】，找到影像位置 E：\ moon \ images ，全选所有图片并添加(图 1-79)。

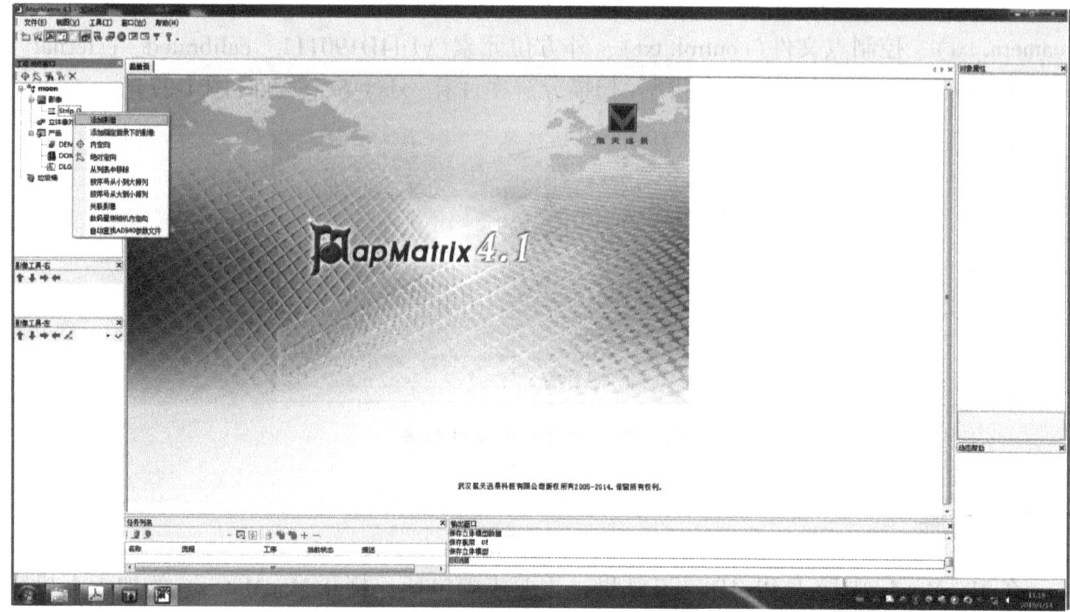

图 1-79　添加无人机影像

3. 编辑相机文件

右键点击工程 moon，在打开的菜单中点击【编辑相机文件】→【导入相机文件】，并保存(图 1-80~图 1-82)。

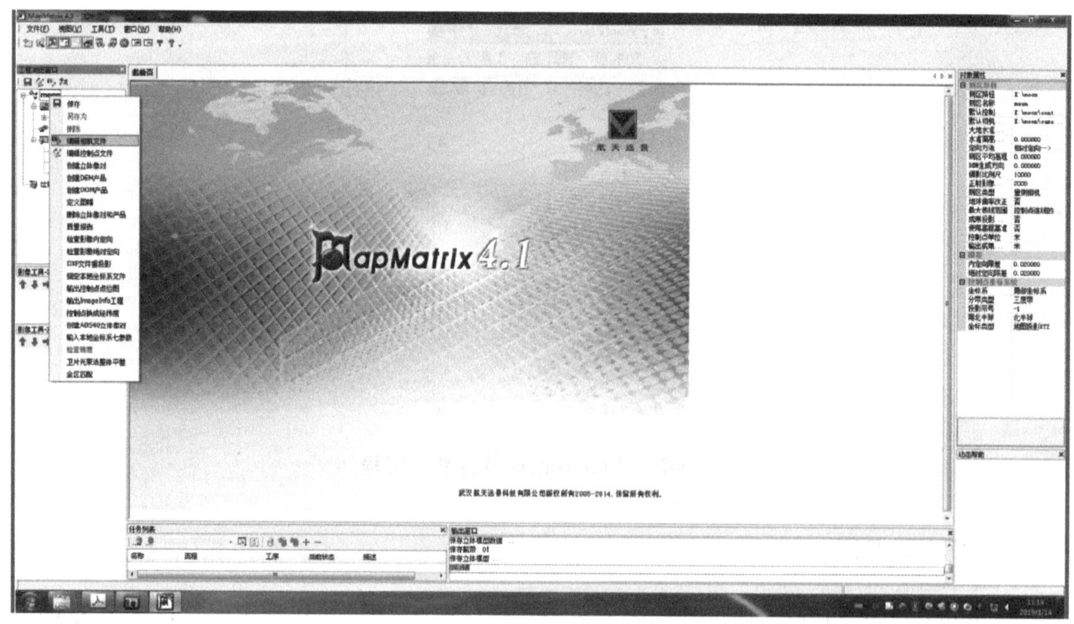

图 1-80　编辑相机文件

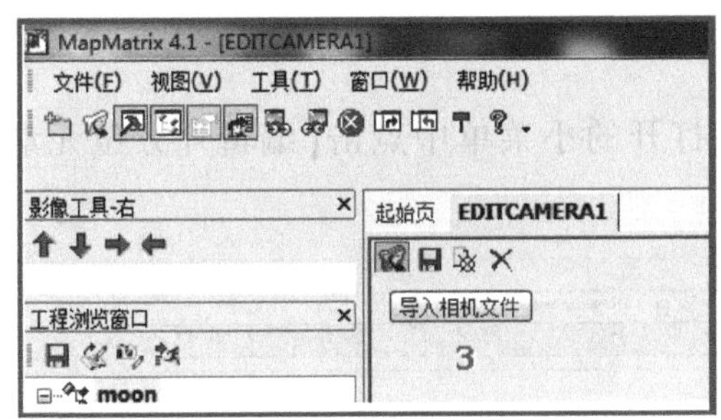

图 1-81　导入相机文件

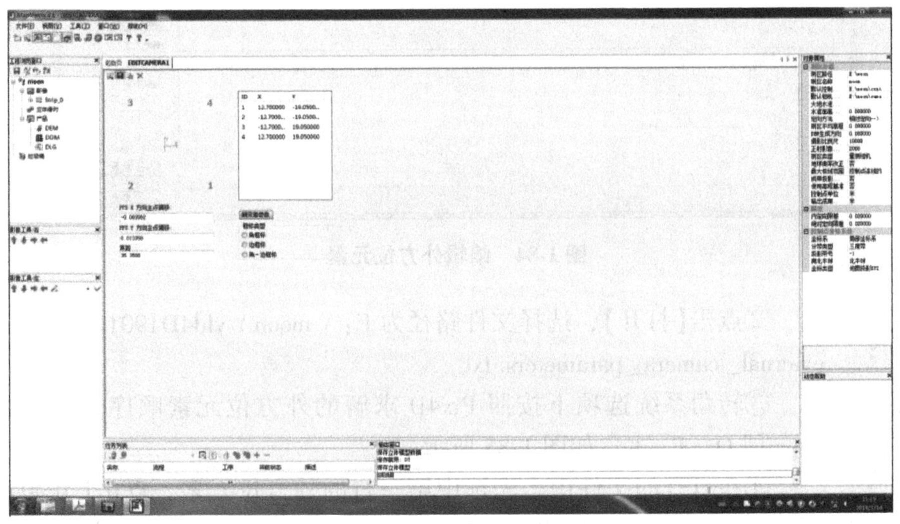

图 1-82　相机文件导入后

4. 数码测量相机内定向

右键点击影像，在打开的小菜单中点击【数码量测相机内定向】→【文件】→【全部保存】，完成内定向工作(图 1-83)。

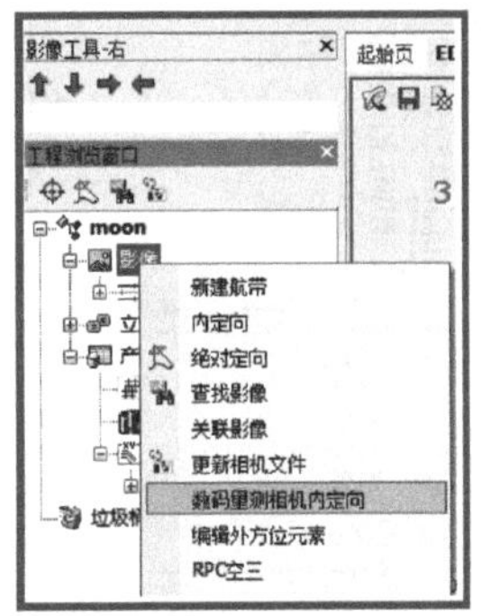

图 1-83　数码量测相机内定向

5. 编辑外方位元素

①右键点击影像，在打开的小菜单中点击【编辑外方位元素】→【引入】，如图 1-84 所示。

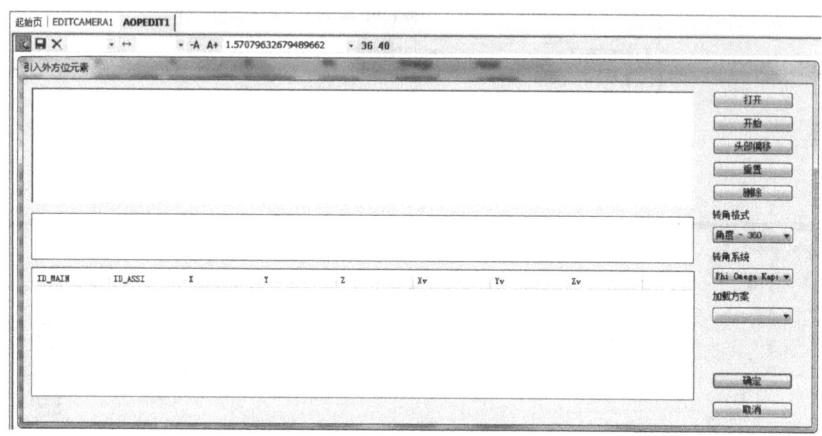

图 1-84　编辑外方位元素

图 1-85　选择转角系统

②点击【打开】，选择文件路径为 E：\ moon \ yld4D190111_ calibrated_ external_ camera_ parameters. txt。

③转角系统选项下按照 Pix4D 求解的外方位元素顺序选择 Omega phi kapa 即 O、P、K，如图 1-85 所示。

④在打开的文件中，先选中第一行的外方位元素，点击【开始】，按照图片名称、X、Y、Z、Phi、Omega、Kapa 的 7 个参数顺序进行对应，点击【确定】(图 1-86)。

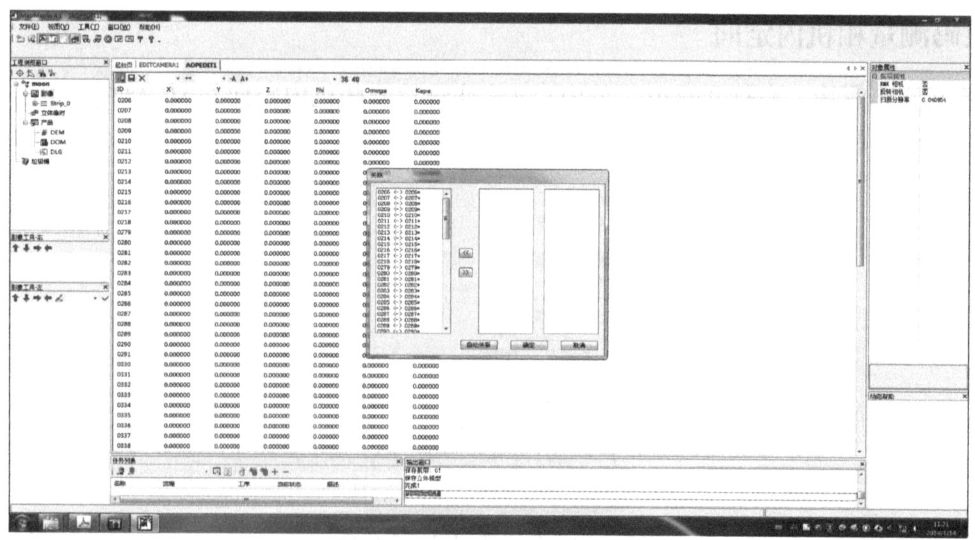

图 1-86　按顺序选择外方位元素

⑤在自动弹出的影像相对关联对话框中，点击【自动关联】→【确定】，完成外方位元素导入，并保存。

6. 创建立体像对

①右键点击工程 moon，点击【创建立体像对】(图 1-87)。

②更改测区平均高度：在右侧其对应的对象属性列表中，将数值更改成 50m(参照 control. txt 的平均高程设置)，并保存(图 1-88)。

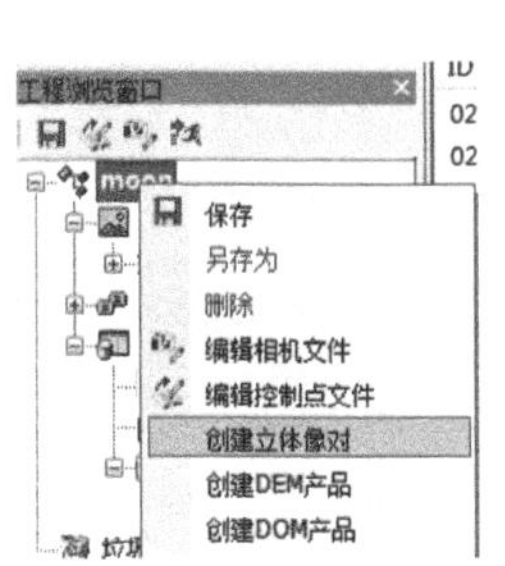

图 1-87　创建立体像对

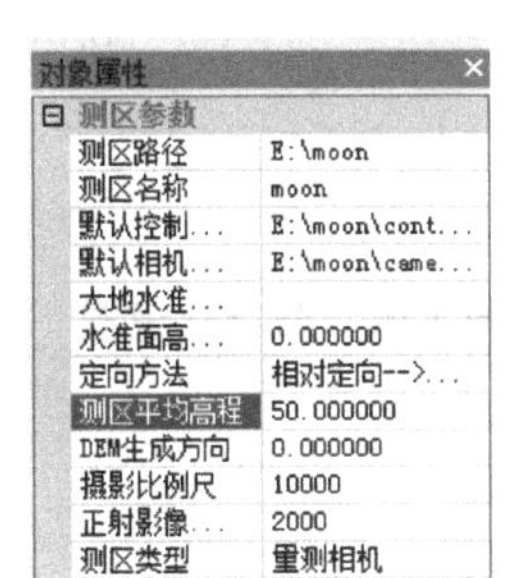

图 1-88　修改测区平均高度

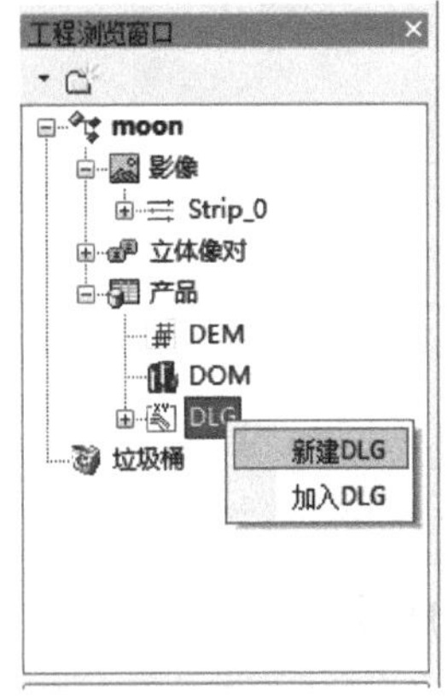

图 1-89　新建 DLG

7. 新建 DLG

①右键单击 DLG 文件夹，点击【新建 DLG】，在 DLG 文件夹中创建 111. fdb 文件(图 1-89)。

②右键单击 111. fdb 文件，点击【加入立体像对】→【全选所有像对】，如图 1-90 所示。

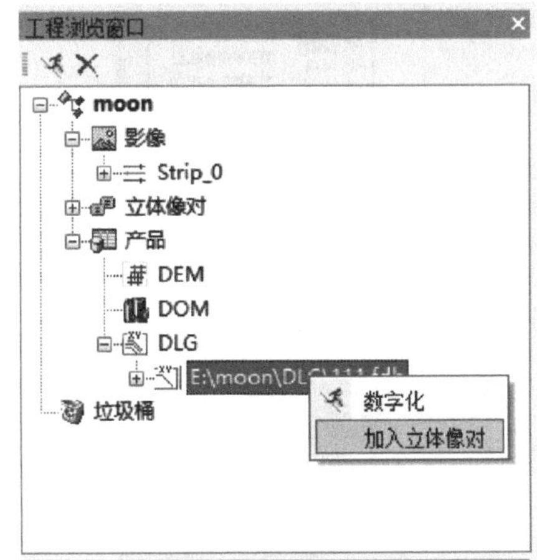

图 1-90　加入立体相对

③启动 Feature one。右键单击 111. fdb 文件，点击【数字化】，在弹出的对话框中设置

制图比例尺为 1∶1000，点击【确定】，如图 1-91 所示。

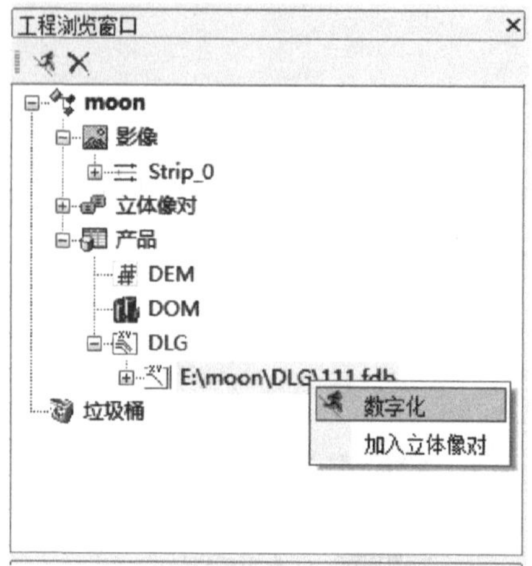

图 1-91　数字化设置

8. 生成实时核线像对

在 Feature one 的像对列举中，任意选择一对像对，单击右键打开【实时核线像对】(图 1-92)，并设置矢量数据外包：点击【工作区】→【设置矢量文件参数】→【设置边界为立体模型范围】。

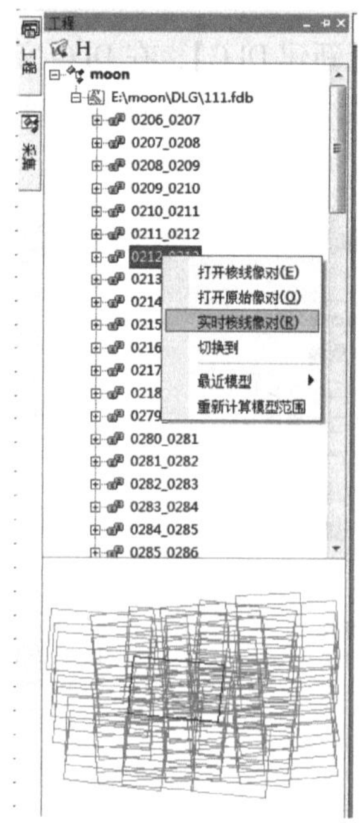

图 1-92　设置实时核线像对

9. 导入控制点进行精度检查

点击【工作区】→【导入】→【导入控制点】，选择工程文件夹中的 control. txt。

10. 立体测图

检查无误后，即可进行立体测图，打开像对 0282-0283 进行练习(该像对地物要素齐全，见图 1-93)。

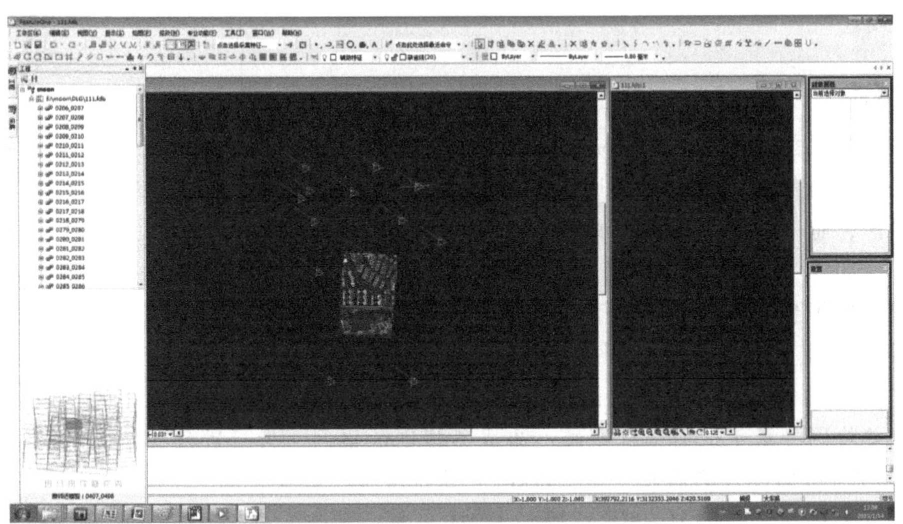

图 1-93　导入控制点检查精度

○ 成果提交

将导入 MapMatrix 软件的工程保存，并提交工程文件。

○ 巩固练习

(1)Pix4D Mapper 软件空三结果导入 MapMatrix 软件的步骤是什么?

(2)如何进行相机文件、外方位元素的编辑?

(3)参照任务 1-3 的操作，思考如何将 Inpho 软件的空三结果导入 MapMatrix 软件中。

项目2 数字高程模型（DEM）生产

项目概述

数字高程模型(digital elevation model，DEM)是在一定范围内通过规则格网点描述地面高程信息的数据集，用于反映区域地貌形态的空间分布。DEM是摄影测量最终生成的数字产品之一，也是制作正射影像的基础，它在国家基础地理信息数字成果中占有重要地位。此外，DEM在地理信息系统中也有重要作用，用户不仅可以通过DEM提取出坡度、坡向及粗糙度等参数，还可以基于DEM进行通视分析、流域结构生成等应用分析。因此，DEM在很多领域都有较好的应用前景。

DEM的建立是根据影像匹配的视差数据、定向元素及用于建立DEM的参数等，将匹配后的视差格网投影于地面坐标系统，生成不规则的格网，然后进行插值等计算处理，建立规则(矩形)格网的数字高程模型(DEM)，其过程是全自动化的。

本项目主要包括基于MapMatrix进行DEM生产、基于Inpho进行DEM生产。

知识目标

(1)掌握DEM的概念及应用意义。

(2)掌握DEM生产的常用方法及流程。

(3)了解DEM生产常用的软件。

技能目标

(1)能熟练使用MapMatrix软件生产DEM。

(2)能熟练使用Inpho软件生产DEM。

素质目标

(1)培养学生团队协作、精益求精的职业素养。

(2)培养学生勇于探索的精神。

任务2-1 基于MapMatrix进行DEM生产

任务描述

本任务是利用MapMatrix软件，通过DEM创建、DEM生成、DEM编辑、多模型DEM拼接和对DEM分幅裁切等流程完成1∶2000的DEM生产。

通过本任务的学习能基于航摄数据制作出满足精度要求的 DEM 成果，并为后面的 DOM 生产打下基础。

○ 任务目标

(1)熟悉使用 MapMatrix 软件进行 DEM 创建、生成的流程。
(2)熟悉使用 MapMatrix 软件进行 DEM 编辑的流程。
(3)熟悉使用 MapMatrix 软件进行不同模型或不同区域 DEM 拼接的流程。
(4)熟悉使用 MapMatrix 软件对 DEM 进行分幅裁切的流程。
(5)能够利用 MapMatrix 软件完成 DEM 生产。

○ 相关知识

1. 成图比例尺

成图比例尺为 1∶2000。

2. 图幅分幅与编号

图幅分幅采用 50cm×50cm 正方形分幅。图幅编号采用图幅西南角坐标千米数至整千米数编号法(如 653-493)。图廓间的千米数加注带号和百千米数。

3. DEM 精度

DEM 的格网尺寸依据比例尺选择，通常 1∶500～1∶2000 的格网尺寸不应大于 $0.001M_{图}$，1∶5000～1∶10 万不应大于 $0.0005M_{图}$，其中 $M_{图}$ 为成图比例尺分母。因此，1∶2000 DEM 的格网尺寸取 2。DEM 格网点高程精确至小数点后两位。

DEM 格网点相对于邻近野外控制点的高程中误差，平地、丘陵地不超过 1.0m，山地、高山地不超过 2.4m。

4. DEM 接边限差

相同地形类别 DEM 格网点接边限差为该地形类别 DEM 格网点高程中误差的 2 倍。不同地形类别 DEM 接边限差为两种地形类别 DEM 格网点接边限差之和。

○ 任务实施

1. DEM 匹配生成

1) 按模型匹配生成 DEM

首先启动 MapMatrix 主界面，单击【文件】菜单下的【加载工程】命令，打开选择工程文件对话框，选择“MapMatrix 工程 .xml”文件，如图 2-1 所示。单击【打开】按钮，打开后显示在工程浏览窗口中，如图 2-2 所示。

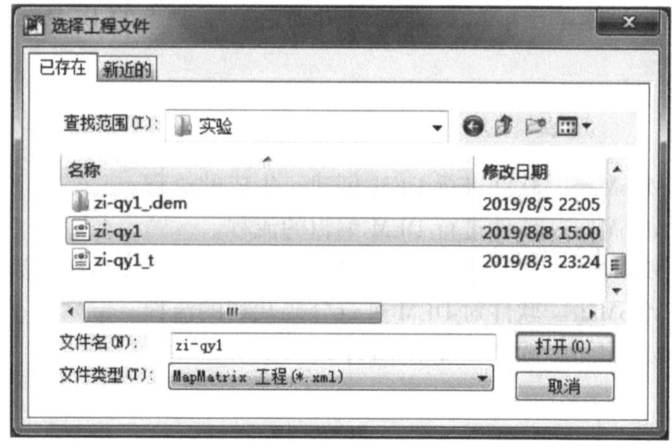

图 2-1　选择工程文件对话框

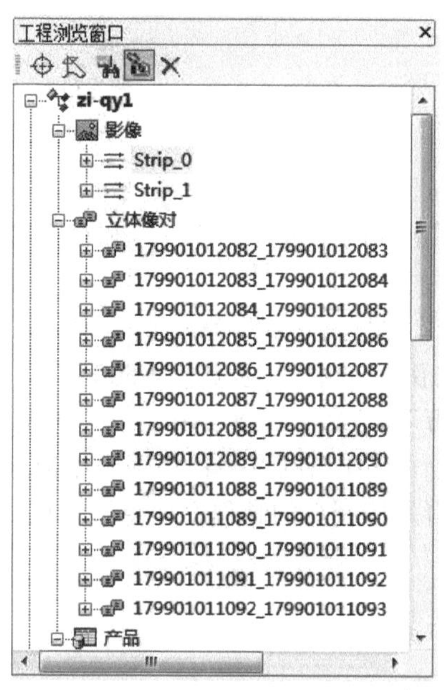

图 2-2　工程浏览窗口

在工程浏览窗口中，可以选中第一个立体像对，然后在最后一个立体像对上按住 Shift 键的同时单击左键，也可以按住 Ctrl 键的同时左键单击所有立体像对，将所有的立体像对都选中。在右键菜单中选择【核线重采样】命令，运行完成后，单击右键，选择【核线影像匹配】命令，即可按模型进行 DEM 创建与生产。

(1)创建 DEM

可以采用以下 4 种方法创建 DEM。

①选择一个立体像对，在右键菜单中选择【新建 DEM】命令，如图 2-3 所示。

②全选所有立体像对，在右键菜单中选择【逐个新建 DEM】命令，如图 2-4 所示。

③点击选中产品节点，在右键菜单中选择【创建 DEM 产品】命令，如图 2-5 所示。

④在工程浏览窗口，点击选中工程根节点，在右键菜单中选择【创建 DEM 产品】命令，如图 2-6 所示。

图 2-3　创建 DEM 方法一

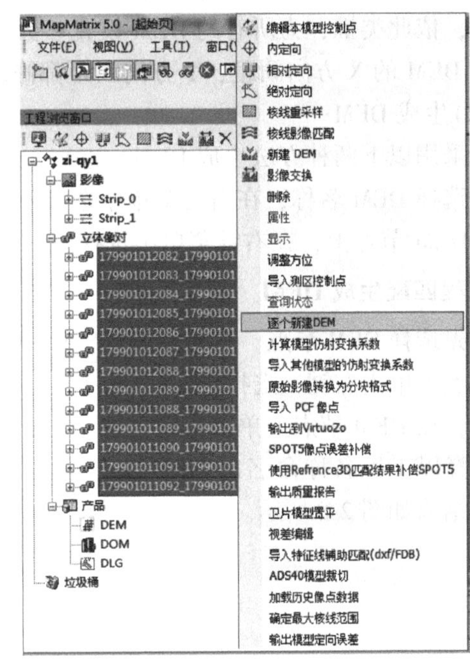

图 2-4　创建 DEM 方法二

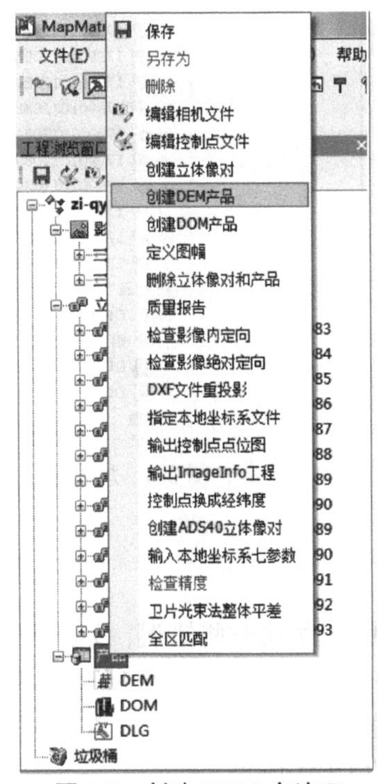

图 2-5　创建 DEM 方法三

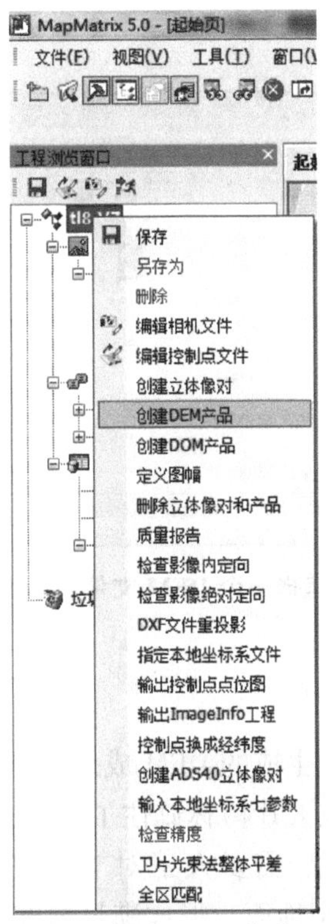

图 2-6　创建 DEM 方法四

至此只是创建了 DEM 节点，并没有生成真正的 DEM 文件，左键单击选择 DEM 名称，在右侧的对象属性窗口中，将 X 方向间距、Y 方向间距都修改为 2，一般只需要修改这两个参数，依此类推，为所有的 DEM 设置参数。也可以选择 DEM 节点，在对象属性窗口中将所有 DEM 的 X 方向间距、Y 方向间距都修改为 2。

(2)生成 DEM

可采用以下两种方法生成 DEM。

①选择 DEM 名称，在右键菜单中选择【生成】命令，或者单击图标。

②DEM 节点上，在右键菜单中选择【执行】命令，或者单击图标。

2)全工程匹配生成 DEM

首先选择 DEM 节点，在对象属性窗口中将 X 方向间距、Y 方向间距都修改为 2。在工程根节点上单击右键，选择【全区匹配】命令，开始匹配生成整个工程的 DEM 文件。运行结束后，在 DEM 节点上单击右键，选择【加入 DEM】命令，在选择一个 DEM 文件对话框中，选择以工程名称命名的 DEM 文件，如图 2-7 所示。单击【打开】按钮，加入全工程 DEM，结果如图 2-8 所示。

图 2-7　选择一个 DEM 文件对话框

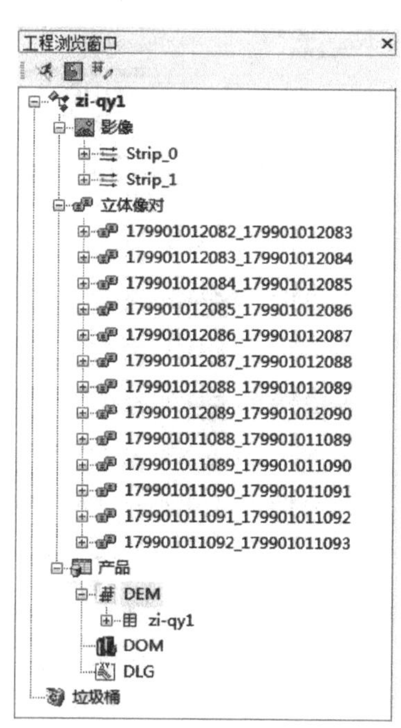

图 2-8　加入全工程 DEM 成果

2. DEM 编辑

软件自动匹配生成的 DEM 成果，不可避免会存在一些错误，如匹配过程中错误用到了屋顶上的点，或大片树林遮住了地面，使等高线浮在房顶、树顶上，不能反映地面真实的高程信息。因此，需要人工对 DEM 自动生成带来的问题进行查找、编辑和修改，将 DEM 格网点编辑至地面，形成满足精度要求的 DEM 成果。

1)进入编辑状态

在 MapMatrix 主界面，选择自动匹配生成的 DEM 成果，在右键菜单中选择【平面编辑】命令，或者单击图标，进入 DEMMatrix 界面。在工程栏模型预览窗口，所有的模型边框都为灰色，将鼠标移动到 DEM 所覆盖边框内部，模型的边框显示为黑色，其成为最邻近模型。在最邻近模型上单击右键，在弹出的右键菜单中选择【实时核线】命令，进入 DEM 立体编辑状态，作业区默认显示 DEM 格网点和等高线信息，如图 2-9 所示。可以单击(显示 DEM)图标，对 DEM 格网点显示与否进行切换，也可以单击(显示等高线)图标，对等高线显示与否进行切换。

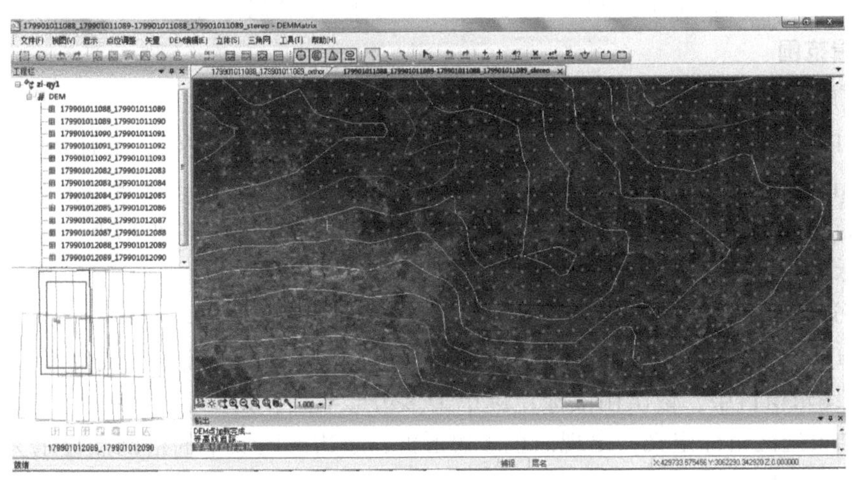

图 2-9　DEM 立体编辑界面

(1)立体模式切换

在工程栏模型预览窗口中，红色边框是在当前工作区显示的模型，紫色边框是所编辑的 DEM 范围，当鼠标移动到某一模型边框内部时，该模型的边框显示为黑色，该模型成为最邻近模型，如图 2-10 所示。要将立体模式切换到该最邻近模型上，可以采用以下方法：

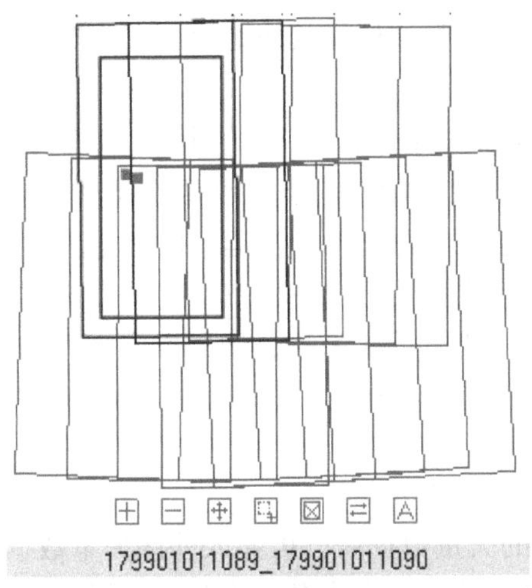

图 2-10　工程栏模型预览窗口

①在黑色边框上单击右键，在右键菜单中选择【实时核线】命令，切换到最邻近模型上。

②在右键菜单中选择【切换到…】命令进行切换。

③若勾选了自动切换按钮，勾选后按钮变为红色，随着 DEM 当前编辑位置的改变，系统会自动切换到最邻近模型上，切换过程中，最邻近模型的边框显示为绿色。

(2)点位调整

单击【点位调整】菜单下的【点位变大】【点位变小】【点位变稀】【点位变密】命令可以调整 DEM 点位的大、小、稀、密，以上 4 个命令的快捷键依次对应小键盘的+、-、*、/。如果想变成默认点位，单击【点位调整】菜单下的【重置点位】命令即可。

2)定义编辑范围

(1)矩形选区

单击【DEM 编辑】菜单下的【矩形选区】命令，或者单击按钮，或使用快捷键 Ctrl+R。在编辑设置中将当前选中 DEM 点颜色设置为蓝色，然后在起点位置单击鼠标左键，拖曳出一个矩形框，到需要结束的位置再次单击鼠标左键，出现白色矩形框，矩形区域中的格网点显示为蓝色，即选中了此矩形区域。

(2)多边形选区

单击【DEM 编辑】菜单下的【多边形选区】命令，或者单击按钮，或使用快捷键 Ctrl+P。然后在编辑窗口中，依次用鼠标左键单击多边形节点，定义需要编辑的区域，单击鼠标右键，结束选区目标定义，出现白色多边形框，多边形区域中的格网点显示为蓝色，即选中了此多边形区域。

3)添加、编辑特征矢量

DEM 格网点匹配效果不好的地方，可以添加特征点/线，或者导入已有的矢量文件，再结合相应的编辑命令进行处理。

(1)特征点采集

单击【矢量】菜单下的【加点】命令，或者单击(加点)按钮，测标变为采集状态。找到需要添加特征点的位置，调整测标使其切准地面，单击左键即可。

(2)特征线采集

①单击【矢量】菜单下的【加线】命令，或者单击(加线)按钮，测标变为采集状态。调整测标使其切准地面，单击左键确定起点，再依次调整测标并单击左键绘制特征线即可，右键结束当前特征线的绘制。再次单击左键，依此方法连续绘制多根特征线。

②绘制结束后，所绘特征线都处于选中状态，接下来就可以进行相应的编辑处理。

注意：绘制特征线时默认使用折线采集，使用以下 3 个快捷键，可以实时切换线型：按快捷键 V，可以切换到样条采集；按快捷键 S，可以切换到流线采集；按快捷键 L，可以切换到折线采集。

(3)导入特征矢量

当所编辑 DEM 有对应的矢量数据时，可导入外部矢量数据参与对 DEM 的编辑，这样可以节省特征矢量采集时间，提高作业效率。单击【矢量】菜单下的【导入特征矢量】命令，

打开文件浏览对话框，可以导入的矢量格式有“. fdb”“. dxf”“. xml”。其中，“. xml”是测图模块 FeatureOne 导出的相应矢量格式。在矢量格式下拉列表中选择“. dxf”，并选择已有的 3061-430. dxf 文件，单击【打开】按钮，弹出【特征分类】对话框，如图 2-11 所示。该对话框左侧区域显示所选矢量文件中数据的分层情况，根据需要把层码加入点层、线层或面层，或者全部加入。设置完毕，单击【确定】按钮，外部矢量数据导入 DEM 编辑界面。

(4) 编辑特征矢量

为了使采集的特征点/线或导入的特征矢量更完美地表示地貌，有时需要对其做简单编辑，一般可采用【矢量】菜单下的【删除】【插入点】【编辑点】【移动】【复制】【曲线修测】【打断】【闭合】等编辑命令。

图 2-11　特征分类对话框

4) 编辑方式

(1) 定值高程

①在使用此命令前，需要选择 DEM 格网点，选择 DEM 格网点过程中不要求节点切准地面。

②选择 DEM 格网点后，单击【DEM 编辑】菜单下的【定值高程】命令，或者单击(定值高程)按钮。弹出指定高程值对话框，在对话框中输入指定高程值，如图 2-12 所示。然后按下 Enter 键，系统自动对所选区域赋予该高程值。

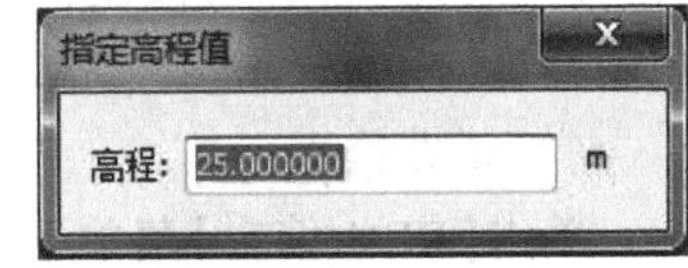

图 2-12　指定高程值对话框

(2) 平均高程

①在使用此命令前，需要选择 DEM 格网点，选择 DEM 格网点过程中不要求节点切准地面。

②选择 DEM 格网点后，单击【DEM 编辑】菜单下的【平均高程】命令，或者单击(平

均高程)按钮，系统自动对选中区域赋予平均高程值。编辑区域匹配效果较好时，可采用此功能，一般用于湖面等需要置平的地方。

(3)局部平滑

①在使用局部平滑命令前，需要选择 DEM 格网点，选择 DEM 格网点过程中不要求节点切准地面，但平面必须要切准。同时使用此命令前，需要在参数设置中选择平滑度，平滑度不宜设置过大，建议控制在 4 以内，如图 2-13 所示。

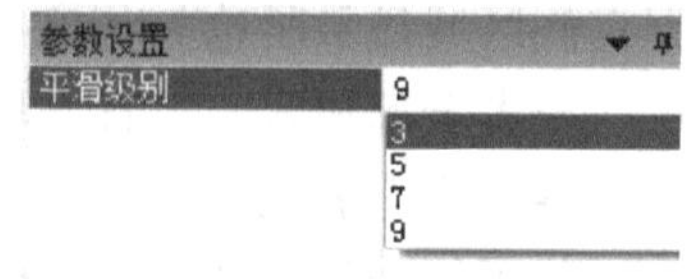

图 2-13　平滑级别设置

②选择 DEM 格网点后，单击【DEM 编辑】菜单下的【局部平滑】命令，或者单击(局部平滑)按钮，系统自动对选中区域做平滑处理。

(4)量测点内插

①在选区范围内，以量测的范围线节点高程为基准，构网内插计算选区范围内 DEM 格网点高程，即为量测点内插。

②选择 DEM 格网点，绘制选区时每个节点的高程都要切准地面。单击【DEM 编辑】菜单下的【量测点内插】命令，或者单击(量测点内插)按钮，系统自动对选中区域做内插处理。

③除了以上通过绘制选区选择 DEM 格网点进行量测点内插外，还可以处理特征矢量，主要有以下两种方式。

a. 先绘制特征点/线，绘制时每个点的高程都要切准地面，当特征点/征线处于选中状态时，可以直接调用量测点内插命令处理。

b. 先选择量测点内插命令，然后拉框选择已有特征点/特征线，再单击左键开始处理。

(5)匹配点内插

在选区范围内，以已有 DEM 点的高程为基准，构网内插计算选区范围内 DEM 格网点高程，即为匹配点内插。

先选择 DEM 格网点，绘制选区时不要求每个节点的高程都切准地面，但要保证选区范围周围的 DEM 格网点切准地面。单击【DEM 编辑】菜单下的【匹配点内插】命令，或者单击(匹配点内插)按钮，系统自动对选中区域做内插处理。

(6)特征内插

先绘制矢量或导入已有的矢量，然后单击【DEM 编辑】菜单下的【特征内插】命令，或者单击(特征内插)按钮，在待处理矢量特征外侧依次单击鼠标左键，将待处理矢量特征包围，最后单击右键结束选取并开始特征内插处理。

(7)道路推平

单击【DEM 编辑】菜单下的【道路推平】命令，或者单击(道路推平)按钮，用鼠标左键沿着道路中线量测一条线，量测时每个点的高程都要切准地面，最后沿道路边缘按住鼠标左键画线，右键结束量测，系统自动对该处做推平处理。

(8)房屋过滤

先绘制编辑区域，然后单击【DEM 编辑】菜单下的【房屋过滤】命令，或者单击(房屋过滤)按钮，在参数设置中输入临界高度值，然后单击左键开始过滤处理。

5)编辑实例讲解

(1)对独立树和独立房屋的处理

由于匹配点在地物表面而不是在地面上引起的 DEM 问题，等高线会像小山包一样覆盖在树或者房屋表面。可采用以下两种方式进行编辑。

①应用(矩形选区)工具，框选待处理区域，单击【DEM 编辑】菜单下的【匹配点内插】命令或(匹配点内插)按钮。

②应用(多边形选区)工具，在待处理区域外侧依次单击鼠标左键，完成后单击右键结束绘制，绘制的范围线自动闭合，范围线内区域被选择，如图 2-14 所示。然后单击【DEM 编辑】菜单下的【匹配点内插】命令或(匹配点内插)按钮，处理结果如图 2-15 所示。

图 2-14　编辑区域选择结果

图 2-15　选区匹配点内插结果

(2)植被茂密区域的处理

某一区域植被茂密，无法直接观测到地面，且植被等高。此时可以先将 DEM 格网点编辑至树顶，然后选中该区域，整体下降一个树高。通常使用此功能需要获取树高，获取方法有以下 3 种：①调查出已知的树高；②从图上合适的位置量出树高；③以控制点坐标为参考计算出树高。

(3)陡坎或山坡区域的处理

①绘制特征线。

a. 单击【矢量】菜单下【加线】命令或(切换加点/加线工具)按钮，将测标调整为贴着地面，单击鼠标左键，然后将鼠标移动到另一个地方，同样调整测标使其贴着地面，再单击鼠标左键，依此类推用鼠标左键采集特征线的其他点，一条特征线绘制完毕后，单击鼠标右键结束绘制。采用同样的方法再绘制其他特征线，要求特征线上的每个点都必须贴着地面采集，且每根特征线尽量绘制在坡度变换处。所有特征线绘制完毕后，单击【DEM 编辑】菜单下的【量测点内插】命令或(量测点内插)按钮。完成效果如图 2-16 所示。

b. 采用该方法需要特别注意，在构网的时候，如果发现局部的网形态有问题，不要急于用【矢量】菜单下命令或(删除)按钮删除所采集特征线，可以在有问题的位置继续添加新的特征线来重新构网(图 2-17)，在图中圈出区域内再添加两根新的特征线，再次单击(量测点内插)按钮。如发现所构网依然不准确，还可以使用(撤销矢量)按钮进行回退。

图 2-16　绘制特征线

图 2-17　添加特征线

c. 经过特征线的添加，如还是无法满足细节部分的微小变化，可以采用继续添加特征点参与构网的方法，即单击【矢量】菜单下的【加点】命令或(加点)按钮，然后在需要加点的位置，将测标调整为切准地面，单击鼠标左键添加特征点，特征点添加完成后(图 2-18)，同样单击(量测点内插)按钮即可。

d. DEM 编辑合理后，可以通过(删除)按钮删除绘制的全部特征点和特征线。

以上是绘制完矢量特征后，基于矢量特征，采用量测点内插的方式对矢量包含区域进行处理。此外，还可以采用特征内插方式对矢量包含区域进行处理。

注意：编辑 DEM 时使用的特征点和特征线，在编辑完成后，一定要删除。该方法精度很高，适用于任何一种复杂的地形，对城区或大片相连房屋的处理也可以采用此方法。

②导入已有矢量文件。

a. 如果已经有了该 DEM 的矢量文件，可以将矢量文件导入，参与构建三角网，对 DEM 格网点进行修改。可导入的矢量文件格式要求为 R12 格式的 DXF 文件，如果现有的矢量文件格式不符合，要先进行格式转换，然后单击【矢量】菜单下【导入特征矢量】命令将

图 2-18　添加特征点

矢量文件导入。

b. 矢量文件导入后，如果发现局部地区构建的三角网依然不能满足要求，可以采用在该处添加特征点或特征线的方式处理。在三角网不取消的情况下，在需要添加特征点或特征线的地方依次添加，然后单击(量测点内插)按钮即可。

以上是导入矢量特征后，基于矢量特征，采用量测点内插的方式对矢量包含区域进行处理。此外，还可以采用特征内插方式对矢量包含区域进行处理。

(4)道路的处理

单击【DEM 编辑】菜单下的【道路推平】命令或(道路推平)按钮，找到道路中心线，然后沿着道路中心线量测，量测每个点时保证测标切准地面，结束量测前，需要把最后一个点落在道路的边缘上，这个点到道路中线的距离就是道路中线两侧将处理的宽度，如图 2-19 所示。单击鼠标右键，系统就会沿着量测的道路中线，按给定的宽度向道路两侧平推，结果如图 2-20 所示。类似河流等条带状的规整区域也可以应用这一处理过程。

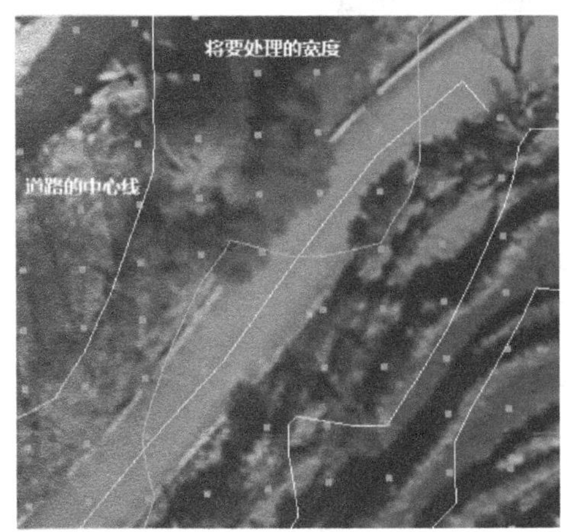

图 2-19　道路推平画线

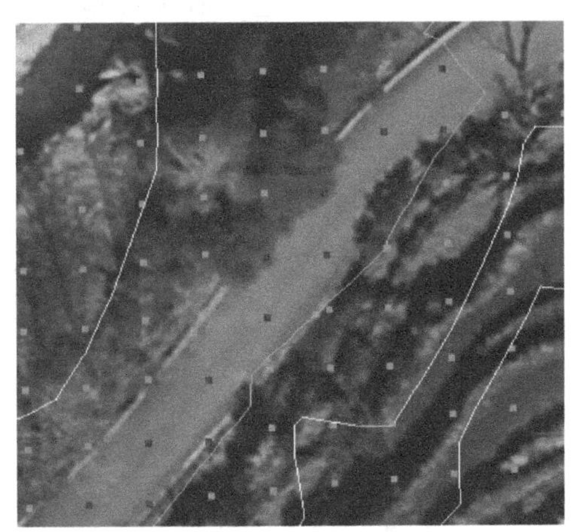

图 2-20　道路推平结果

(5)水面的处理

水面上没有纹理，容易出现匹配错误，并引起 DEM 问题。水面通常为平面，可以采用以下两种方式处理，效果较好。

①先获取水面高程，可以内业用测标切准水面获取高程，也可以外业通过实地丈量得到高程。然后应用(多边形选区)工具沿着边界绘制出水面范围，若 DEM 格网点和等高线妨碍视线，可以使用和工具按钮将点、线暂时隐藏。接下来单击【DEM 编辑】菜单下的【定值高程】命令或(定值高程)按钮，打开指定高程值对话框，输入水面高程，按下 Enter 键即可。

②在未获取水面高程的情况下，绘制水面范围时，在量测第一个点的时候将测标切准水面，然后就不再调整高程了。绘制完成后单击右键结束，选定区域会自动闭合。接下来单击【DEM 编辑】菜单下的【量测点内插】命令或(量测点内插)按钮即可。

(6)烟囱的处理

单击(切换加点/加线工具)按钮，用测标切准烟囱的底部和顶部分别画特征线，然后单击【DEM 编辑】菜单下的【量测点内插】命令或▣(量测点内插)按钮即可。

3. 多模型 DEM 拼接

相邻数字高程模型应接边，接边后数据应连续，接边的 DEM 格网不应出现错位现象，相邻图幅重叠范围内同一格网点的高程值应一致。

①在工程浏览窗口中，按住 Ctrl 或 Shift 键的同时单击左键，选中需要拼接的 DEM 文件(至少选中两个 DEM 文件)在所选中的 DEM 上单击右键，选择【拼接 DEM】命令，如图 2-21 所示。

②弹出 DEM 拼接输出对话框，如图 2-22 所示。单击【新建】按钮，打开一个文件浏览对话框，选择拼接后 DEM 的存储路径，并输入拼接后 DEM 的文件名为 hb. dem，如图 2-23 所示。然后单击【打开】按钮，即可指定存储路径及名称。打开之后出现拼接界面，如图 2-24 所示。

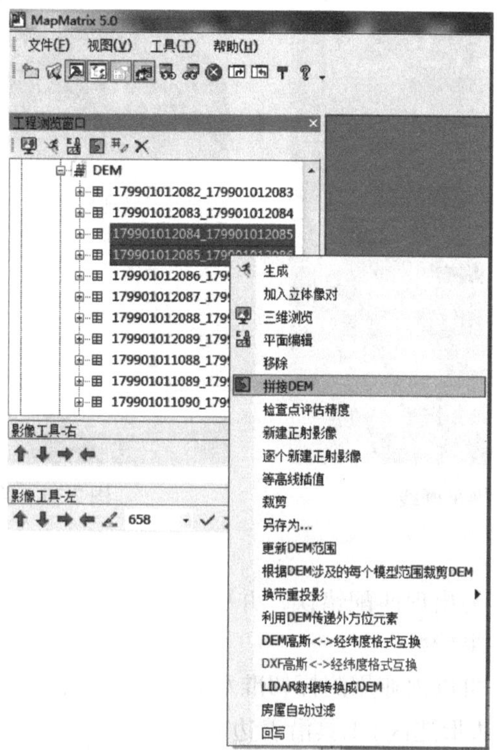

图 2-21 DEM 拼接处理

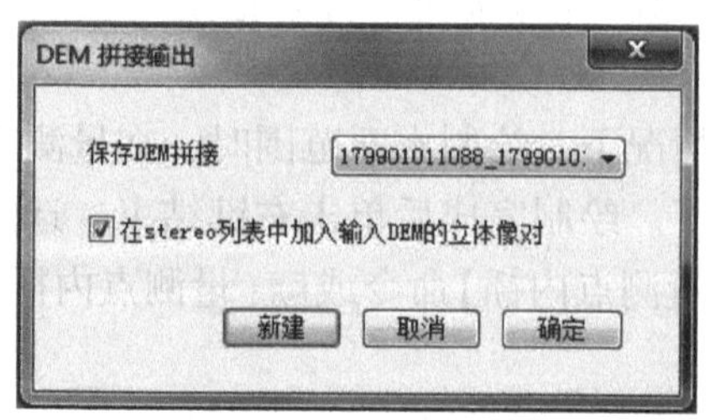

图 2-22 DEM 拼接输出对话框

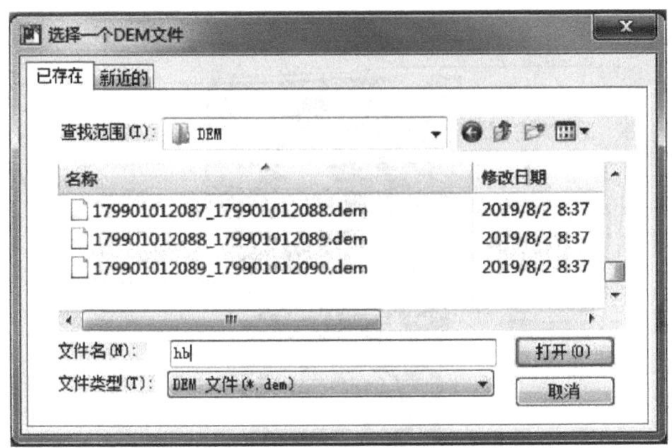

图 2-23　DEM 拼接输出路径及名称设置

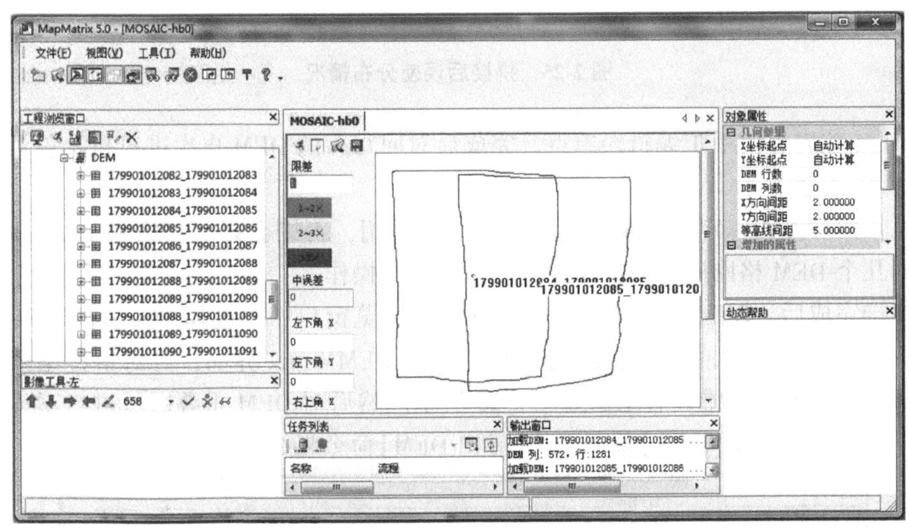

图 2-24　DEM 拼接界面

③在拼接界面上，可以拉框选择拼接处理的范围，同时界面左侧左下角 X、左下角 Y、右上角 X、右上角 Y 后的编辑框中将显示拼接范围的左下角和右上角坐标，编辑框里的值也可手动编辑，再运行拼接。如果指定的存储路径和名称相同，该拼接范围将自动保留使用。也可以不选择拼接处理范围，此时系统默认以最大的范围拼接。勾选【对齐到格网】指拼接后的 DEM 格网点与最左边模型 DEM 的格网点是对齐的，一般按默认设置即可，在【自动对齐】前的复选框中勾选。

④单击拼接界面上的拼接图标，系统自动开始进行 DEM 拼接处理。拼接完成后，在与拼接 DEM 文件相同的路径下，生成 hb. dem. error 误差报告文件，同时系统会将不同的误差情况用不同的颜色表示出来，通过拼接界面左上角误差分布指示图可以获知不同误差的颜色表示情况，如图 2-25 所示。

⑤在界面左侧会显示中误差的值，如果中误差的值比较小，可以点击界面上的回写图标，系统会将有误差点的高程取中值，然后用中值替换所有误差点的高程值，不需要进

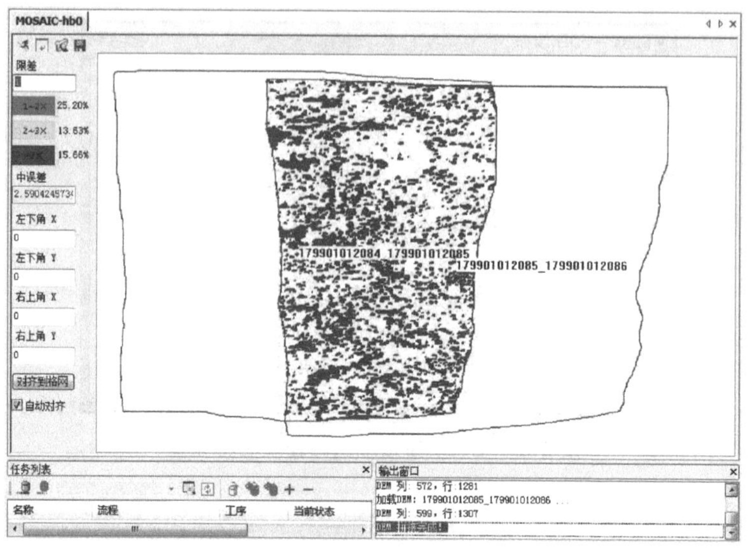

图 2-25　拼接后误差分布情况

入模型 DEM 编辑界面手工编辑误差点。完成后对回写后的 DEM 再次进行拼接就没有误差点了。

注意：回写操作一定在中误差的值比较小时使用，否则会影响接边处 DEM 质量。如果拼接的几个 DEM 格网间距不一样，不能进行回写操作。

⑥拼接完成后，DEM 成果会自动加载到工程浏览窗口中。选择拼接后的 DEM，单击右键，选择【三维浏览】或【平面编辑】命令，打开 DEMMatrix 界面，可对拼接结果进行三维或平面打开查看，三维查看结果如图 2-26 所示。然后对 DEM 重叠区域进行平面或三维编辑，编辑完成后，用【文件】菜单下的【导出 DEM】命令将结果导出保存。

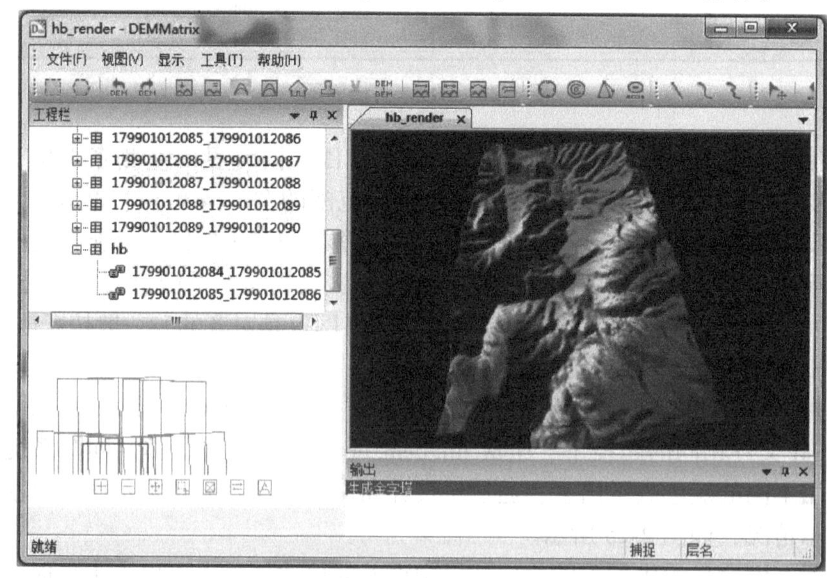

图 2-26　拼接后的三维查看结果

注意：可以将多个模型的 DEM 拼接为一个大的 DEM，或直接提取整个工程的 DEM，直接在大的 DEM 或整个工程的 DEM 上进行编辑，减少拼接检查及处理的过程。

4. DEM 裁切

①DEM 拼接完成后，就可以依据相关规定和技术要求，将 1：2000 图幅的坐标外扩 20m，对 DEM 进行裁切。

②在 MapMatrix 主界面上，单击【工具】菜单下的【裁切 DEM/DOM】命令，打开 DEMX 界面，如图 2-27 所示。

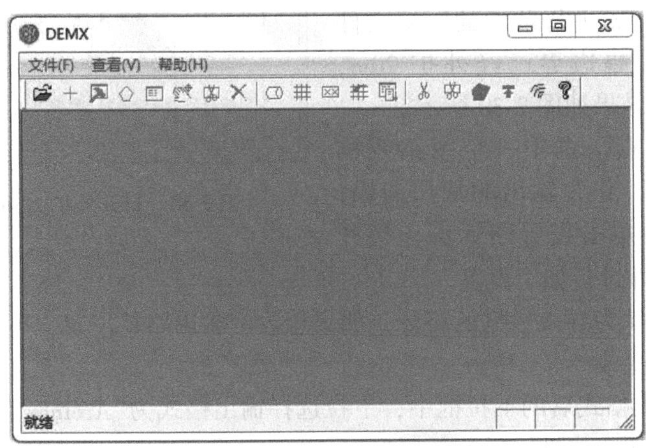

图 2-27　DEMX 界面

③在 DEMX 界面上，单击【文件】菜单下的【打开】命令，打开一个文件浏览对话框，在该对话框中选择整个工程的 DEM 文件 zi-qy1. dem，单击【打开】按钮，打开结果如图 2-28 所示。其中，红色边框代表数据的边界范围，左下的数值表示左下角的坐标，右上的数值表示右上角的坐标。中间的字符代表 DEM 的名称。可以通过单击○按钮显示 DEM 的真实边界，如图 2-29 所示。

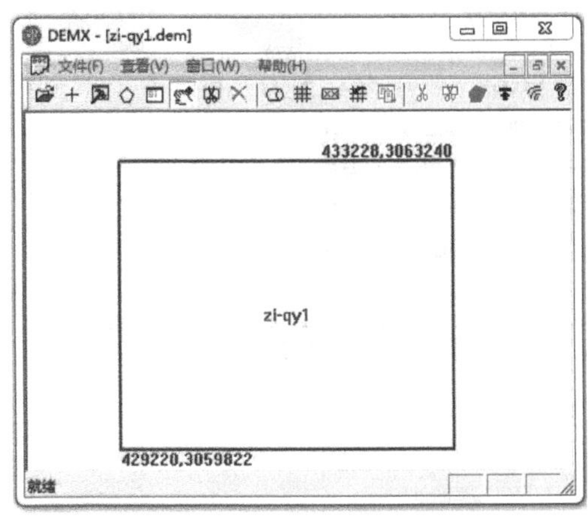

图 2-28　打开需要裁切的 DEM 文件

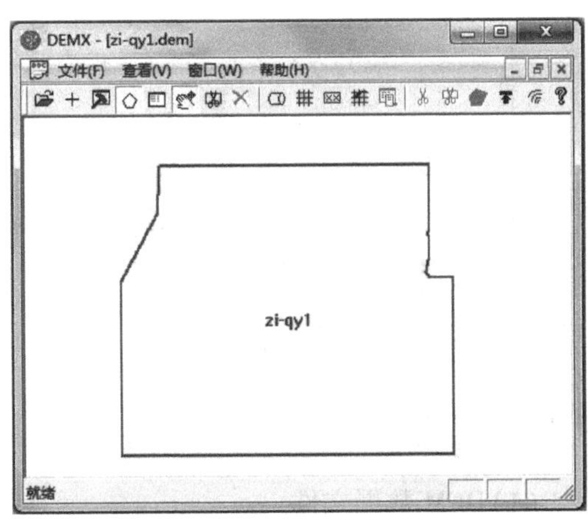

图 2-29　显示 DEM 真实边界

④打开 DEM 文件，设置作业范围。用户可以点击拉框图标，通过手工拉框设置裁切范围；也可以点击分幅图标，自动划分图幅进行裁切；或者点击图幅名图标，按标准图幅名称裁切；又或者点击导入分幅图标，导入已有的图幅。例如，按导入已有图幅的方式进行裁切时，先单击导入分幅图标，打开一个文件浏览对话框，在该对话框中选择对 DEM 进行裁切的图幅文件 DEMCUT. dxf，该图幅边界已经外扩 20m，单击【打开】按钮，结果如图 2-30 所示。

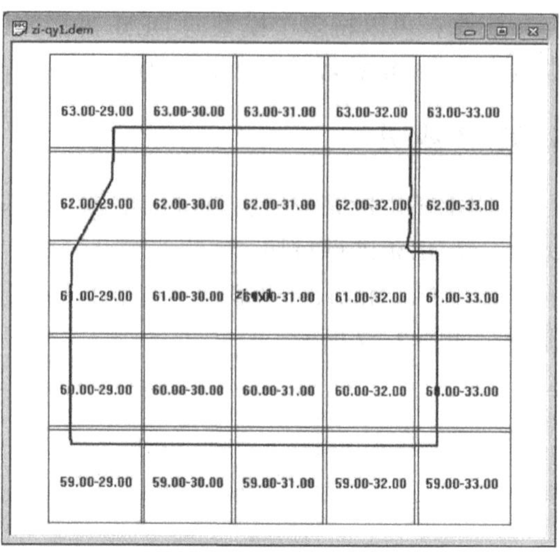

图 2-30　打开外扩 20m 的裁切图幅

⑤单击左键，点击选中一个图幅或拉框，选择多个图幅，作为输出的裁切图幅，如图 2-31 所示。再单击设置图标，打开裁切参数对话框，并进行如下设置。

a. 输出路径默认为导入数据的路径，如果想改变输出路径位置，可以单击输出路径后的【浏览】按钮进行更改。

b. 在 DEM 输出格式后的下拉框中，下拉选择输出格式为“ArcInfo Grid”。

c. 取消选择启用双线性内插前的复选框。

d. 其他参数默认，如图 2-32 所示，单击【确定】按钮，完成裁切参数设置。

e. 点击裁切图标，系统裁切并输出已选图幅的 DEM 数据。

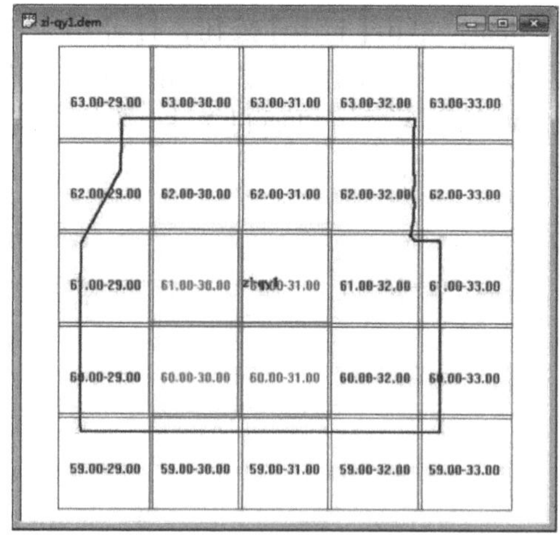

图 2-31　选择输出裁切图幅

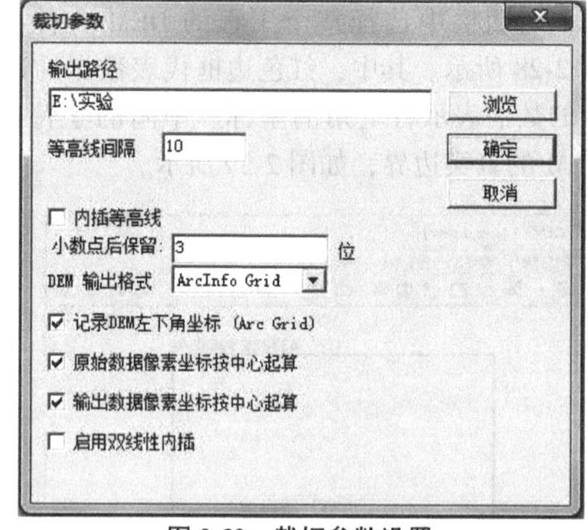

图 2-32　裁切参数设置

○ 成果提交

(1) DEM 数据文件。

(2) DEM 数据文件接合表。

巩固练习

(1)DEM 的概念是什么?
(2)为什么需要进行 DEM 生产?
(3)利用 MapMatrix 软件进行 DEM 生产的流程是什么?

任务 2-2　基于 Inpho 进行 DEM 生产

任务描述

本任务是利用 Inpho 软件，通过 DTM/DSM 匹配生成、DTM/DSM 编辑处理等流程来完成全测区的 1∶1000 DEM 生产。

通过本任务的学习，能基于航摄数据制作出满足精度要求的 DEM 成果，并为后面的 DOM 生产项目打下基础。

任务目标

(1)掌握 Inpho 软件 DTM/DSM 匹配生成的流程。
(2)掌握 Inpho 软件进行 DTM/DSM 编辑处理的流程。
(3)能够利用 Inpho 软件完成全测区 DEM 生产。

相关知识

1. 成图比例尺

成图比例尺为 1∶1000。

2. DEM 精度

DEM 的格网尺寸依据比例尺选择，通常 1∶500～1∶2000 的格网尺寸应不大于 $0.001M_{图}$，1∶5000～1∶100000 应不大于 $0.0005M_{图}$，其中 $M_{图}$ 为成图比例尺分母。因此，1∶1000 DEM 的格网尺寸取 1。DEM 格网点高程精确至小数点后两位。

DEM 格网点相对于邻近野外控制点的高程中误差，平地、丘陵地不超过 1.0m，山地、高山地不超过 2.4m。

3. DEM 接边限差

相同地形类别 DEM 格网点接边限差为该地形类别 DEM 格网点高程中误差的 2 倍。不同地形类别 DEM 接边限差为两种地形类别 DEM 格网点接边限差之和。

○ 任务实施

1. DTM/DSM 匹配生成

Match-T DSM 可以从航拍或卫星影像中自动创建数字地形和表面模型，支持框幅式相机、无人机数码相机(单反相机、微单相机等)、推扫式 ADS 相机以及多种卫星影像。

Match-T DSM 支持 DTM 类型与 DSM 类型提取，两种提取类型的算法不同。选择 DSM 类型，提取出的点云是包含所有地表房屋、植被等地物信息的；选择 DTM 类型，会对点云进行一定程度的滤波处理，过滤掉一些较小的独立房屋或独立植物，过滤强度与选取的地表类型以及特征提取密度的大小有关。

Match-T DSM 支持 Flat、Undulating、Mountainous、Extreme4 种地表类型，分别代表平地、丘陵、山地、山峰。具体地表类型的选择根据测区实际情况确定。

1) 启动 Match-T DSM

在 ApplicationsMaster 主界面，单击工具条上的按钮，打开 Match-T 命令器对话框，如图 2-33 所示。在工程的根目录下新建名称为 dtm 和 dsm 的文件夹，用于存放匹配生成的 DTM、DSM 文件。

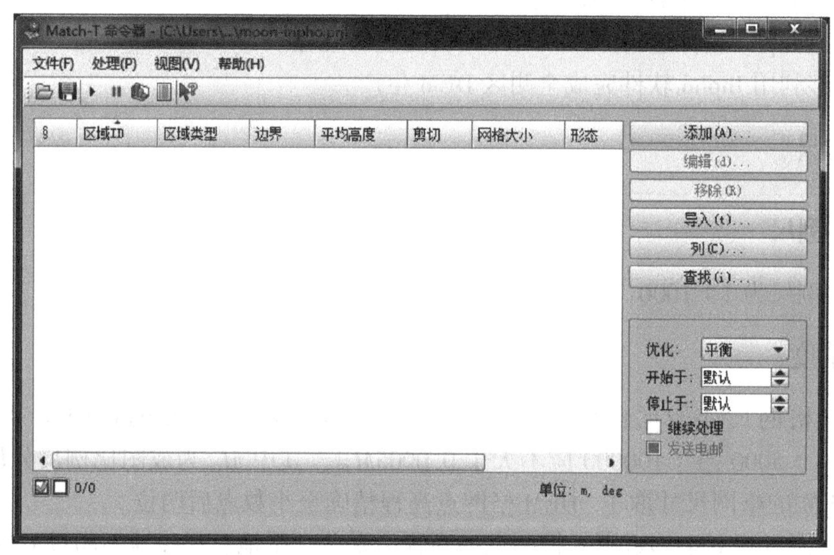

图 2-33　Match-T 命令器对话框

2) 创建 DTM/DSM 并进行参数设置

(1) 对整个工程区域生成 DTM

在 Match-T 命令器对话框上，单击【添加】按钮，弹出参数设置对话框，进行如下设置。

①在标识后的文本框中输入“dtm1000”。

②点击【编辑器(E)…】按钮，弹出参数集编辑器对话框，在生成类型后的下拉框中

选择“Digital Terrain Model”，在地形类型后的下拉框中选择“Flat”(该测区为平坦区域)，如图 2-34 所示。

③在最小尺寸后的文本框中输入“1”，其单位为 m。

④选择生成格网前的复选框，单击文件后面的[...]按钮，以确定匹配成果的存储位置和存储名称，选择工程根目录下的 dtm 文件夹为存储位置，存储名称自动识别为标识后文本框的内容“dtm1000”，也可根据需要自行修改。

⑤设置结果如图 2-35 所示，单击【确定】按钮，返回 Match-T 命令器对话框。

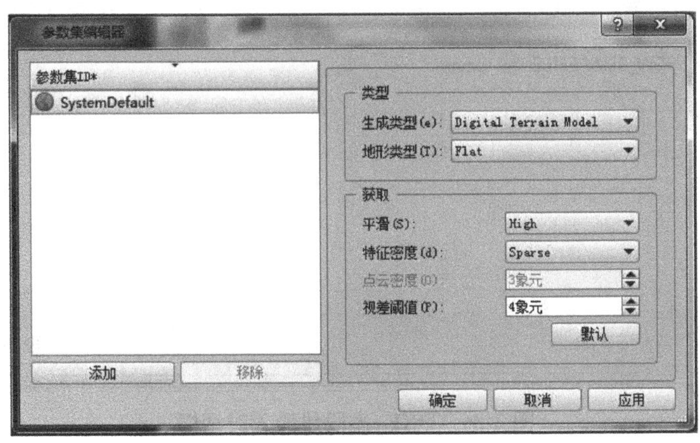

图 2-34　参数集编辑器对话框

图 2-35　参数设置对话框

(2)对自定义的区域生成DSM

在Match-T命令器对话框上，单击【导入】按钮，弹出DXF-多段线导入对话框，点击DXF文件后的[...]按钮，打开自定义的区域界线，如图2-36所示。单击【确定】按钮，返回Match-T命令器对话框。

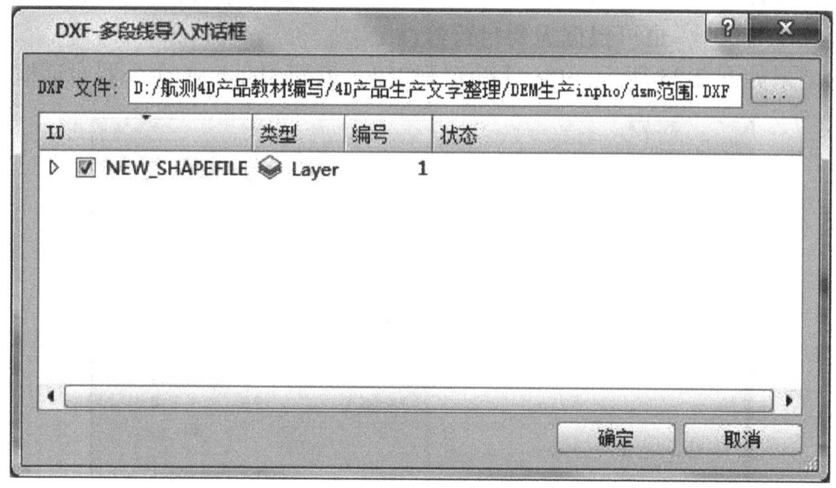

图2-36　DXF-多段线导入对话框

左键单击选择新创建的文件，单击【编辑】按钮，弹出参数设置对话框，进行如下设置。

①在标识后的文本框中输入dsm1000。

②单击【编辑器(E)…】按钮，弹出参数集编辑器对话框，在生成类型后的下拉框中选择Digital Surface Model，在地形类型后的下拉框中选择“Extreme”。

③在平均高度后的文本框输入“55”，其单位为m，该值由控制点高程的大致平均值确定。

④最小尺寸后的文本框默认为“0.354031”，其单位为m。

⑤选择【生成格网】前的复选框，单击文件后的[...]按钮，以确定匹配成果的存储位置和存储名称，选择工程根目录下的dsm文件夹为存储位置，存储名称自动识别为标识后文本框的内容“dsm1000”，也可根据需要自行修改。

⑥单击【确定】按钮，返回Match-T命令器对话框。

3)开始运行匹配

在Match-T命令器对话框中，将停止于后数值设置为“等级1”，选择【继续处理】前的复选框，如图2-37所示。单击工具栏上的保存按钮，保存参数设置。单击工具栏上的运行按钮，开始运行匹配。

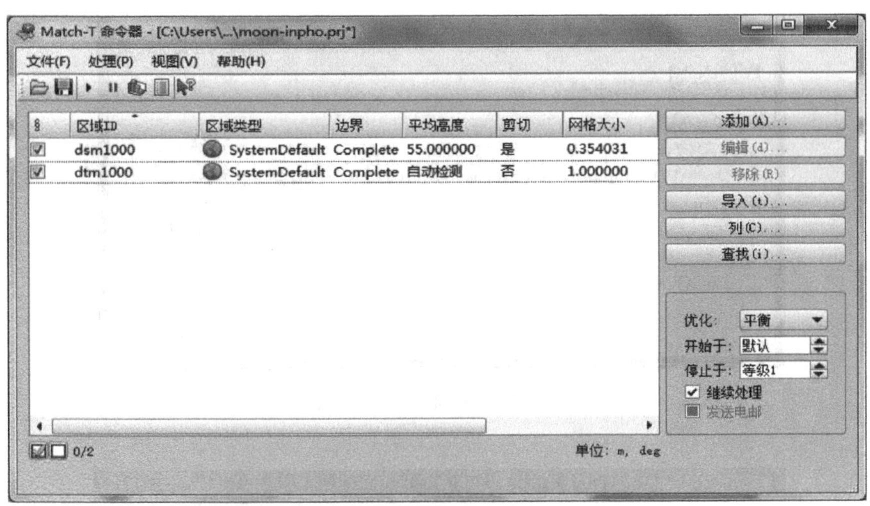

图 2-37　Match-T 命令器对话框设置结果

2. DTM/DSM 编辑处理

1) 应用 DTM 工具包过滤 DSM

(1) 过滤建筑物及植被

在 ApplicationsMaster 主界面，单击工具条上的按钮，打开 DTM 工具包对话框。在处理类型选项组中选择【点/矢量数据处理】，在处理步骤选项组中选择【筛选/分类】，如图 2-38 所示，然后单击【下一步】。点击【添加】按钮，添加 dsm-filter 文件夹里的 dsm1000. dtm. las 文件，添加结果如图 2-39 所示，然后单击【下一步】→【下一步】→【下一步】。将【仅保留地面点】前的复选框选上，如图 2-40 所示。然后单击【下一步】→【开始】，系统开始进行建筑物及植被的过滤处理。

注意：dsm-filter 文件夹由 dsm 文件夹备份改名得到。

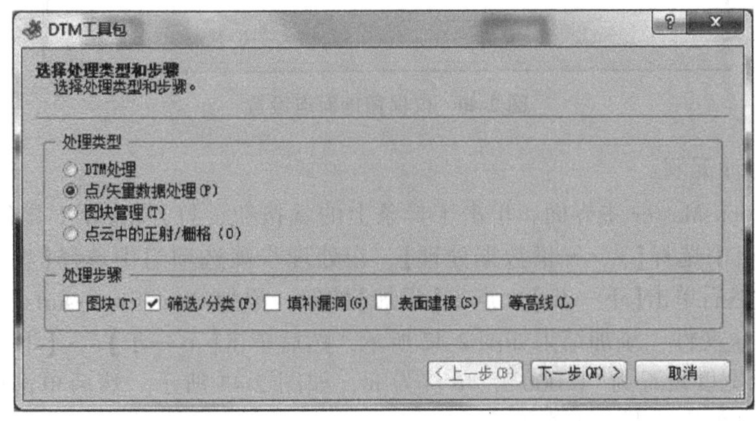

图 2-38　筛选/分类设置

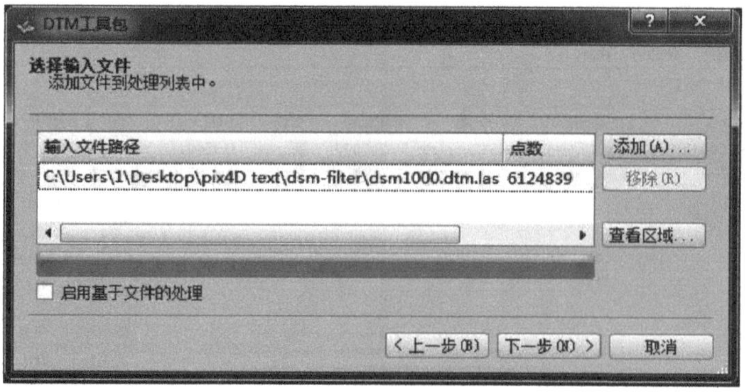

图 2-39 添加待过滤数据

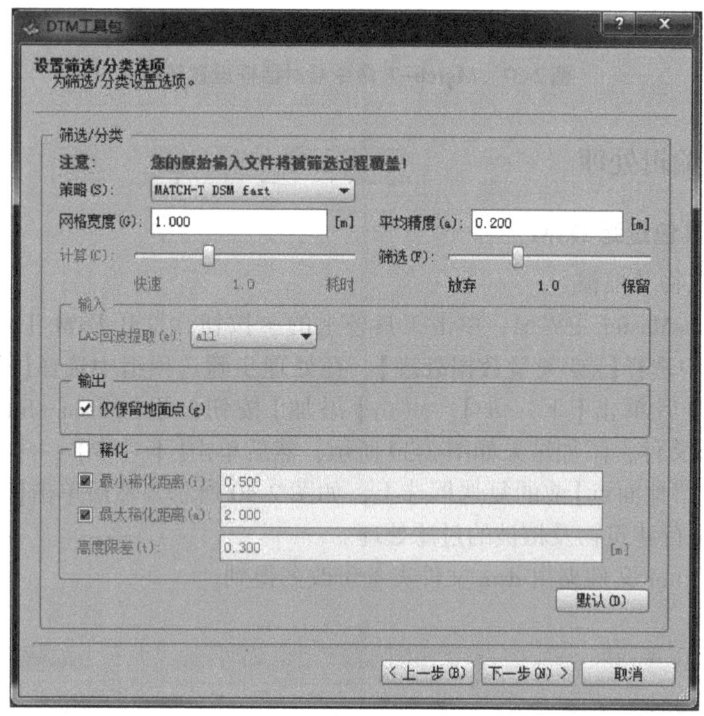

图 2-40 仅保留地面点设置

(2)填充过滤漏洞

在 ApplicationsMaster 主界面，单击工具条上的按钮，打开 DTM 工具包对话框。在处理类型选项组中选择【点/矢量数据处理】，在处理步骤选项组中选择【填补漏洞】，如图 2-41 所示，然后单击【下一步】。点击【添加】按钮，添加 dsm-filter-surface 文件夹里的 dsm1000. dtm. las 文件，添加结果如图 2-42 所示，然后单击【下一步】→【下一步】→【下一步】。将格网宽度设置为"1. 000"，单位为 m，如图 2-43 所示。然后单击【下一步】→【开始】，系统开始进行漏洞填充处理。

注意：dsm-filter-surface 文件夹由 dsm-filter 文件夹备份改名得到。

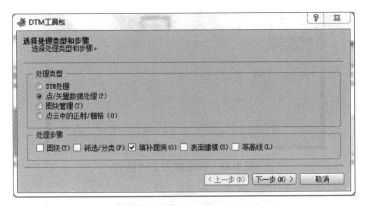

图 2-41　填补漏洞设置

图 2-42　添加待填补漏洞数据

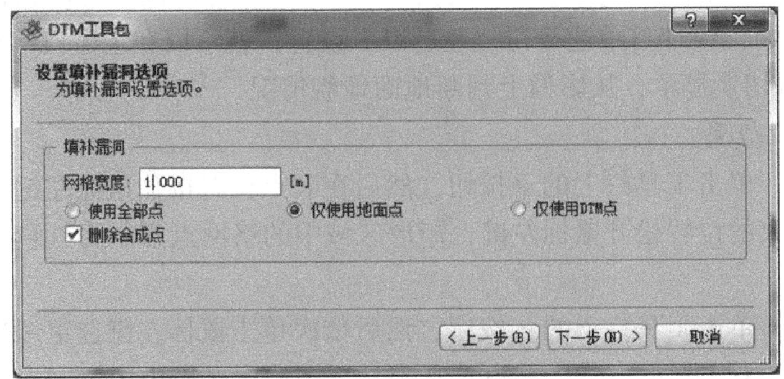

图 2-43　填补漏洞的网格宽度设置

2)在平面状态下编辑 DTM

(1)启动 DTMaster 模块，加载 DTM 文件

在 ApplicationsMaster 主界面，单击工具条上的按钮，打开 DTMaster 界面。单击【文件】→【导入】→【矢量数据】，打开导入对话框，在输入格式后的下拉框中选择“DTM - Scop DTM Rasterfile”，如图 2-44 所示。单击【下一步】按钮，通过【添加】按钮打开待编辑的 DTM 文件，如图 2-45 所示。

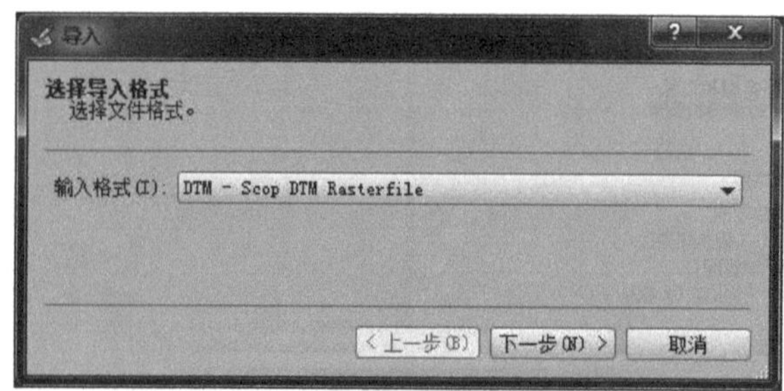

图 2-44　确定输入文件格式

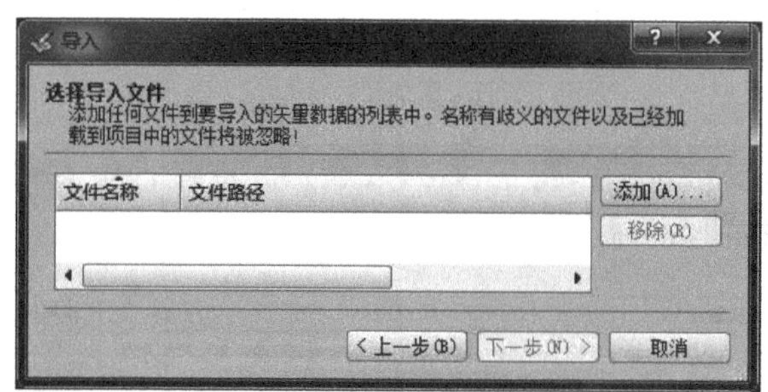

图 2-45　添加输入文件

(2)设置在主窗口中显示影像

在 DTMaster 界面，单击左侧的【像片】按钮，切换到像片列表，左键单击选择一个影像后，用快捷键 Ctrl+A 全选列表中所有影像，在右键菜单中选择【显示样式】→【活动】，影像全部被激活；单击【选项】→【首选项】，弹出首选项对话框，切换到视图选项卡，选择【在主视图显示航空影像】单选按钮。经过以上设置，就可以在主窗口中显示影像。可以点击按钮进行切换显示，从影像上判断地面地貌情况。

(3)定义编辑范围

①矩形选择。单击工具栏上的按钮，然后在起点位置按住鼠标左键，拖曳出一个矩形框，到需要结束的位置松开鼠标左键，矩形区域中的格网点显示为红色，即选中了此矩形区域。

②围栏选择。单击工具栏上的按钮，然后依次单击鼠标左键选定多边形节点，定义需要编辑的区域，双击鼠标左键，结束选区定义，多边形区域中的格网点显示为红色，即选中了此多边形区域。

③在多边形中选择。单击工具栏上的按钮，将鼠标移动到包围待选择范围的多边形，多边形的边变成加粗的白线，然后在多边形内部单击鼠标左键，多边形内的格网点显示为红色，即选中了多边形内部的区域。

④沿围栏/线选择。单击工具栏上的按钮，接下来单击左侧的【工具选项】按钮，在弹出的工具参数界面将沿围栏/线选择的缓冲距离按默认设置为“10.00”，单位为 m，如图 2-46 所示。然后依次单击左键采集围栏/线节点，完成绘制后，双击鼠标左键，围栏/线缓冲区内的格网点显示为红色，即选中了围栏/线缓冲区内的区域。

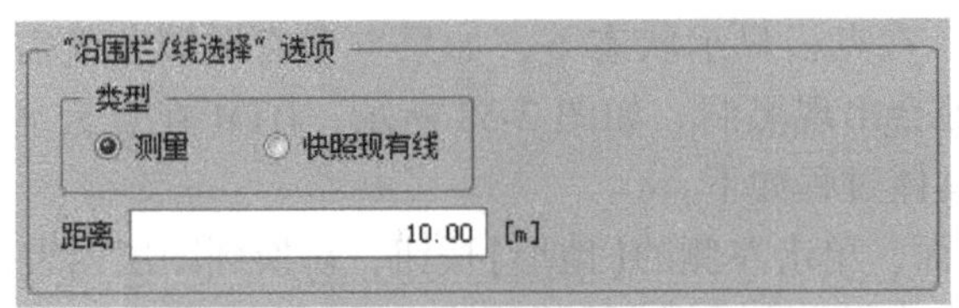

图 2-46　沿围栏/线选择工具参数设置

(4)选择编辑算法

①利用筛选画刷工具进行地面重新内插。单击工具栏上的(筛选画刷)按钮，在工具选项中，当前策略后的下拉框中选择“硬性重新插值”，把选框内点的高程重新插值为选框外的地形高，从而实现高出地面物体的高程插值。

注意：点击鼠标右键可以进行矩形选框和圆形选框的切换；PageUp 按键为选框放大的快捷键，PageDown 按键为选框缩小的快捷键。

②使用剖面工具进行查看编辑。单击工具栏上的(剖面区域)按钮，选择独立的物体或者建筑物，选择后结果如图 2-47 所示，在剖面图中就可以看到剖面效果，如图 2-48 所示。使用围栏选择工具或者矩形选择工具，全选高出地面的点，再使用(对选定点重新插值)按钮进行置平。置平后效果如图 2-49 所示。

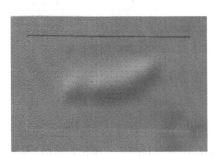

图 2-47　用剖面区域按钮选择建筑物

图 2-48　剖面效果图

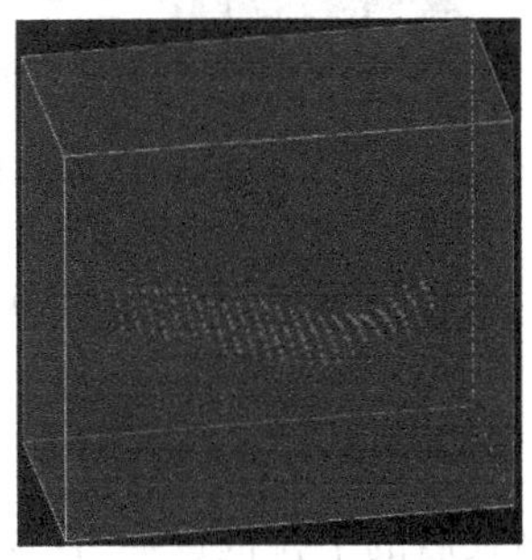

图 2-49　置平后剖面效果图

③利用对选定点重新插值工具进行置平。现有高出地面待处理区域如图 2-50 所示，首先使用围栏选择工具或者矩形选择工具选中需要处理的区域，如图 2-51 所示，然后使用(对选定点重新插值)按钮进行置平。如果置平不理想，可以配合画刷工具进行刷平。置平后效果如图 2-52 所示。

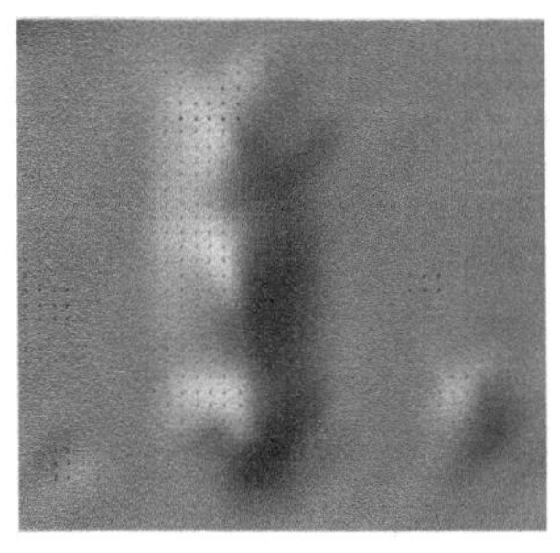

图 2-50　待处理区域

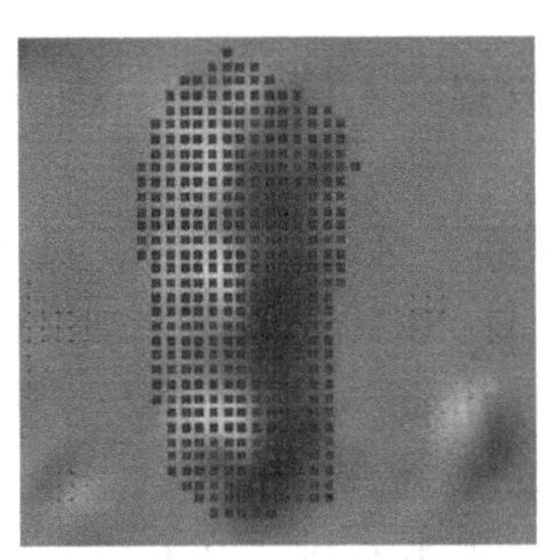

图 2-51　选中待处理区域

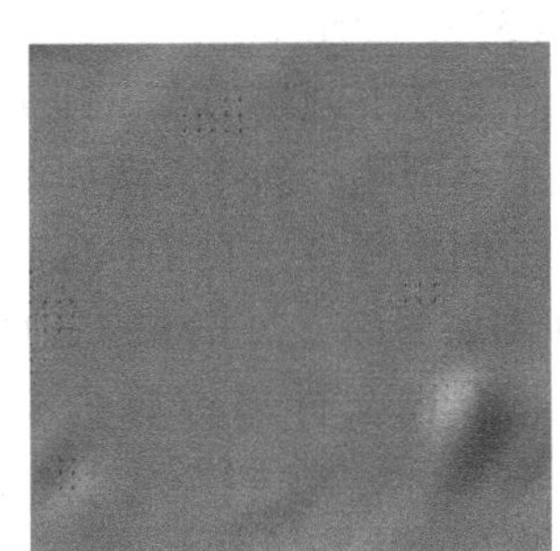

图 2-52　置平后效果

④DTM 漏洞修补。在点云显示状态下，如果点云有漏洞，就需要修补，否则在后期单片纠正时，有漏洞处会出现黑洞。如图 2-53 所示，DTM 在点云显示的效果有漏洞，需要对漏洞进行修补，具体过程如下。

a. 在 DTMaster 界面，单击左侧的【地形】按钮，切换到图层列表，在点所在图层 DTM-GridOk 上单击右键，在右键菜单中选择【设置为活动层】。

b. 单击【点】菜单下的【漏洞插值】命令或工具条上的(漏洞插值)按钮，接下来依次单击左键绘制漏洞范围，绘制完成后双击左键系统自动完成漏洞填充，结果如图 2-54 所示。

图 2-53　DTM 漏洞

图 2-54　DTM 漏洞填充结果

3) 在立体环境下编辑 DTM/DSM

(1) 加载 DTM/DSM 文件

在 DTMaster 界面，单击【文件】→【导入】→【矢量数据】，打开导入对话框，在输入格式后的下拉框选择“DTM - Scop DTM Rasterfile”。单击【下一步】按钮，通过【添加】按钮打开待编辑的 DTM 文件。

(2) 打开立体环境

切换到像片列表，选中所有影像后单击右键，在右键菜单中选择【立体查看器视图】，然后就可以在立体下查看编辑 DTM；如果希望各模型之间可以自由切换，可以在激活显示所有影像后选中(最佳适合立体)按钮。

(3) 建立图层

在立体下创建的点、线需要放置在不同的层，这些层需要手动创建。创建方法如下。

①创建文件。在 DTMaster 界面，选中【地形】，进入 DTM 图层界面，点击(新地形文件)按钮，弹出添加文件对话框，在文件名称后的文件框中输入“DTMTZ”，如图 2-55 所示。单击【确定】按钮，完成新文件创建。

②创建图层。在新建的文件上单击右键，在右键菜单中选择【添加单一层】，弹出添加图层对话框，设置如下：

图 2-55　新文件创建

a. 在层名称后的文本框中输入新建图层名称，如特征线图层输入“pl”，特征点图层输入“pt”。

b. 从颜色后的下拉框中选择“品红色”。

c. 从类型后的下拉框中可选择图层类型，特征线图层选择“Break Lines”类型，特征点图层选择“Spot Points”类型。

d. 新建特征线图层设置如图 2-56 所示，新建特征点图层设置如图 2-57 所示，单击【确定】按钮，完成新图层创建。

图 2-56　特征线图层创建

图 2-57　特征点图层创建

(4)添加特征线编辑

在立体环境和线图层下，可以勾勒出建筑物的边缘、路坎、高架桥等轮廓信息，配合相关的画刷、置平工具，能够达到 DEM 编辑和获得精细 DEM 成果的要求。

具体设置方法如下。

①在线图层 pl 上单击鼠标右键，在右键菜单中选择【设置为活动层】，将该线图层激活。

②单击【编辑】菜单下的【创建点/线】命令或者工具条上的按钮，将测标调整为贴着

地面，单击鼠标左键，然后将鼠标移动到另一个地方，同样调整测标使其贴着地面，再单击鼠标左键，依此类推用鼠标左键采集特征线的其他点，一条特征线绘制完毕，双击左键结束绘制。

③如果是高架桥等悬空建筑物或者道路，建议高程切准上面高程画特征线，把目标轮廓范围画出来，然后使用(画刷工具)进行置平。

④建筑物密集区域，特别是城市高楼建筑，在DEM编辑过程中很难置平，可以在楼间贴近地面画几条特征线，使用(画刷工具)进行置平即可。

(5)添加特征点编辑

在精细DEM生产过程中，有的地形需要增加特征点，使匹配DEM高程更加准确，具体操作方法类似于特征线操作步骤。

具体设置方法如下。

①在点图层pt上单击鼠标右键，在右键菜单中选择【设置为活动层】，将该点图层激活。

②单击【编辑】菜单下的【创建点/线】命令或者工具条上的按钮，将测标调整为贴着地面，单击鼠标左键，创建一个特征点。

③如果添加特征线依然无法使地面编辑合理，再添加一些特征点，然后使用(画刷工具)进行置平。

4)成果导出

(1)导出矢量成果

单击【文件】→【导出】→【矢量数据】，弹出导出对话框，若是单一数据导出或多个数据分别导出，导出模式选择【分别】，若是多个数据组合导出，导出模式选择【组合】。此处符合第一种情况，导出模式选择【分别】，如图2-58所示。然后单击【下一步】按钮，在导出文件列表中，左键单击选择要导出的文件，如图2-59所示。单击【编辑】按钮，弹出编辑对话框，通过格式后的下拉框设置导出格式，包括“. las”“. dxf”“. shp”等，通过路

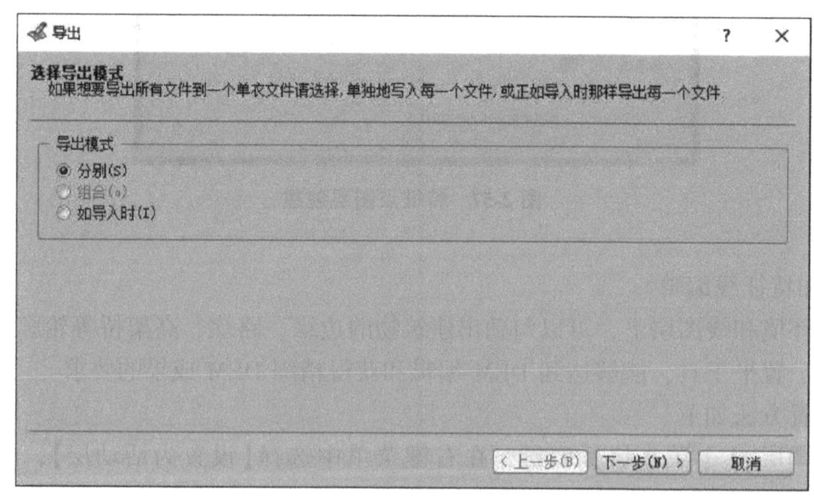

图2-58　导出模式设置

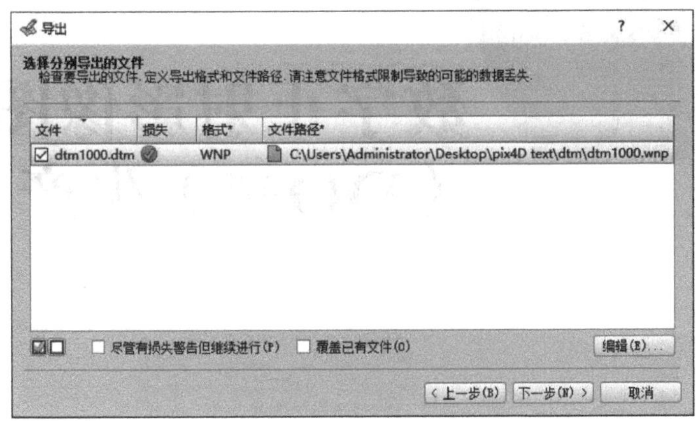

图 2-59　导出格式修改

径后的 ... 按钮选择导出路径，如图 2-60 所示。然后依次单击【应用】按钮、【确定】按钮，关闭编辑对话框。再单击【下一步】→【下一步】→【下一步】→【下一步】→【提交】，系统自动导出矢量数据，导出完成后，单击【完成】按钮，关闭导出对话框。

(2)导出栅格成果

单击【文件】→【导出】→【栅格】，弹出导出栅格对话框，通过文件名后的 ... 按钮设置导出路径和名称，栅格间距根据成果比例尺设置为“1.00”，如图 2-61 所示。单击【OK】按钮，系统自动导出栅格成果，这里定义的格式是“.dtm”。

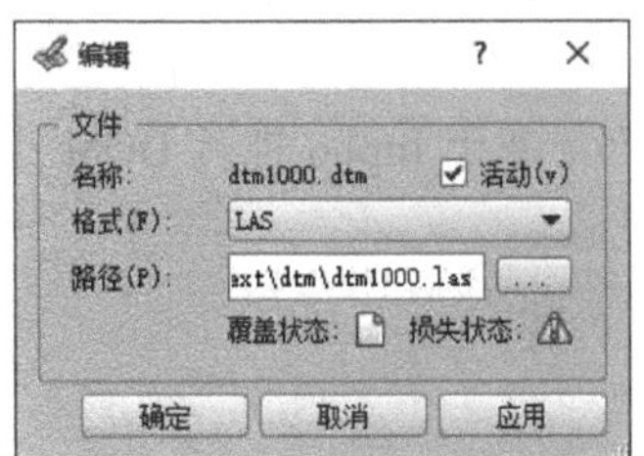

图 2-60　编辑对话框

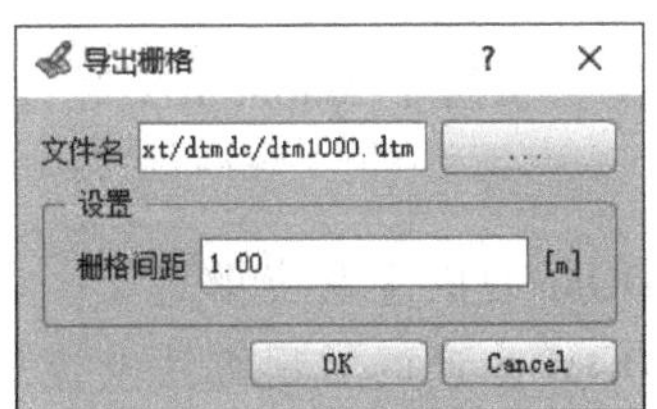

图 2-61　导出栅格对话框

○ 成果提交

提交编辑好的全测区 DEM 文件。

○ 巩固练习

(1)如何应用 Inpho 软件进行 DTM/DSM 匹配生成?

(2)如何应用 Inpho 软件进行 DTM/DSM 编辑处理?

(3)在 Inpho 软件中，编辑处理的成果如何导出?

项目3 数字正射影像图（DOM）生产

项目概述

DOM是利用数字高程模型(DEM)，对数字化航空航天影像，逐个像元进行投影差改正，并进行影像镶嵌，依据国家基本比例尺地形图图幅范围裁剪而成的影像数据集，是我国基础地理信息数字产品的重要组成部分之一。

DOM同时具有影像的纹理特征和地形图的几何精度，因此它具有几何精度高、信息丰富、具体直观和现势性强等优点。其可作为背景控制信息评价其他数据的精度、现势性和完整性；还可从中提取自然信息和人文信息，并派生出新的信息和产品，为地形图的修测和更新提供良好的数据和更新手段。因此，DOM在很多领域中都有较大的应用价值。

DOM制作是先利用摄影测量工作站进行空三建模，然后生成测区范围内的DEM，再对DEM进行编辑生成各单模型的数字正射影像图，最后镶嵌、裁切而成。

本项目主要包括基于MapMatrix进行DOM生产、基于Inpho进行DOM生产。

知识目标

(1)理解DOM的概念及应用意义。

(2)掌握DOM生产的常用方法及流程。

(3)了解DOM生产常用的软件。

技能目标

(1)能熟练使用MapMatrix软件生产DOM。

(2)能熟练使用Inpho软件生产DOM。

素质目标

(1)培养学生细致、认真的工作态度。

(2)培养学生发现问题、解决问题的职业素养。

任务3-1 基于MapMatrix进行DOM生产

任务描述

本任务是在MapMatrix软件下，通过创建并生成DOM、DOM修补、DOM匀光匀色、

DOM 镶嵌和 DOM 分幅裁切等流程来完成 1：2000 DOM 生产。通过本任务的学习能基于航摄数据制作出满足精度要求的 DOM 成果。

○ 任务目标

(1)掌握 MapMatrix 软件进行 DOM 创建、生成的流程。
(2)掌握 MapMatrix 软件对 DOM 进行影像修补的流程。
(3)掌握 MapMatrix 软件进行影像匀光匀色的流程。
(4)掌握 MapMatrix 软件进行影像镶嵌的流程。
(5)掌握 MapMatrix 软件对影像进行分幅裁切的流程。
(6)能够使用 MapMatrix 软件进行 DOM 生产。

○ 相关知识

1. 成图比例尺

成图比例尺为 1：2000。

2. 图幅分幅与编号

图幅分幅采用 50cm×50cm 正方形分幅。图幅编号采用图幅西南角坐标千米数至整千米数编号法(如 653-493)。图廓间的千米数加注带号和百千米数。

3. DOM 精度

DOM 的地面分辨率在一般情况下应不大于 $0.0001M_{图}$，其中 $M_{图}$ 为成图比例尺分母，因此 1：2000 DOM 的地面分辨率为 0.2。

DOM 的平面位置中误差，如平地、丘陵一般应不大于图上 0.5mm，山地、高山地一般应不大于图上 0.75mm，明显地物点平面位置中误差的两倍为其最大误差。

4. DOM 接边误差

DOM 应与相邻影像图接边，接边误差应不大于 2 个像元。

○ 任务实施

1. DOM 创建及生成

生成 DEM 并编辑合格后，就可以进行 DOM 生产。

1) 创建 DOM

(1)添加 DEM

首先进入 MapMatrix 主界面，选择 DEM 节点，右键菜单选择【加入 DEM】命令，添加整个工程的 DEM(本任务添加路径为“…\ 实验-DOM \ zi-qy1. dem”)。

(2)创建 DOM

添加 DEM 后，就可以创建 DOM，具体方法有以下 4 种。

①选中整个工程的 DEM(zi-qy1.dem)，在右键菜单中选择【新建正射影像】命令。

②若并非只有一个 DEM，全选所有 DEM，在右键菜单中选择【逐个新建正射影像】命令。

③在工程浏览窗口，单击产品节点，在右键菜单中选择【创建 DOM 产品】命令。

④在工程浏览窗口，单击工程根节点，在右键菜单中选择【创建 DOM 产品】命令。

选择以上任何一种方式，系统都能自动创建正射影像，如图 3-1 所示。

(3)添加原始影像

全选该工程的全部原始影像并将其拖曳到影像列表节点中，结果如图 3-2 所示。

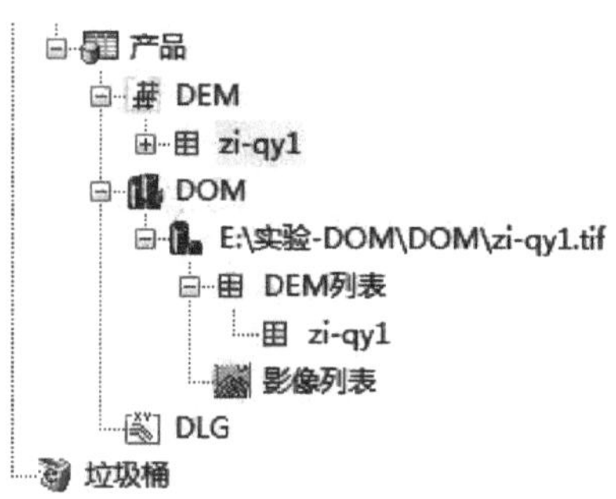

图 3-1　创建的正射影像结果

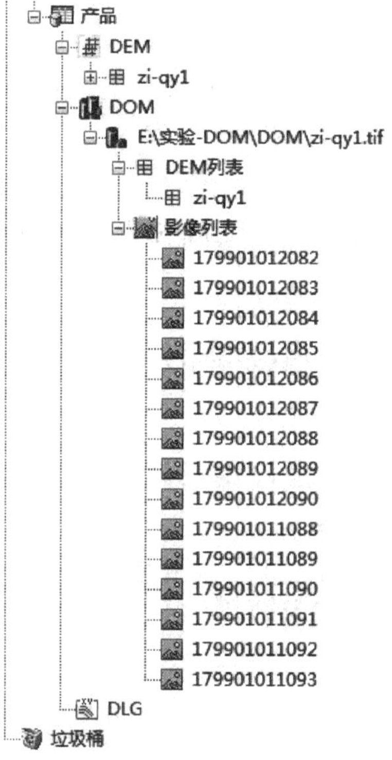

图 3-2　在已创建正射影像的影像列表下添加原始影像

2) 设置 DOM 生成参数

选择 DOM 名称，在主界面右侧的对象属性窗口中进行如下参数设置，如图 3-3 所示。

①选择 DOM 名称，在右侧的对象属性窗口中，将 X 方向间距、Y 方向间距都修改为 0.2，因 DOM 的成图比例尺是 1：2000。

②单击【背景色】，在后面的颜色列表框中选择“黑色”或“白色”，一般不选其他颜色，以免影响后期匀光匀色的效果。

③单击【沿影像边缘生成】，在后面的下拉列表框中选“是”。若 DEM 范围大于影像范围选“是”，小于影像范围选“否”，该任务符合前者，所以选“是”。

④单击【原始影像单独生成 DOM】，在后面的下拉列表框中选“是”，即每个原始影像都生成单独正射影像。

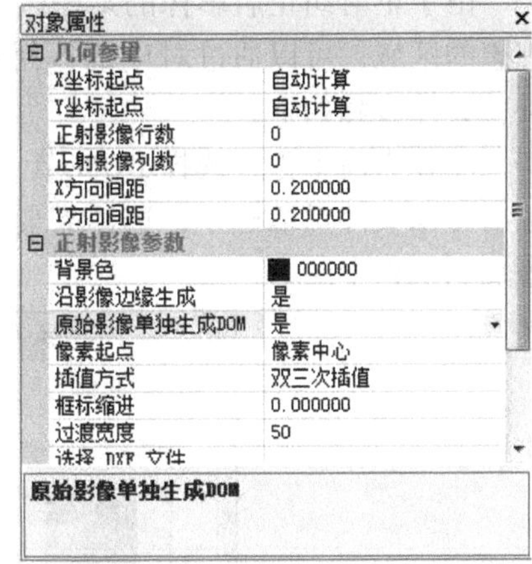

图 3-3　DOM 生成参数设置

3) 生成 DOM

至此只是创建了 DOM 节点，接下来开始生成 DOM 文件，可采用以下 3 种方法：

①选择 DOM 名称，在右键菜单中选择【生成】命令，或者单击图标。

②在 DOM 节点上，右键菜单中选择【执行】命令，或者单击图标。

③在工程浏览窗口，单击工程根节点，在弹出的快捷图标中单击，打开批处理界面，如图 3-4 所示。勾选已经创建的 DOM，单击批处理界面上的图标，系统会对其进行批量处理生成正射影像。

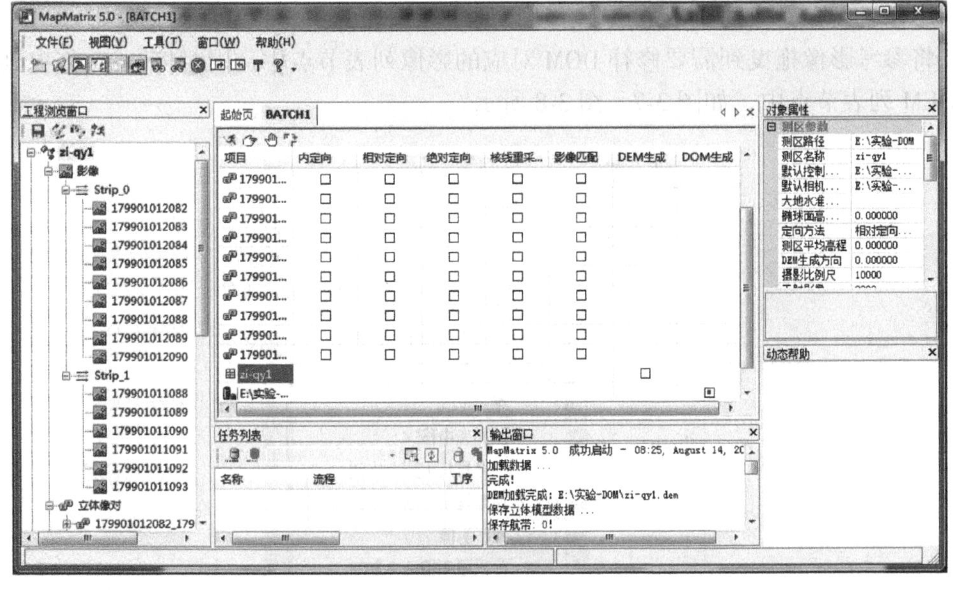

图 3-4　批处理界面

2. DOM 修补

由于正射纠正后影像的某些区域会出现变形、扭曲、重影、模糊等情况，因此，对不理想的区域，可以通过对应的、纠正过的原始影像或其他正射影像对该正射影像进行修补，具体步骤如下。

①在当前工程，选择 DOM 节点，右键菜单选择【加入 DOM】命令，在弹出的选择一个正射影像文件对话框中，选择需要修复的 DOM。如图 3-5 所示，单击【打开】按钮，将其添加到工程中。

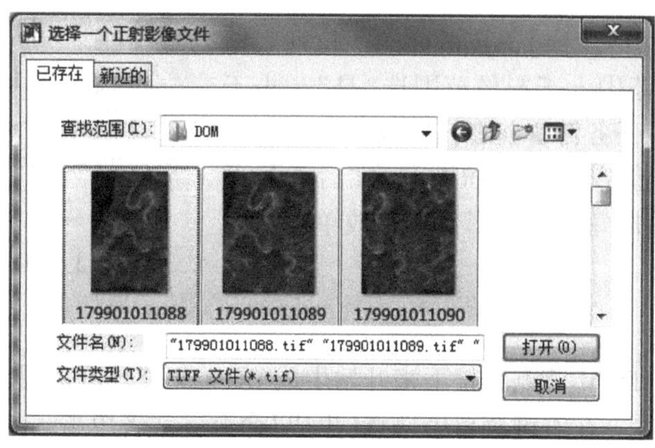

图 3-5　选择一个正射影像文件对话框

②选择影像节点下的任意航带节点，右键菜单选择【添加影像】命令，如图 3-6 所示。在弹出的选择影像对话框中打开 DOM 修补时需要的参考影像。根据选择 DOM 修补模式的不同，参考影像可以是纠正前的原始影像，也可以是纠正后的其他正射影像，一般纠正前的原始影像已经在对应的航带节点下，所以此步骤添加的主要是参考的正射影像。

③将参考影像拖曳到需要修补 DOM 对应的影像列表节点中，同时将 DEM 拖曳到其对应的 DEM 列表节点中，如图 3-7、图 3-8 所示。

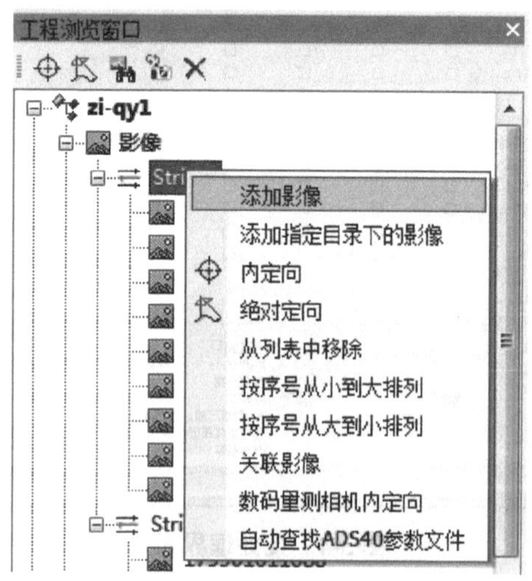

图 3-6　添加修复参考影像

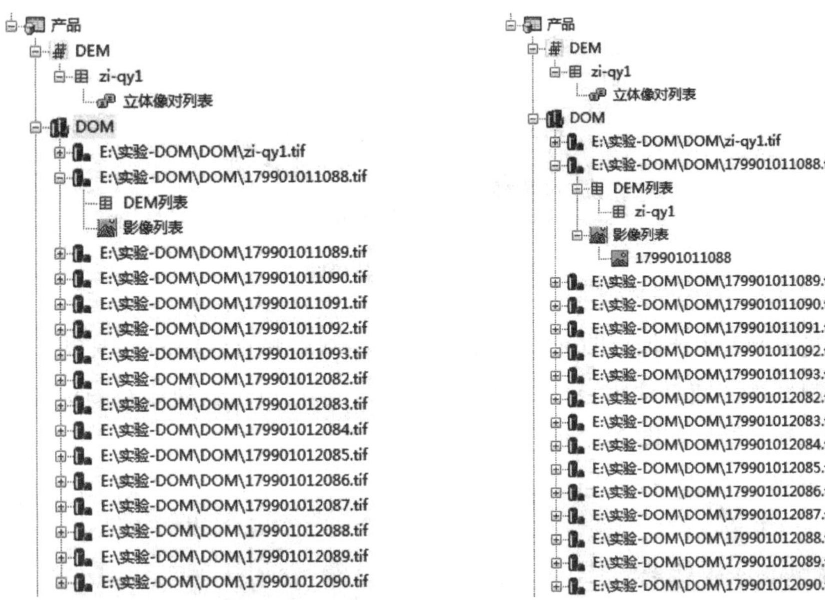

图3-7　参考DEM、DOM添加到修复DOM节点前　　**图3-8　参考DEM、DOM添加到修复DOM节点后**

④选择需要修补的DOM，右键菜单选择【修复】命令，进入DOM修补界面，如图3-9所示。

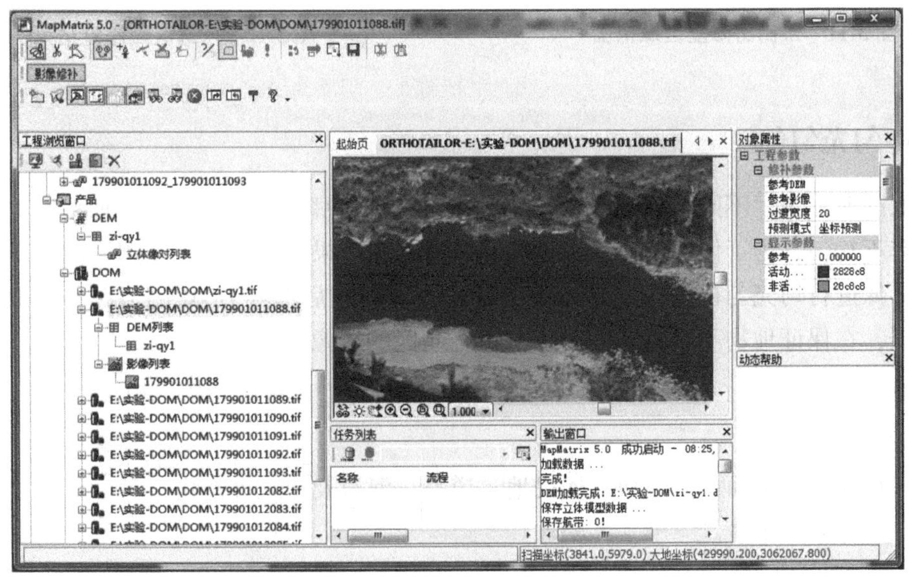

图3-9　DOM修补界面

⑤在修补界面右侧的对象属性窗口中，单击【参考DEM】，在其后的下拉列表框中选择影像修补参考的DEM；单击【参考影像】，在其后面下拉列表框选择影像修补参考的影像；单击【预测模式】，在其后的下拉列表框选择“坐标预测”，如图3-10所示。

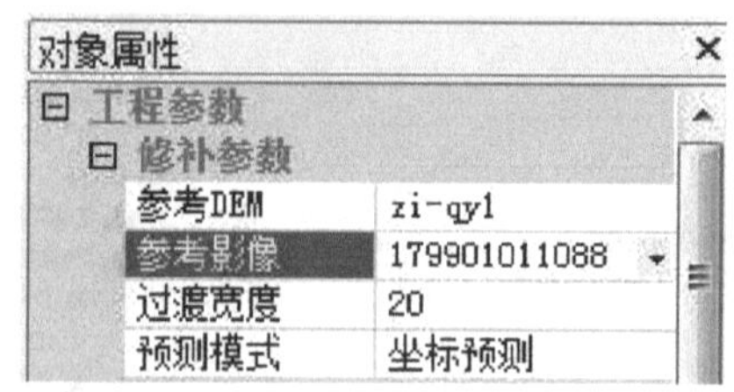

图 3-10　修补参数设置

⑥在修复界面，点击加点图标，依次单击绘制出修复区域的范围(图 3-11)，单击右键结束绘制，该区域自动闭合，如图 3-11 所示。然后点击快速修补图标，系统自动修复该区域，修复结果如图 3-12 所示。

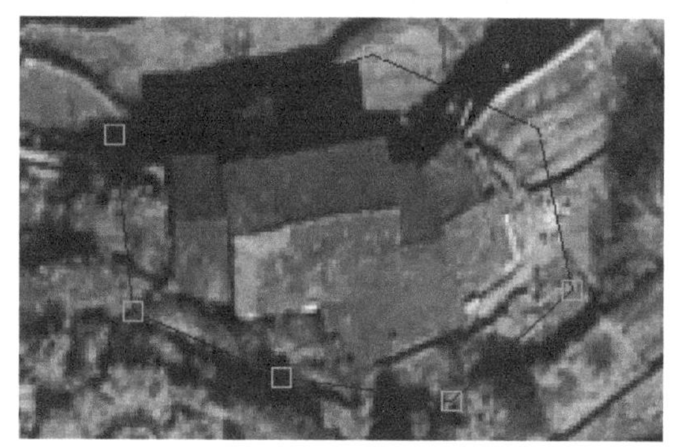

图 3-11　绘制出修复区域范围

图 3-12　所选区域修复结果

3. DOM 匀光匀色

获取的航片中，不同影像的灰度(亮度、对比度和色阶)分布不一致，而单幅影像也会明暗分布不均匀，为了使镶嵌后成果色相一致、视觉效果良好，需要在镶嵌前对正射影像或原始影像进行匀光匀色操作。具体做法是先查看纠正后单幅 DOM 的情况，选取合适的样本数据，在保证地物不失真的情况下，将全测区的影像统一匀光。

1) 样片选取

(1) 样片选取原则

①地物要素较全面，一般包含居民地、道路、河流及田地等地物。

②色彩饱和度丰富。

(2) 样片选取操作

①启动 Photoshop 软件，打开纠正后的单幅 DOM 并对其浏览查看，按照样片选取要求从影像 179901012083. tif 截取部分影像。

②调整所截取影像的色彩、亮度、饱和度及对比度，使其更加合理，得到匀光时依据的样片，如图 3-13 所示。

图 3-13　匀色样片

2) 匀光工程建立

首先进入 EPT 界面，在【开始】菜单下，单击【新建工程】下的【新建匀光工程】命令，打开新建匀光工程对话框。

①单击【添加】按钮，将需要参与匀光的影像添加到影像列表，为了保证匀光的速度和效率以及使匀光过程可视化，建议只添加部分有代表性的影像以备调整参数，若想删除部分影像，选中该部分影像，单击【删除】按钮即可。

②单击输出路径后的 ... 按钮，设置匀光后影像的输出路径(本任务路径为“…\实验-DOM\DOM 匀光后\”)。

③在【匀光工程】后面的文本框里，设置匀光工程的路径和名称，按系统默认显示的设置即可，如图 3-14 所示。

④单击【确定】按钮，开始创建匀光工程，结果如图 3-15 所示。

注意：在左侧影像列表中，单击右键选择【切换显示模式】命令，可以切换影像的摆放方式。摆放方式可分为平铺方式和叠加方式 2 种，在叠加方式下，需要影像有坐标信息，系统在显示时会按照地理位置关系排列影像。

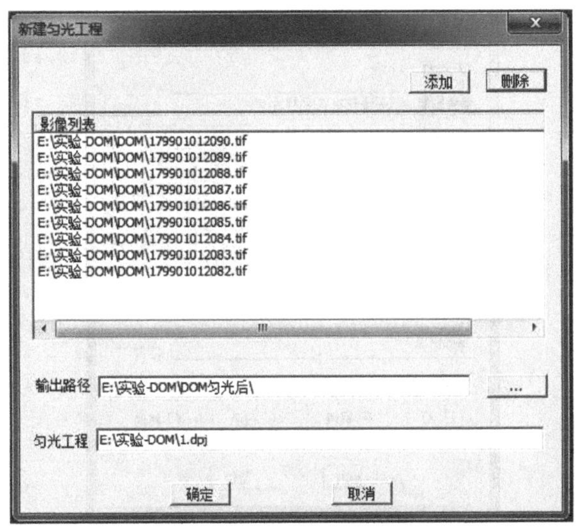

图 3-14　新建匀光工程对话框

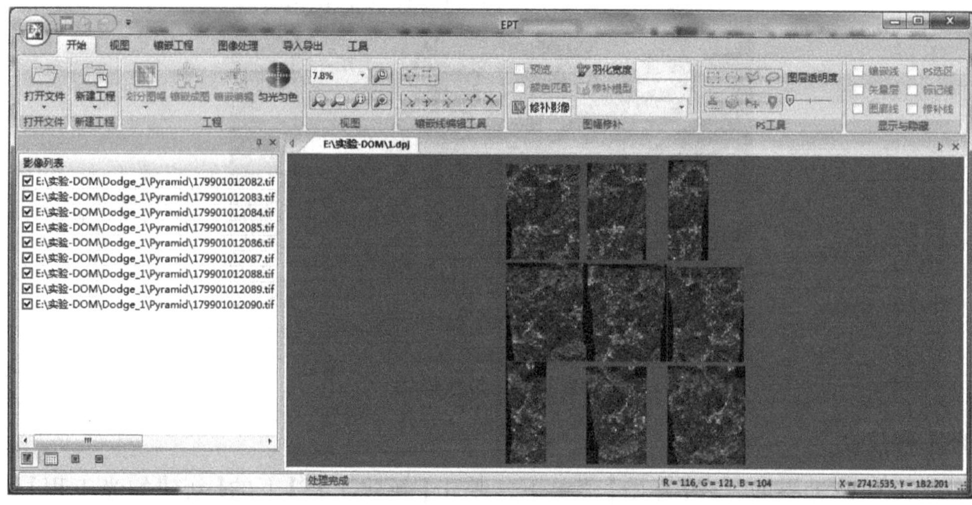

图 3-15　匀光工程界面

3) 匀光参数设置

建立匀光工程后，单击匀光匀色按钮，弹出匀光参数调整对话框，进行如下设置。

①单击参考影像后的 ... 按钮，添加匀光时参照的样片（本任务路径为“E:\实验-DOM\匀色样片.tif”）。

②在绿色信息后的文本框输入“40”。

③在蓝色信息后的文本框输入“100”。

④在背景色设置后选择“黑色”，因为纠正时将影像的背景色已统一设置为黑色，这样的匀色参数设置，可排除像片边缘的黑色无效区对匀色效果的影响。如果纠正时将影像的背景色已统一设置为白色，此处需要选择【白色】按钮。

⑤其他参数按默认设置，如图 3-16 所示。

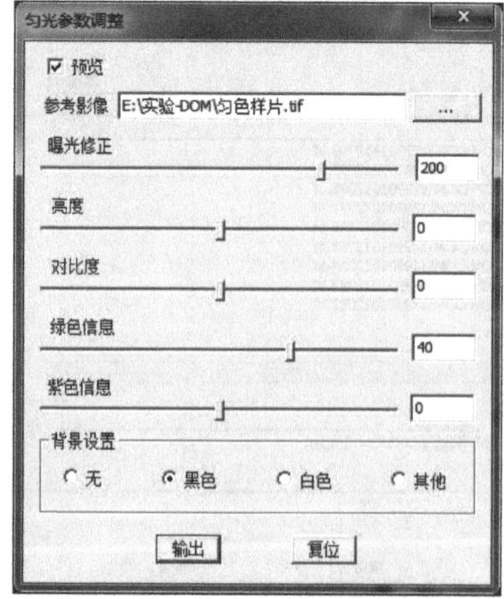

图 3-16　匀光参数设置

4) 整体匀光

在匀光参数调整对话框，单击【输出】按钮，弹出新建匀光工程对话框，影像列表里是之前已经添加到匀光工程的影像，如果还有需要匀光的影像，可以单击【添加】按钮，将其他影像添加进来，然后单击【确定】按钮，系统会按已经设置的匀光参数，将全部影像匀光并输出。部分匀光前影像如图 3-17 所示，其匀光后的效果如图 3-18 所示。

图 3-17　匀光前影像

图 3-18　匀光后影像

4. DOM 镶嵌

初始化的镶嵌线是根据正射影像之间的相对位置关系自动搜索出来的，故不可避免地会出现镶嵌线跨越房屋、道路等情况，这会导致地物错位与缺失、房屋倒向矛盾及接边错误等问题，因此需要对不合理的镶嵌线进行手工编辑。经过合理有效的镶嵌线编辑，可消除不同图幅 DOM 上由于建筑物及高大树木的投影差而带来的视觉矛盾，保证了影像数据的连续、无缝和视觉一致性。

本任务的做法是在 EPT 界面下对图幅间的镶嵌线进行编辑，使图幅间影像色彩均匀过渡，确保线状和面状地物的完整性，实现邻接图幅影像间的无缝拼接。编辑时，需注意尽量使镶嵌线沿着线状地物走向，并避免镶嵌线切割房屋、山体、路桥等重要地物。

1) 创建镶嵌工程

首先进入 EPT 界面，在【开始】菜单下，单击【新建工程】下的【新建正射影像工程】命令，打开正射影像工程对话框。

单击【目录】按钮，指向匀色后单片 DOM 所在目录(本任务路径为“…\实验-DOM\DOM 匀光后”)，系统会将该目录下的所有 DOM 添加到正射影像列表中，若想删除部分影像，选中该部分影像，单击【删除】按钮即可。

①羽化宽度按默认设置为“5”；在背景色后的下拉列表框中选择“黑色”，与纠正后单片的背景色一致；重采样方式通过其后的下拉列表框设置为“双三次卷积”，与纠正时的采样方式一致；坐标起点通过其后的下拉列表框设置为“中心”。

②勾选【自动搜索镶嵌线】前的复选框，单击其后的 ... 按钮，打开自动搜索镶嵌线需要使用的 DEM 文件(本任务路径为位于“E：\ 实验-DOM \ zi-qy1. dem”)。

③在镶嵌工程后的文本框里，设置镶嵌工程的路径和名称，按系统默认显示的设置即可，如图 3-19 所示。

④单击【确定】按钮，创建正射影像工程，结果如图 3-20 所示，视图中外围框线为加载 DEM 的范围。

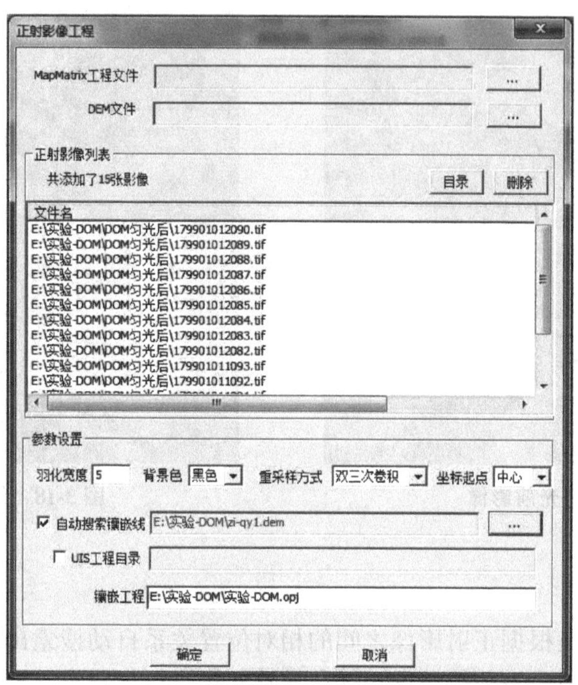

图 3-19　正射影像工程创建

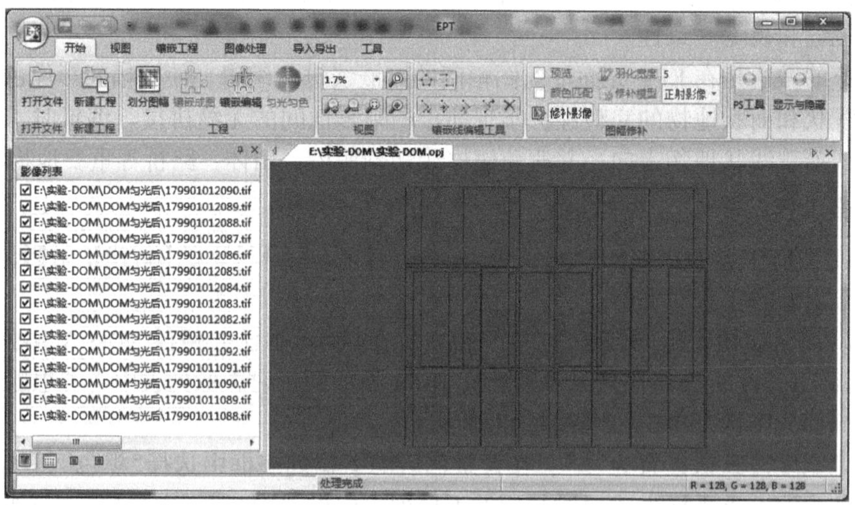

图 3-20　正射影像工程界面

2)镶嵌线生成

(1)图幅设置

①单击【开始】→【划分图幅】→【批量划分图幅】，打开划分图幅对话框，进行以下设置。

a. 对话框自动识别加载影像的左下角坐标、右上角坐标，因为矩形图幅都为整千米格网，所以需要将左下角坐标修改为整千米的倍数。

b. 在比例尺分母区域下拉列表框中选择“2000”。

c. 在分幅方式区域下拉列表框中选择“矩形分幅–公里格网”。

d. 勾选【指定图幅大小前】的复选框，在图幅宽度和图幅高度后均填“1000”，如图 3-21 所示。

e. 单击【确定】按钮，弹出图幅命名方式对话框，再单击【确定】按钮，系统会按设定好的参数生成图幅，结果如图 3-22 所示。

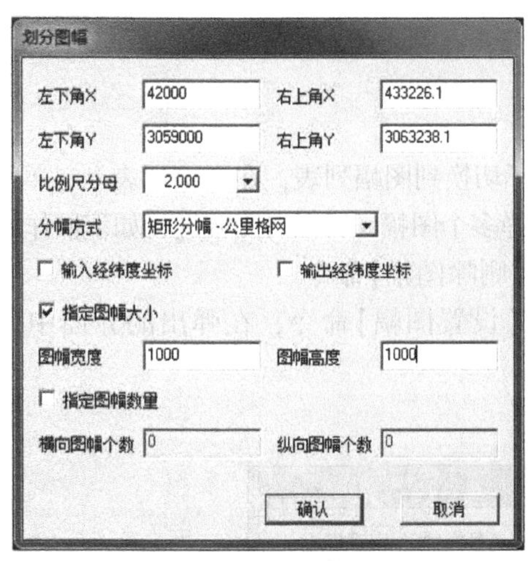

图 3-21　划分图幅对话框

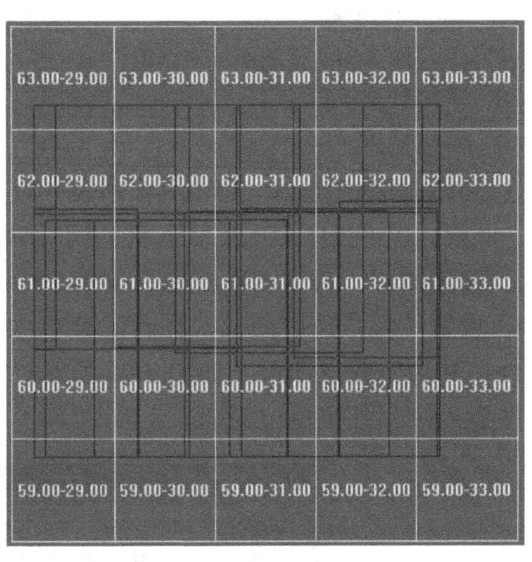

图 3-22　批量划分图幅结果

②导入图幅结合表。在【开始】菜单下，单击【划分图幅】下的【导入图幅结合表】命令，打开导入图幅结合表对话框。单击文件名后的 ... 按钮，打开“.dxf”格式的结合表文件，然后分别通过下拉列表框指定图廓名和图层名，如图 3-23 所示。单击【确定】按钮，系统会自动导入结合表内容。

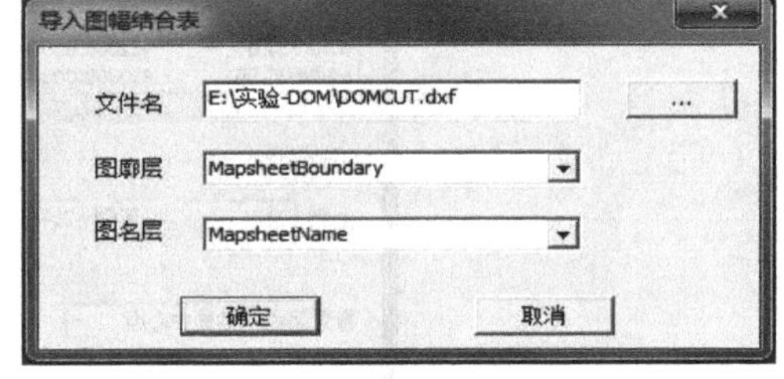

图 3-23　导入图幅结合表对话框

③在【开始】菜单下，单击【划分图幅】下的【添加任意图幅】命令，然后在视图窗口中的任意位置拉框，松开鼠标后会弹出任意图幅对话框，在这个对话框中可以设置图幅的所有参数，包括图幅名称、外扩、像素起点等，如图 3-24 所示。调整完毕，单击【确定】按钮即可。把整个区域分成 4 个任意图幅，图幅名

称分别为大块 1、大块 2、大块 3、大块 4，结果如图 3-25 所示。

注意：每次添加的任意图幅都默认为同样名称，为了防止数据间覆盖，每次添加的任意图幅都要重新命名。

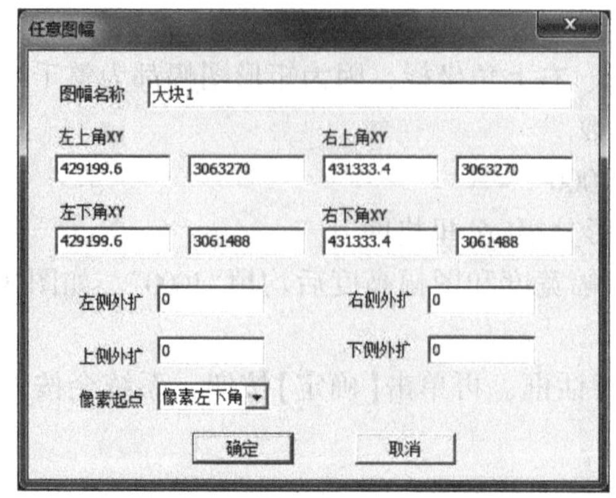

图 3-24　任意图幅对话框

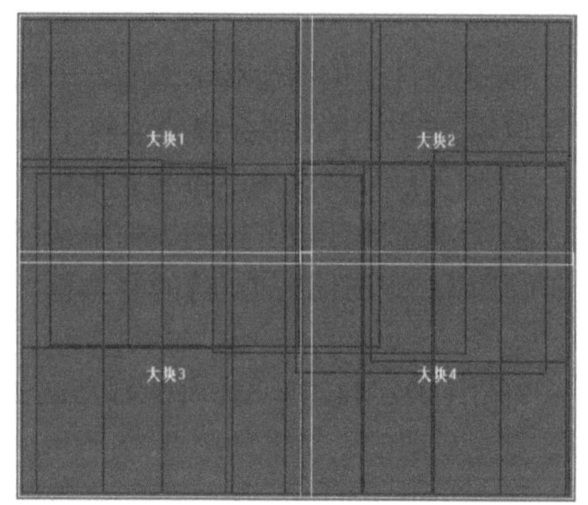

图 3-25　任意图幅划分结果

(2) 图幅选取

①在图幅列表中选取。单击影像列表下的图标切换到图幅列表，在图幅列表上，单击选择某一图幅，也可按住 Ctrl 或 Shift 键的同时单击选择多个图幅，可以对图幅进行如下操作。

a. 删除图幅：选中图幅，在右键菜单中选中【删除图幅】命令。

b. 设置图幅：选中图幅，在右键菜单中选中【设置图幅】命令，在弹出的界面中分别指定外扩和像素起点即可，如图 3-26 所示。

注意：图幅外扩单位为 m。

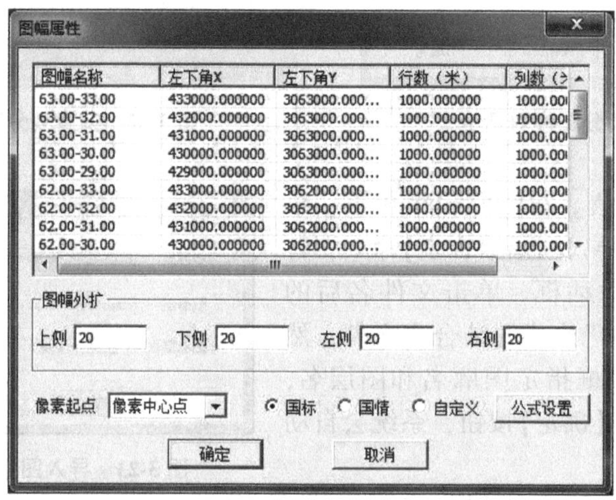

图 3-26　图幅属性对话框

c. 导出图幅边界：主要用于将图廓输出格式为“. dxf”的文件形式，可以单选或多选操作，该功能可以用于制作图幅结合表。

d. 镶嵌成图：存在镶嵌线的情况下，根据镶嵌线对选取的图幅进行生成，非全局操作。

②在视图中选取。在【视图】工具条上，单击图标，将鼠标状态切换为移屏状态，即鼠标变成小手形状，也可以通过空格键切换。在这种情况下，在视图的任意位置点击鼠标右键，在右键菜单中选取【选择图幅】命令，然后在要操作的图幅上点选或拉框均可，如果要多选还可按住 Ctrl 键进行操作。选中图幅后，再次单击鼠标右键，弹出如图 3-27 所示的右键菜单，即可进行相应的图幅设置，具体步骤同前。

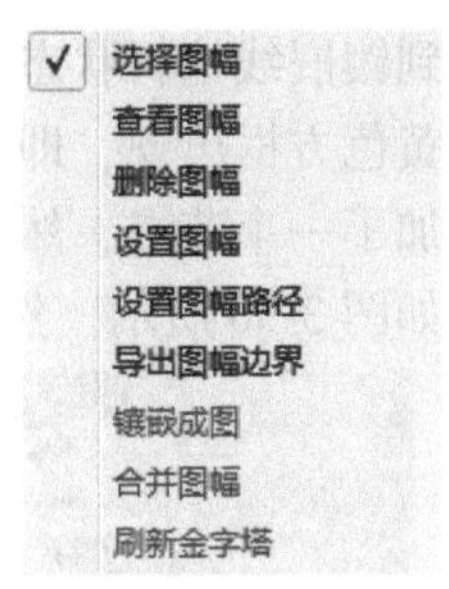

图 3-27　图幅右键菜单

(3)开始生成镶嵌线

该处理区域按任意图幅划分完成后，点击工程工具条上的按钮，系统开始初始化镶嵌线、裁图、生成金字塔影像。如图 3-28 所示，图中不同影像相接处的线条为镶嵌线。

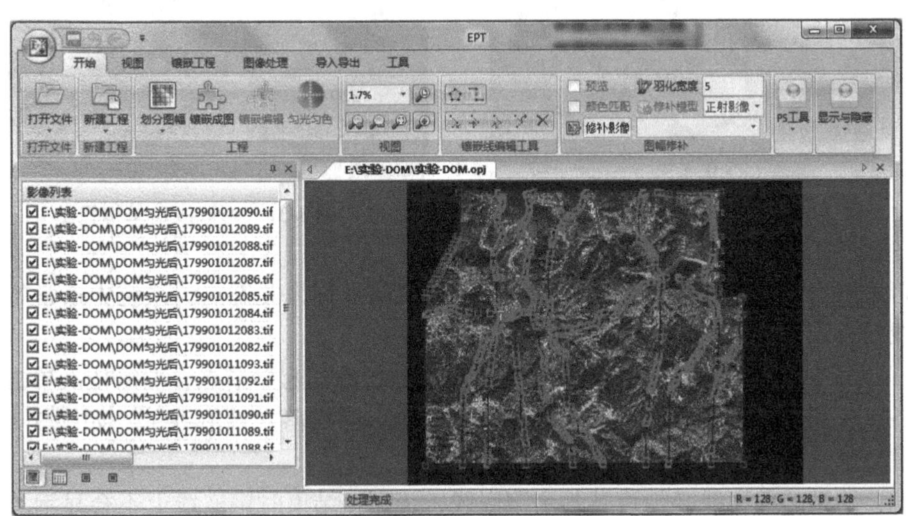

图 3-28　镶嵌线初始化结果

3)镶嵌线编辑

在进行此项步骤之前，要先对程序的一些常用操作进行简要说明。视图放大、缩小可以使用快捷键 Z、X 来实现，同时也支持鼠标滚轮的缩放操作，只是程序在缩放的过程中是以屏幕中心为基准进行缩放的；移屏操作可以通过键盘的方向键进行，也可以使用鼠标中键进行拖动，还可以使用工具栏中的移屏工具进行拖动。

注意：所有的操作都是单击左键开始，单击右键结束。

(1)添加点

①羽化镶嵌编辑线。镶嵌线编辑的过程中要修改羽化值，可在图幅修补工具条上的羽化宽度后的文本框中输入羽化值，如图 3-29 所示。

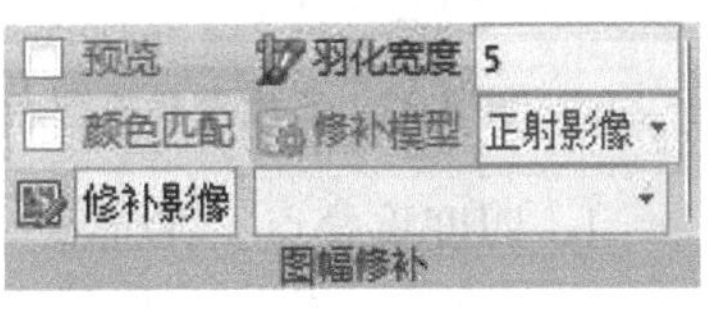

图 3-29　羽化值设置

注意：羽化值的设置要先于编辑镶嵌线，否则羽化值设置无效。

②简单编辑。单击镶嵌线编辑工具上的（镶嵌线编辑）按钮，或单击快捷键 T，切换到镶嵌线编辑状态，程序会默认按下（添加点）按钮，此时在镶嵌线上移动鼠标，会有黄色方框出现，即该线可以进行操作，单击左键，黄色框变成红色框，表明在该处成功添加了一个节点，然后依次单击左键添加其他各点，结束时最后一个点同样落在镶嵌线上，如图 3-30 所示。然后单击右键结束，编辑结果如图 3-31 所示。

图 3-30　镶嵌线简单编辑

图 3-31　镶嵌线简单编辑结果

③跨关键点编辑。在视图窗口中多个影像交汇的点称为关键点，系统中通常将关键点用白色线框标识出来。

a. 三度重叠点：在任意一根镶嵌线上单击左键，添加起始节点，然后依次单击左键添加其他各点，到第 3 根线上结束，结束时最后一个点同样落在镶嵌线上，如图 3-32 所示。单击右键结束，编辑结果如图 3-33 所示。

注意：绘制的编辑线必须跨越其余镶嵌线，否则在结束时镶嵌线上不会显示黄色的捕捉点，这样就不能成功编辑镶嵌线。

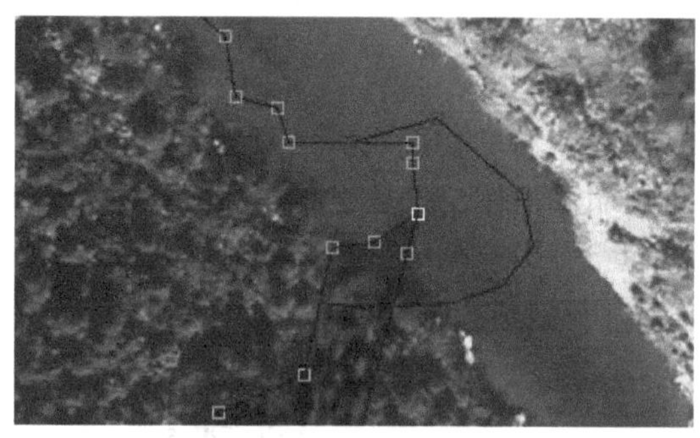

图 3-32　三度重叠关键点编辑

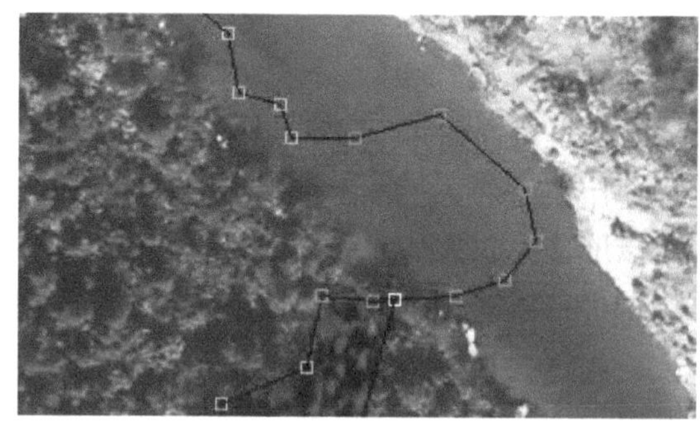

图 3-33　三度重叠点编辑结果

b. 四度重叠点：在任意一根镶嵌线上单击左键，添加起始节点，然后依次单击左键添加其他各点，到第 4 根线上结束，结束时最后一个点同样落在镶嵌线上，单击右键结束，原来的 1 个关键点变成 3 个。

(2)插入点

单击镶嵌线编辑工具上的▣(镶嵌线编辑)按钮，或单击快捷键 T，切换到镶嵌线编辑状态，左键单击按下▣(插入点)按钮，或单击快捷键 S，将鼠标移动到镶嵌线上待插入点的位置，该插入点位置显示黄色方框，如图 3-34 所示。按住鼠标左键，将鼠标移动到指定位置，如图 3-35 所示。松开鼠标后就添加了一个节点，插入结果如图 3-36 所示。

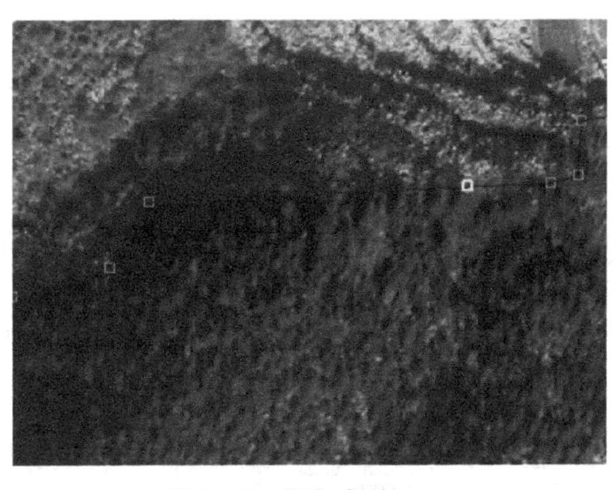

图 3-34　插入点前

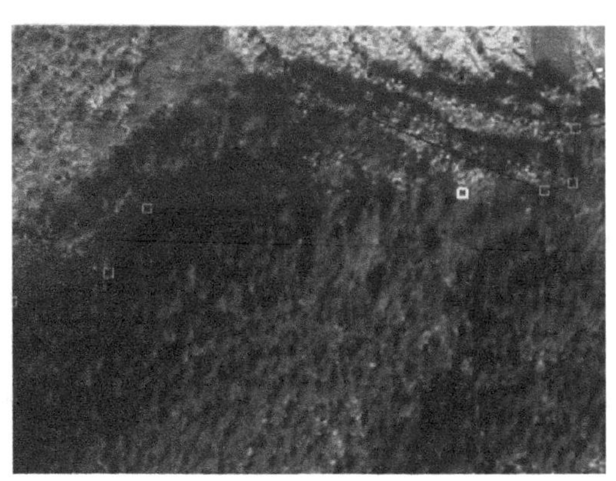

图 3-35　插入点操作

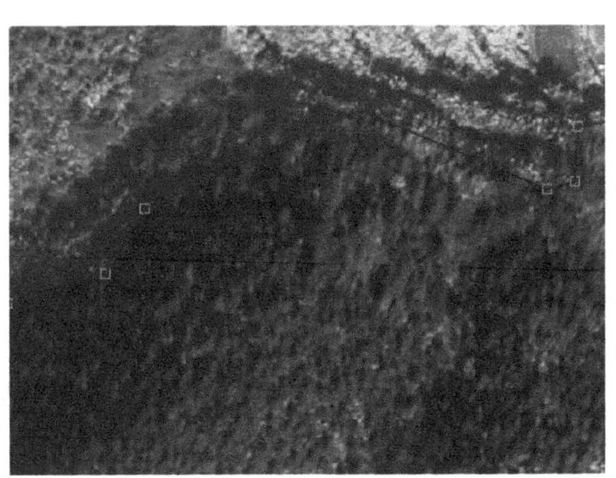

图 3-36　插入点结果

(3)移动点

单击镶嵌线编辑工具上的▣(镶嵌线编辑)按钮，或单击快捷键 T，切换到镶嵌线编辑状态，左键单击按下▣(移动点)按钮，或单击快捷键 F，将鼠标移动到需要移动的节点上，按住鼠标左键，拖动该节点到指定位置即可。

(4)删除点

当选中某一个点[可以使用▣(移动点)按钮选取]或当某点处于激活状态(该点为红色状态)时，方可进行删除点操作。

单击镶嵌线编辑工具上的▣(镶嵌线编辑)按钮，或单击快捷键 T，切换到镶嵌线编辑状态，左键单击删除点按钮▣，或单击快捷键 D，被激活的点即会被删除。

注意：本系统中除关键点外的点均可以删除。

(5)删除临时线和候补选区

在【开始】菜单下，单击镶嵌线编辑工具上的▣(镶嵌线编辑)按钮，或单击快捷键 T，切换到镶嵌线编辑状态，单击左键▣(删除临时线和候补选区)按钮，或单击快捷键 Esc，整个绘制的线和修补的范围线都会被清除掉。

注意：该命令是不可恢复的，且该命令只能针对镶嵌线的绘制过程，不能在绘制完毕后使用，而修补范围却不受此限制。

(6)影像调色

影像即使做了匀光，在编辑镶嵌线过程中有时还会发现存在色差，所以需要简单调整影像颜色。

在【开始】菜单下，在 Photoshop 工具条上有 4 个选区工具，如图 3-37 所示。单击(折线)按钮，依次单击左键确定需要调整的区域，单击右键结束，同时所选区域自动闭合。

图 3-37　常用选区工具

单击【影像处理】菜单，可以使用该菜单下的颜色调整工具对选取区域进行单独颜色调整，颜色调整工具如图 3-38 所示。

图 3-38　颜色调整工具

色彩调整完毕，单击程序左上角的按钮，或者使用快捷键 Ctrl+S，保存编辑结果。

注意：该方法只能在镶嵌线编辑完成后使用，否则可能会引起更多的区域色差。

4)镶嵌成图

镶嵌线编辑完成后，在操作界面左下角，单击按钮，切换到图幅列表，选中所有图幅，单击右键，在弹出的右键菜单中选择【镶嵌成图】命令，系统开始运行影像镶嵌。结果统一保存在命名为“工程名+_MapSheet”的文件夹里(本任务为实验-DOM_MapSheet 文件夹)，如图 3-39 所示。其中，镶嵌的影像结果保存在 MapSheet 文件夹里，编辑的镶嵌线保存在 Mosaic_Line 文件夹里。

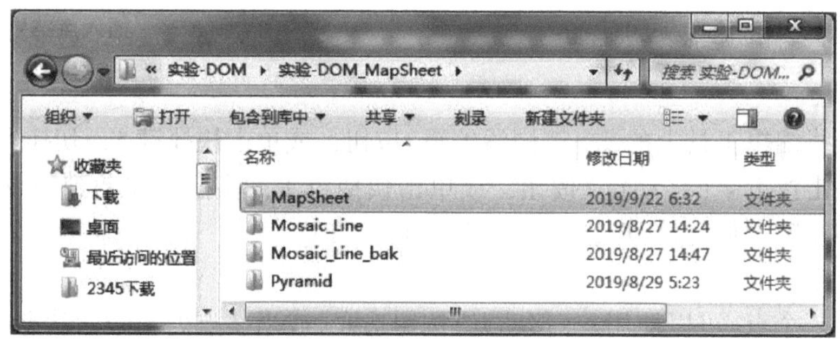

图 3-39　镶嵌结果保存位置

5. DOM 按图幅裁切

DOM 镶嵌输出后，就可以依据相关规定和技术要求，将 1∶2000 图幅的坐标外扩 20m 对 DOM 进行裁切。

在 MapMatrix 主界面上，单击【工具】菜单下的【裁切 DEM/DOM】命令，打开 DEMX 界面。在 DEMX 界面上，单击【文件】菜单下的【打开】命令，打开镶嵌输出的第一个大块影像，然后单击(数据列表)按钮，弹出数据列表对话框，用【增加】按钮将所有的镶嵌输出影像都添加到 DEMX 界面里，如图 3-40 所示。

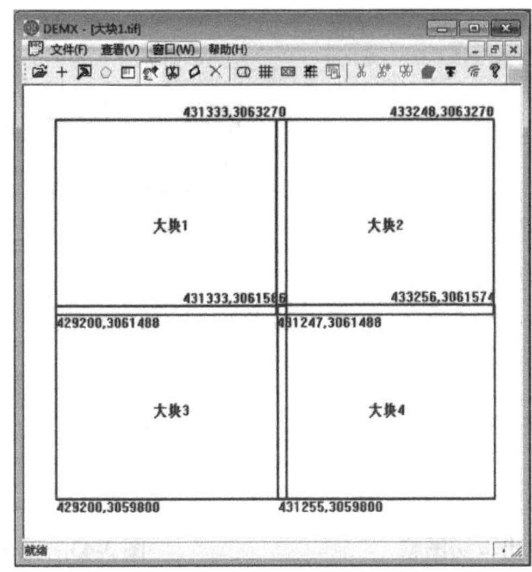

图 3-40　打开需要裁切的 DOM 数据

打开 DOM 数据后，单击 ▦(导入分幅)图标，打开对 DOM 进行裁切的图幅文件 DOMCUT. dxf，该图幅边界已经外扩 20m，如图 3-41 所示。然后单击左键，选中一个图幅或拉框选择多个图幅，作为输出的裁切图幅，如图 3-42 所示。再单击 ◪(设置)图标，打开裁切参数对话框，并进行如下设置，完成裁切参数设置。

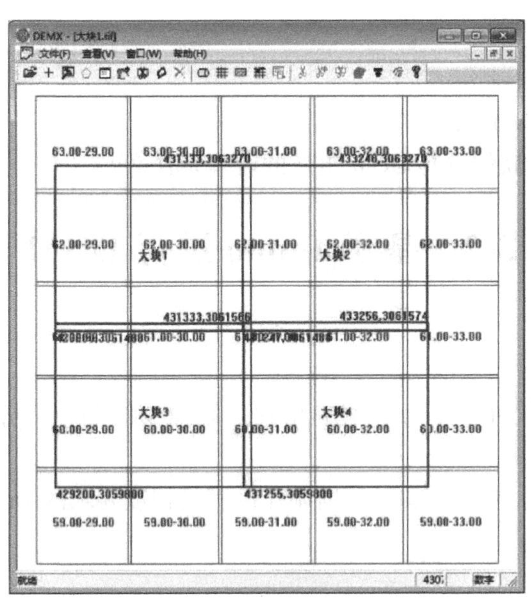

图 3-41　打开外扩 20m 的裁切图幅

①输出路径通过其后的【浏览】按钮改为“E：\ 裁切后影像”。

②其他参数默认，如图 3-43 所示，单击【确定】按钮完成设置。

点击 ✂(裁切)图标，系统裁切并输出已选图幅的 DOM 数据。

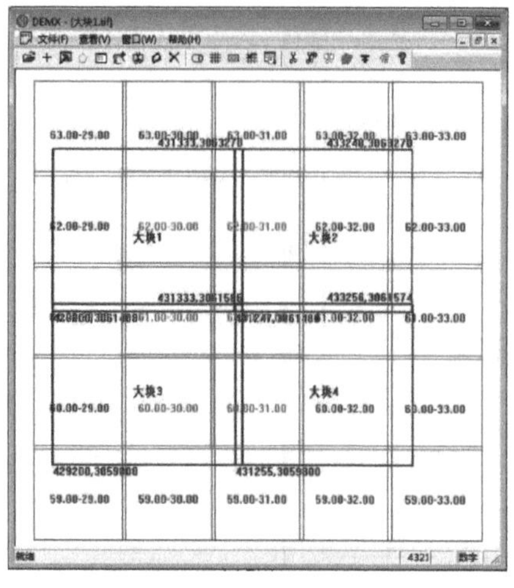

图 3-42　选择输出裁切图幅

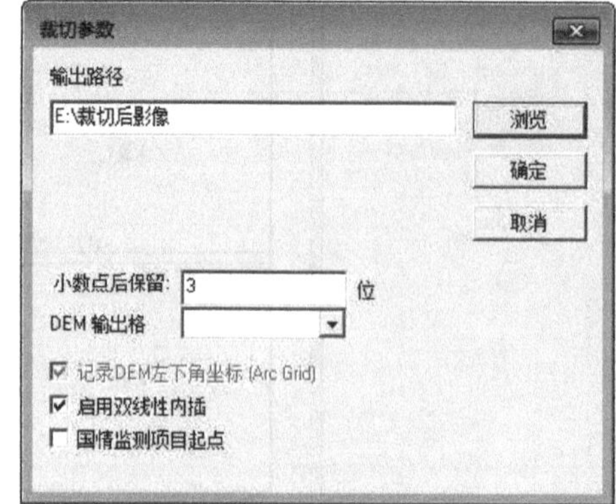

图 3-43　裁切参数设置

○ 成果提交

(1) DOM 数据文件。
(2) DOM 定位文件。
(3) DOM 数据文件接合表。

○ 巩固练习

(1) DOM 的概念是什么？
(2) 为什么需要生产 DOM？
(3) 利用 MapMatrix 软件进行 DOM 生产的流程是什么？

任务 3-2　基于 Inpho 进行 DOM 生产

○ 任务描述

本任务是在 Inpho 软件下，通过纠正单片、影像镶嵌匀色、分幅裁切等流程来完成 1∶1000 DOM 生产。

通过本任务的学习，能基于航摄数据制作出满足精度要求的 DOM 成果。

○ 任务目标

(1) 掌握 Inpho 软件纠正单片的流程。
(2) 掌握 Inpho 软件进行影像镶嵌匀色的流程。
(3) 掌握 Inpho 软件对影像进行分幅裁切的流程。
(4) 能够利用 Inpho 软件完成 DOM 生产。

○ 相关知识

1. 成图比例尺

成图比例尺为 1∶1000。

2. 图幅分幅与编号

图幅分幅采用 50cm×50cm 正方形分幅。图幅编号采用图幅西南角坐标千米数至整千米数编号法(如 653-493)。图廓间的千米数加注带号和百千米数。

3. DOM 精度

DOM 的地面分辨率在一般情况下应不大于 $0.0001M_{图}$，其中 $M_{图}$ 为成图比例尺分母，因此，1∶1000 DOM 的地面分辨率为 0.1。

DOM 的平面位置中误差，平地、丘陵一般不应大于图上 0.5mm，山地、高山地一般不应大于图上 0.75mm，明显地物点平面位置中误差的 2 倍为其最大误差。

4. DOM 接边误差

DOM 应与相邻影像图接边，接边误差不应大于 2 个像元。

○ 任务实施

1. 纠正单片

1) 打开 OrthoMaster 界面

在 ApplicationsMaster 主界面上，单击工具栏上的 (OrthoMaster) 按钮，系统弹出如图 3-44 所示界面。

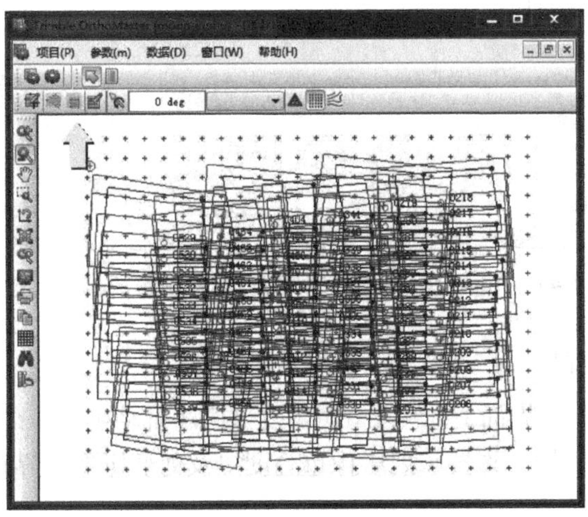

图 3-44　Trimble OrthoMaster 界面

2)导入高程模型

在Trimble OrthoMaster界面上，单击【数据】→【导入】→【高程模型】→【Inpho DTM(SCOP)】，打开Import Inpho DTM(SCOP)对话框，单击 按钮，找到正射纠正区域的DTM，将其添加到列表中，如图3-45所示，再单击【下一步】→【下一步】。OrthoMaster至多可以用48个Inpho DTM文件，并行生成正射像片，【添加】单选按钮用于把刚导入或刚创建的DTM添加到已有的DTMs列表中，【替换】单选按钮用于新的DTMs替换现存的DTMs。例如，选择【替换】单选按钮，如图3-46所示，接下来单击【结束】按钮，系统自动将选择的DTM替换到Trimble OrthoMaster界面中。

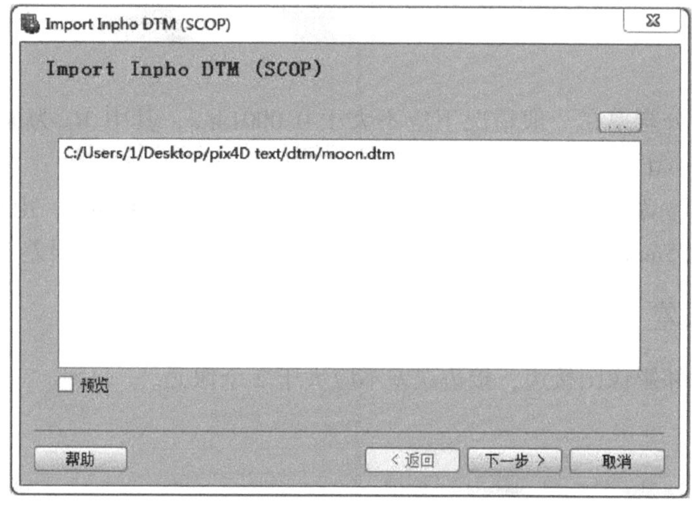

图3-45　ImportInpho DTM(SCOP)界面

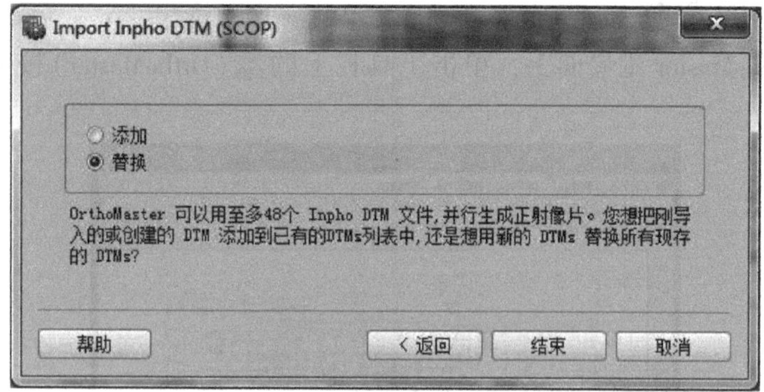

图3-46　ImportInpho DTM(SCOP)对话框添加方式选择

3)自动生成正射区域设置

在Trimble OrthoMaster界面上，单击工具栏上的 (自动生成正射区域)按钮，系统将弹出自动生成正射区域对话框，设置正射影像重叠度以及剪切影像边界百分比后(图3-47)，单击【确定】按钮。

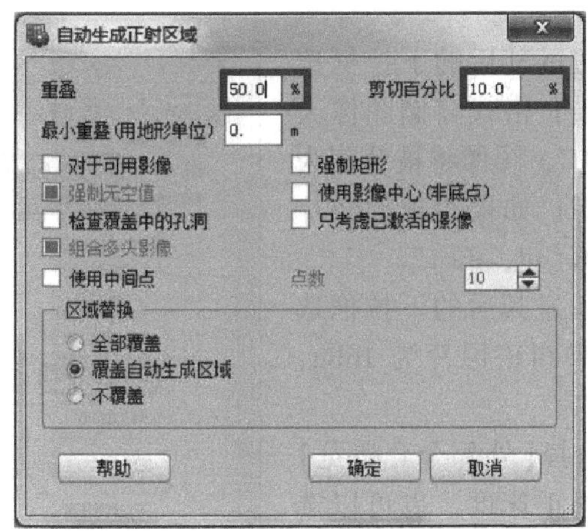

图 3-47　自动生成正射区域对话框

4)正射影像生成参数设置

在 Trimble OrthoMaster 界面上，单击工具栏上的开始生成正射像片按钮，系统将弹出选择正射像片生成参数对话框，可设置每个选项卡中的参数。

①设置参数选项卡。

输出分辨率：勾选【定义象元大小】单选框，即可定义输出正射影像的分辨率大小，如制作 1∶1000 比例尺 DOM，设置输出分辨率大小为 0.1m，如图 3-48 所示。

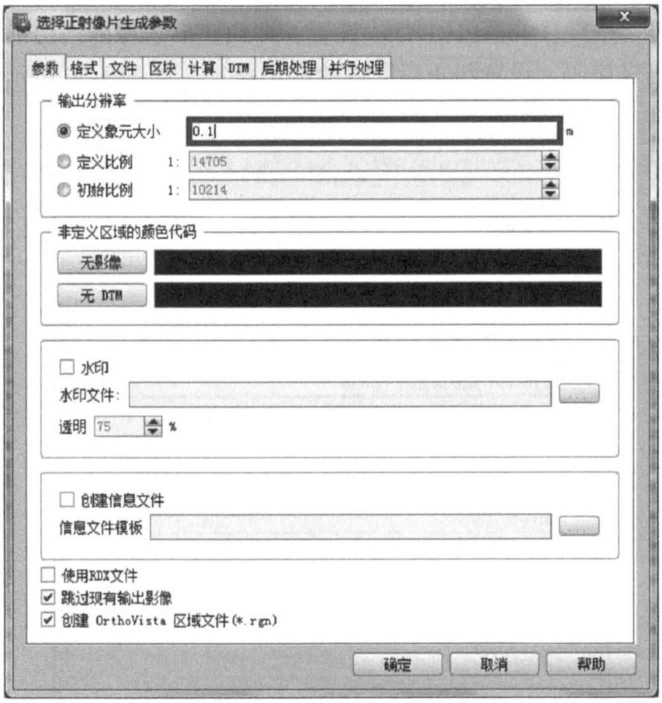

图 3-48　参数选项卡设置

②设置格式选项卡。

a. 地理参照格式：通过其后的下拉框选择“tiff/tfw[tif，tfw]”，TIFF 格式存储图像大小最大为 4G，一旦超过 4G，图像将被分割为几张有重叠区域的子影像。如果纠正的原片较大，可以选择“geotiff/tfw[tif，tfw]”。

b. 选择数据类型：通过其后的下拉框选择“unsigned 8 bit”。如果纠正原片为 16bit，此处要选“unsigned 16 bit”。

c. 生成概览：一般选择【外部全套概览】单选按钮。如果想加快纠正速度，也可以选择【没有概览】，像片纠正后，概览在 ArcGIS 等其他软件中生成。

d. BigTiff 复选框：当地理参照格式设置为“tiff/tfw[tif，tfw]”时，不勾选，当地理参照格式设置为“geotiff/tfw[tif，tfw]”时，勾选，本任务不勾选，如图 3-49 所示。BigTiff 格式存储的图形没有大小限制，但需要注意 BigTiff 存储格式能不能被第三方软件所支持。

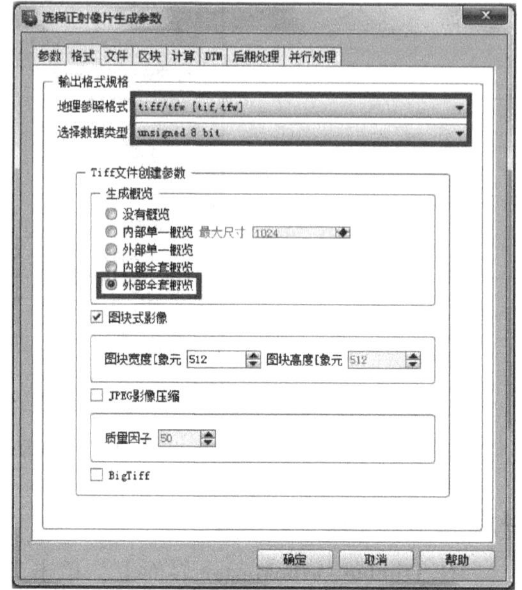

图 3-49　格式选项卡设置

③设置文件选项卡。

a. 文件名掩码：按默认“or<PHOTO>”设置，即纠正后影像的前缀都为“or”。

b. 目录或者目录掩码：设置纠正后影像的输出路径，如图 3-50 所示。

图 3-50　文件选项卡设置

④设置区块选项卡。选择方法：选择【正射区域】单选按钮，如图 3-51 所示。

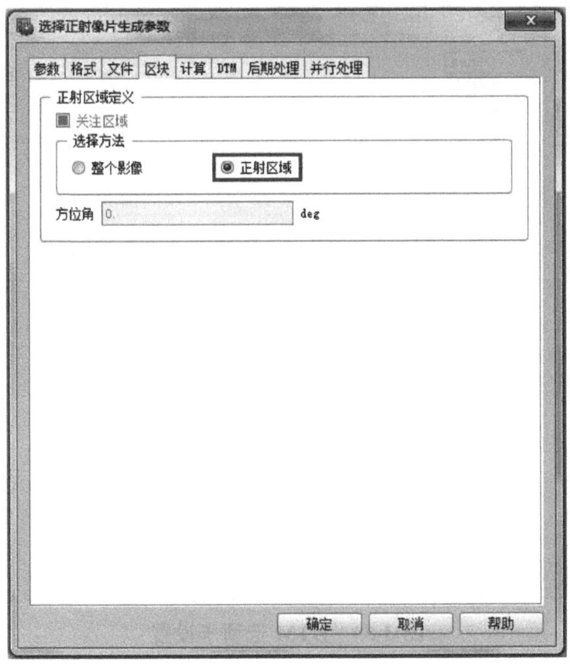

图 3-51　区块选项卡设置

⑤设置计算选项卡。

a. 纠正方法：选择【精确】单选按钮。如果处理的数据为 ADS 推扫方式获得，选择【快速】单选按钮。快速算法是指利用锚点法进行正射影像的快速计算，可以通过编辑框设定参考系中锚点的距离，锚点法只是利用了锚点在 DTM 中的高程部分，其余点的高程根据锚点的值进行内插；精确算法是指正射影像中的每一个像元对应航测像片的位置进行严格计算。

b. 重采样方法：通过其后的下拉框选择“Cubic Convolution”，即选择三次卷积算法，如图 3-52 所示。

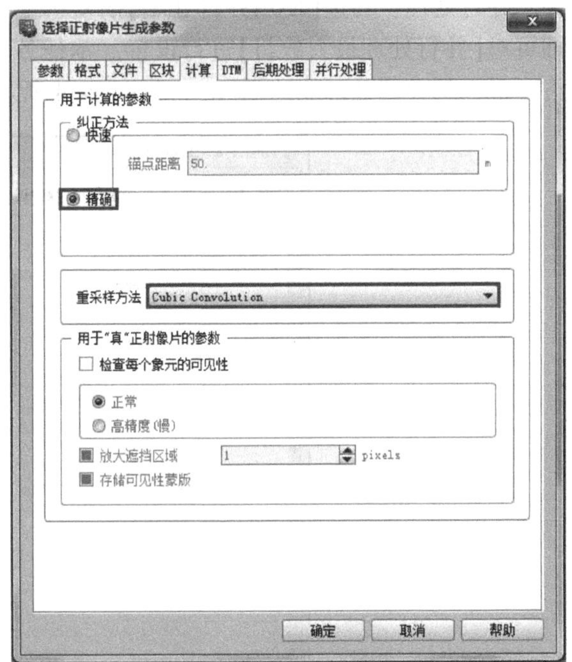

图 3-52　计算选项卡设置

⑥设置 DTM 选项卡。DTM 定义：勾选【使用 DTM】复选框，即代表使用已经导入的 DTM 数据纠正正射影像，如图 3-53 所示。

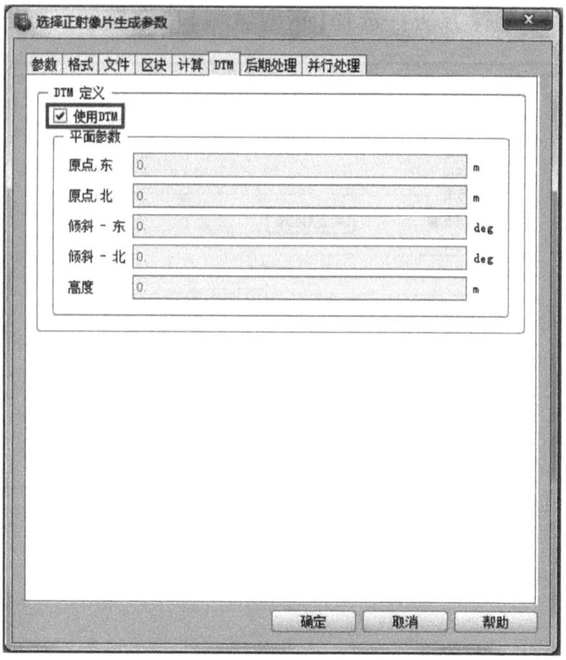

图 3-53　DTM 选项卡设置

⑦设置并行处理选项卡。

并行处理：勾选【使用并行处理】前复选框，即代表生成正射影像使用并行计算。而后即可对【并行处理最大数目】进行设置。本任务将其后数值设置为“2”，如果计算机配置允许，最大的并行处理能达到“8”，如图 3-54 所示。

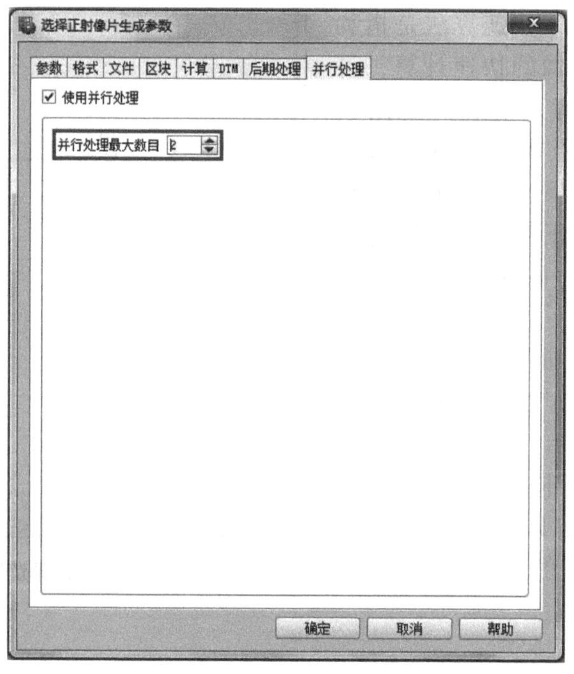

图 3-54　并行处理选项卡设置

5)开始纠正

选择正射像片生成参数对话框，单击【确定】按钮，确认纠正参数设置，弹出处理控制参数对话框，如图 3-55 所示。如果部分纠正参数设置不准确，需要修改，单击【编辑影像生成参数】按钮，返回选择正射像片生成参数对话框进行修改。如果纠正参数设置准确，不需要修改，单击【运行】按钮，系统开始进行正射纠正。

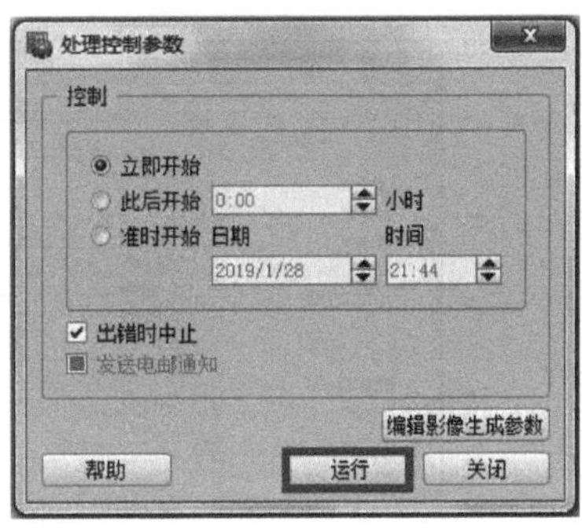

图 3-55　处理控制参数对话框

2. 影像镶嵌匀色

1)OrthoVista 拼接线自动提取

在 ApplicationsMaster 主界面上，单击工具栏上的(OrthoVista)按钮，进入 OrthoVista 主界面，同时打开项目对话框。也可以启动 inpho 软件后，从如图 3-56 所示矩形框线标识的接口进入。

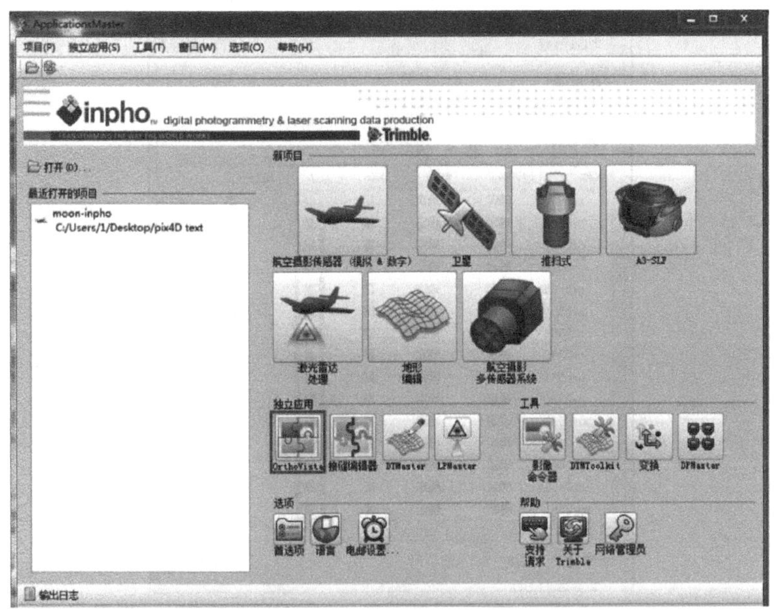

图 3-56　打开 OrthoVista 主界面接口

①导入影像。在项目对话框上，切换到影像选项卡，单击(添加单一影像)按钮，选择需要导入的所有正射单片的“.tfw”文件，如图 3-57 所示。单击【打开】按钮，导入的“.tfw”文件会自动索引相应的 tif 影像，所有影像被添加到项目对话框。全选所有影像，单击(激活选定的影像)按钮，将所有影像的活动列设置为“是”，如图 3-58 所示。单击(关闭)按钮，返回 OrthoVista 主界面。再单击(显示出影像)按钮，即可在 OrthoVista 主界面显示出影像。

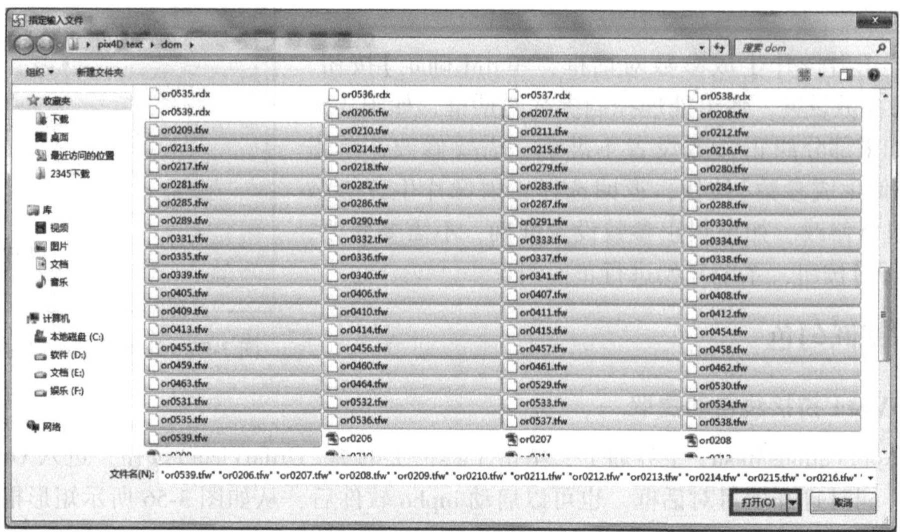

图 3-57 选择导入的“. tfw”文件

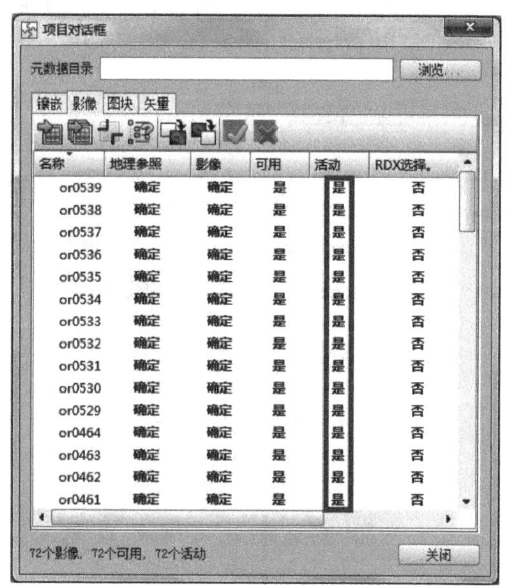

图 3-58 激活所有影像

②选择计算输出的范围。在 OrthoVista 主界面，单击【处理】菜单下的选择区域命令或工具栏上的(选择区域)按钮，弹出自定义区域定义对话框，具体设置如下。

a. 图块 Id：在其后文本框中填写输出图块名称，如输出全部，填写“all”。

b. 左上坐标和右下坐标：根据输出图块的范围填写这两处坐标，如输出全部范围，可以通过单击【选择全部】按钮自动填写。

设置结果如图 3-59 所示，单击(关闭)按钮，然后在左侧工具条上单击(输出显示)按钮，在影像上显示输出区域，如图 3-60 所示。

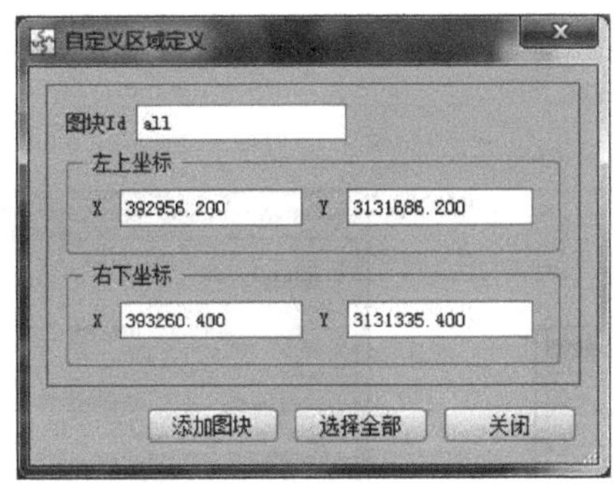

图 3-59　自定义区域定义对话框

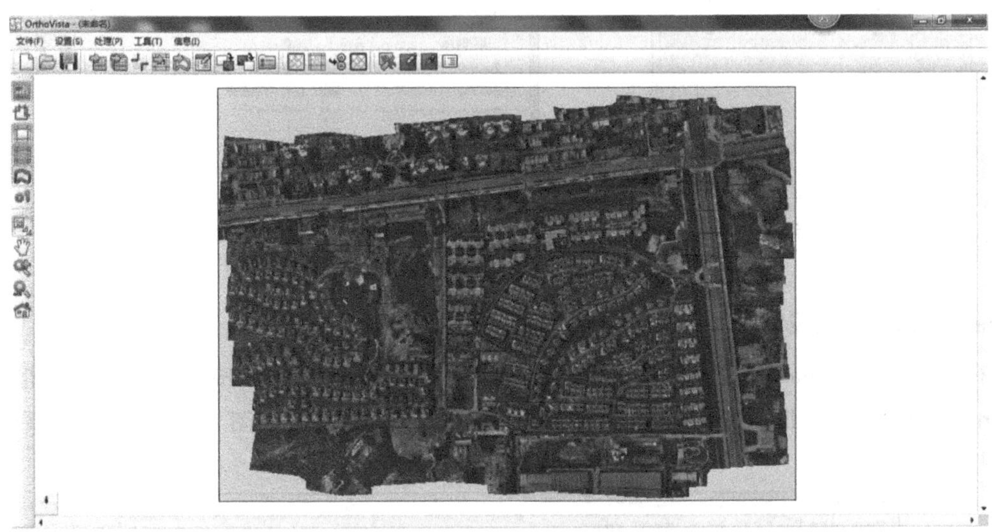

图 3-60　在影像上显示输出区域

③生成镶嵌线。单击【处理】菜单下的【开始处理】命令或工具条上的(开始处理)按钮，弹出处理选项对话框，具体设置如图 3-61 所示。

a. 输出目录：点击其后的【浏览】选择成果保存路径，如“C:/…/pjx”。

b. 元数据目录：点击其后的【浏览】按钮选择元数据保存路径，依据输出目录自动确定，如“C:/…/pjx/meta”。

c. 影像组调整：通过其后的下拉框选择“无”。

d. 镶嵌调整：通过其后的下拉框选择“特征检测”，再单击“特征检测”后的【选项】按钮，弹出特征检测选项对话框，通过区域类型后的下拉框设置为“混合”，如图 3-62 所示。

e. 保存镶嵌输出：该项对应复选框不选。

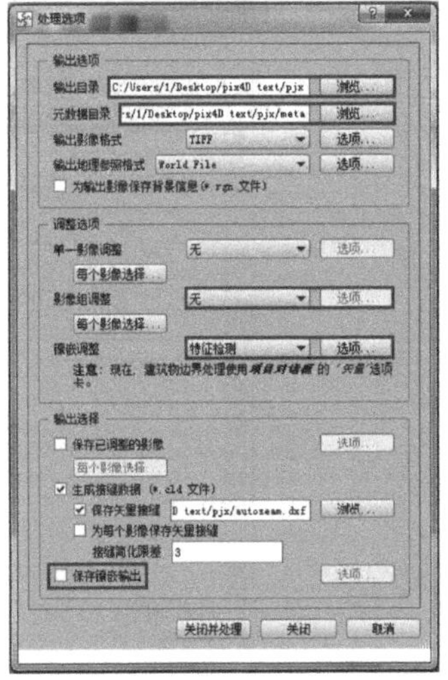

图 3-61　生成镶嵌线设置

设置完成后，单击【关闭并处理】按钮，系统开始自动生成镶嵌线，处理进程如图 3-63 所示。

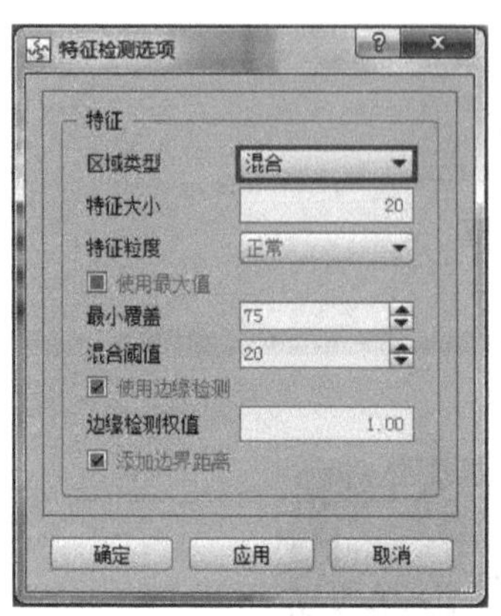

图 3-62　特征检测选项对话框

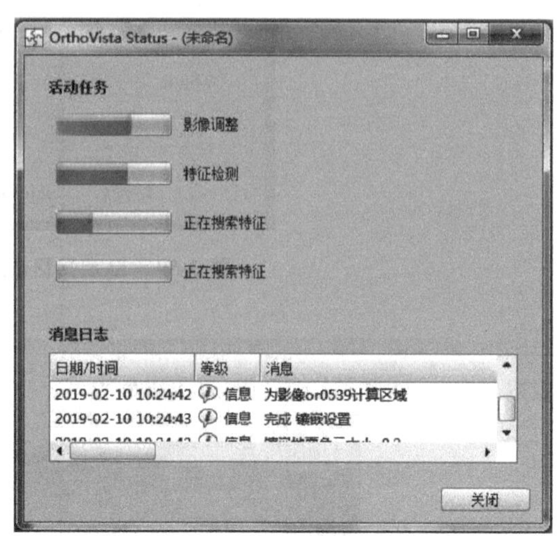

图 3-63　生成镶嵌线进程

2) SeamEditor 拼接线编辑

在 ApplicationsMaster 主界面上，单击工具栏上的（OrthoVista 接缝编辑器）按钮，进入 OrthoVista Seam Editor 主界面。也可以启动 inpho 软件后，从如图 3-64 所示矩形框线标识的接口进入。

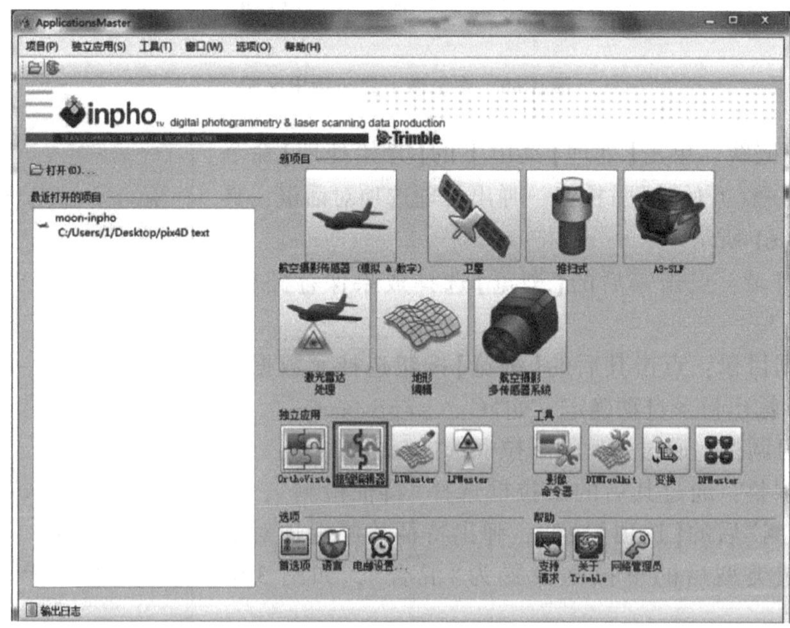

图 3-64　打开 OrthoVista Seam Editor 主界面的接口

(1)打开 OrthoVista 提取镶嵌保存的工程

在 OrthoVista Seam Editor 主界面，单击工具条上的(打开项目)按钮，弹出打开项目对话框，选择“C:/…/pjx”路径下的“ov-20190210-102439. ipd”文件，如图 3-65 所示。单击【打开】按钮，关闭打开项目对话框，同时打开项目对话框。在项目对话框，切换到影像选项卡，用左键单击选择一幅影像，再用快捷键 Ctrl+A 选中所有影像，然后单击工具条上的(激活选定的影像)按钮，将每幅影像在活动列的值设置为“是”，最后单击【关闭】按钮。继续在 OrthoVista Seam Editor 主界面，单击工具条上的(显示出影像)按钮，显示出编辑镶嵌线的界面，如图 3-66 所示。

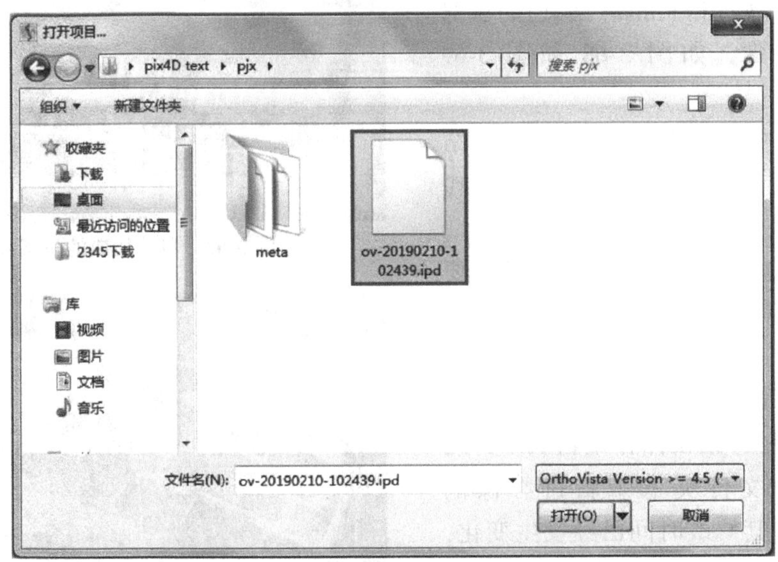

图 3-65　选择打开提取镶嵌线保存的工程

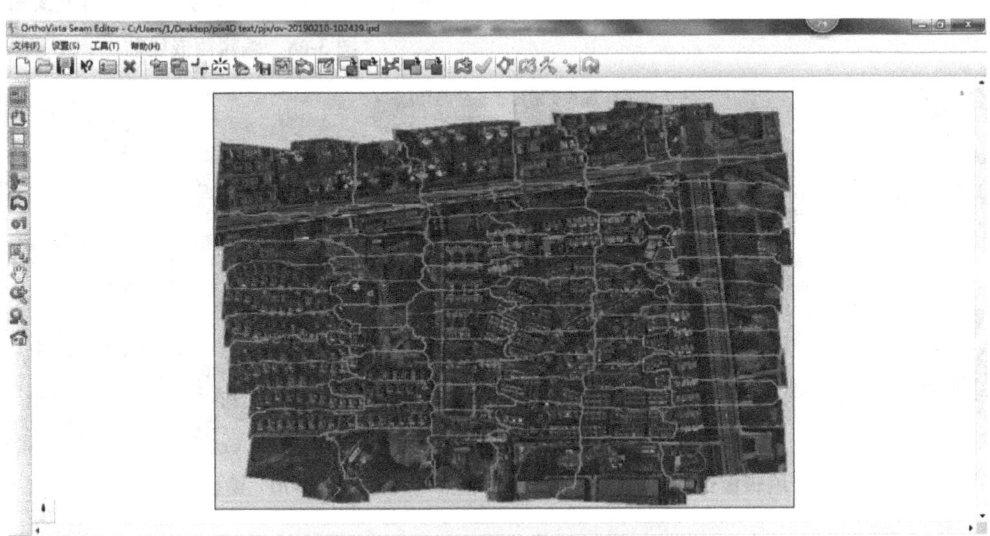

图 3-66　编辑镶嵌线的显示界面

（2）编辑镶嵌线

在编辑镶嵌线的界面，大部分自动生成的镶嵌线绕过建筑物，不需要编辑，如图 3-67 所示。少部分镶嵌线穿过房屋，导致房屋错位，可以单击工具条上的（新的接缝多边形）按钮，也可以单击快捷键 Ctrl+N 或 N，然后依次单击鼠标左键确定编辑后拼接线的走向。此时需要注意，Start（开始）和 Finish（结束）的点都属于同一影像，如图 3-68 和图 3-69 所示。

图 3-67　自动生成的拼接线

完成时，需要单击工具条上的（结束并应用多边形）按钮结束操作，拼接线被扩展到房屋外侧，如图 3-70 所示。

在编辑镶嵌线的过程中，除了需要让拼接线绕过建筑物，还应尽量使镶嵌线沿着道路、河流等线状地物。完成所有镶嵌线检查、编辑后，单击工具条上的（保存项目）按钮保存编辑成果，此时查看 meta 文件夹下编辑过影像的“.rgn”文件，其修改时间已经发生变化，如图 3-71 所示。接下来影像镶嵌输出所使用的镶嵌线即此 meta 文件夹里的文件。

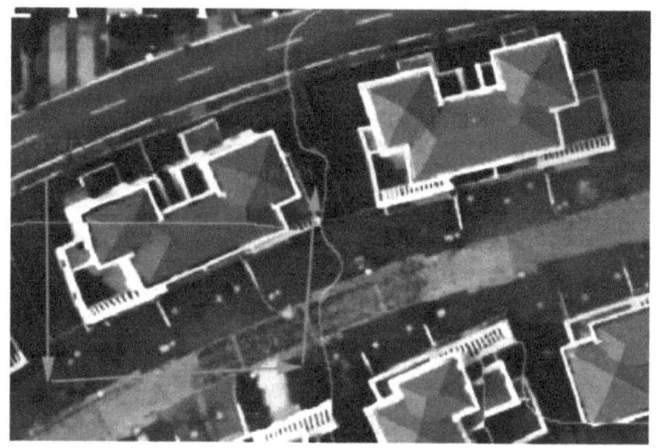

图 3-68　编辑镶嵌线前

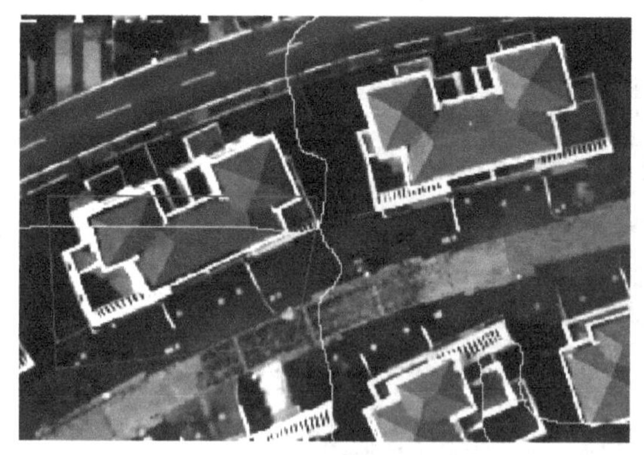

图 3-69　编辑镶嵌线

图 3-70　编辑镶嵌线后

名称	修改日期	类型	大小
or0206.rgn	2019/2/10 10:24	RGN 文件	8 KB
or0207.rgn	2019/2/10 10:24	RGN 文件	4 KB
or0208.rgn	2019/2/10 10:24	RGN 文件	4 KB
or0209.rgn	2019/2/10 10:24	RGN 文件	4 KB
or0210.rgn	2019/2/10 10:24	RGN 文件	4 KB

图 3-71　meta 文件夹下影像文件修改时间变化

3)镶嵌匀色输出 DOM

进入 OrthoVista 主界面，通过【文件】菜单下的【打开项目】命令，打开“C:/…/pjx”路径下的“ov-20190210-102439. ipd”文件。

(1)Radiometrix 调色

在 OrthoVista 主界面，单击(Radiometrix 编辑器)按钮，打开 RadioMetrix 对话框，如图 3-72 所示。其中 1 是自动灰度值调整；2 是手动灰度曲线调整；3 是自动对比度调整；4 是手动对比度曲线调整；5 是手动灰度对比度点调整；6 是手动饱和度点调整；7 是手动偏色调整；8 是手动偏色强度调整。可以根据待处理影像的具体情况，选择以上任一颜色调整方式。例如，影像整体偏暗时(图 3-73)，可在 RadioMetrix 对话框上，切换到手动灰度对比度点调整选项卡，单击【全部选择】按钮，模式下的单选按钮由【选择】变成【修改】，然后手动将全部点向明暗适中的位置调整，如图 3-74 所示。对 16bit 的卫星数据、ADS 数据，打开时为全黑，此时可切换到自动灰度值调整选项卡，前后拉伸 2%，如图 3-75 所示。

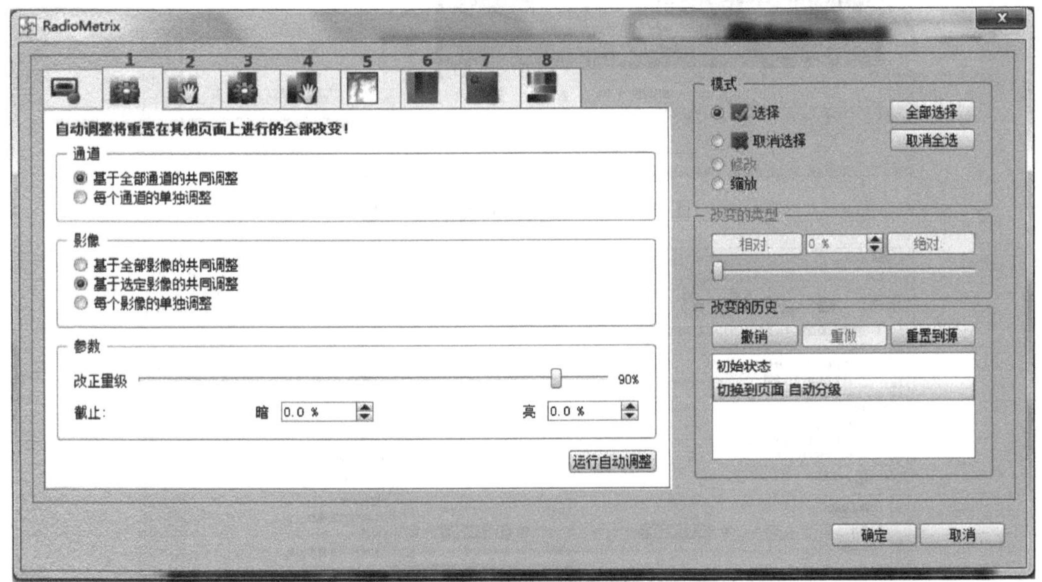

图 3-72　RadioMetrix 对话框

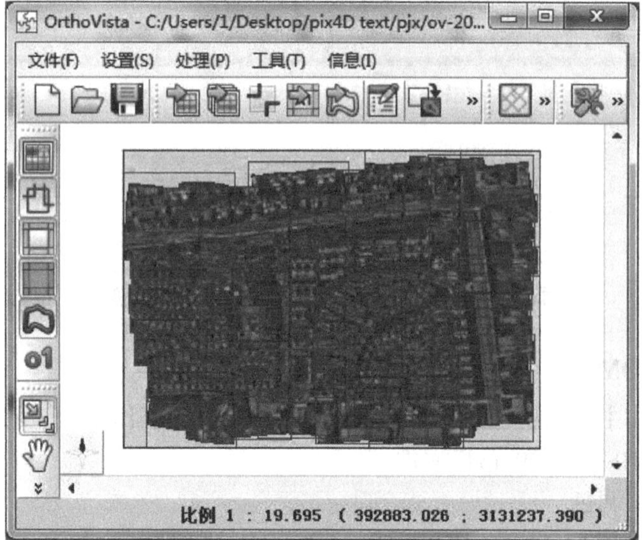

图 3-73　影像整体偏暗

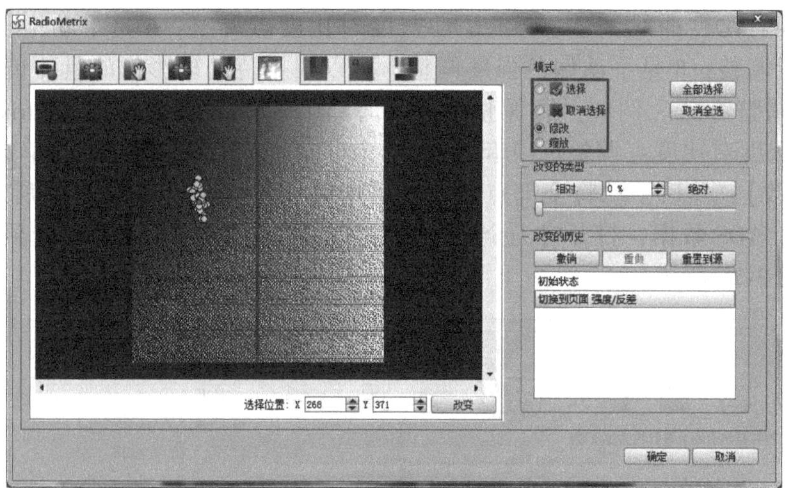

图 3-74　手动灰度对比度点调整

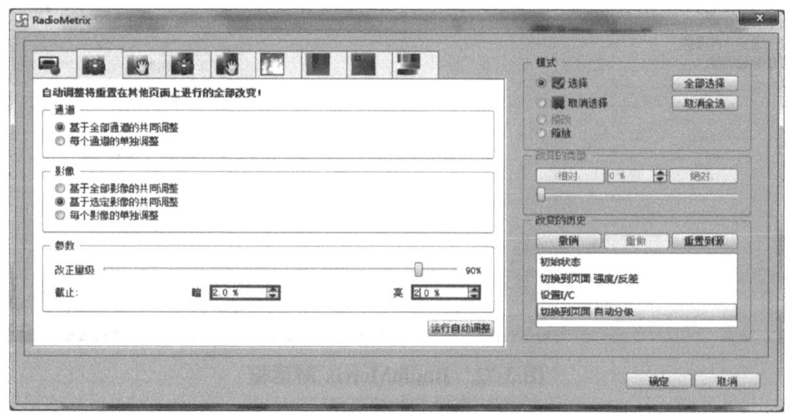

图 3-75　自动灰度值调整

(2)镶嵌输出 DOM

在 OrthoVista 主界面，单击工具条上的(选择区域)按钮，设置影像上的输出区域。再单击工具条上的(开始处理)按钮，弹出处理选项对话框。进行如下设置，如图 3-76 所示。

①输出目录。通过【浏览】按钮选择，如“C:/.../大块”。

②元数据目录。通过【浏览】按钮选择，如“C:/.../pjx/meta”。

③影像组调整。通过其后的下拉框选择“无”。

④镶嵌调整。通过其后的下拉框选择“接缝应用”，单击“接缝应用”后的【选项】按钮，弹出接缝应用选项对话框，将羽化大小设置为“20”，如图 3-77 所示。

⑤保存镶嵌输出。勾选其前的复选框。

设置完成后，单击【关闭并处理】按钮，系统开始镶嵌输出 DOM，成果如图 3-78 所示。

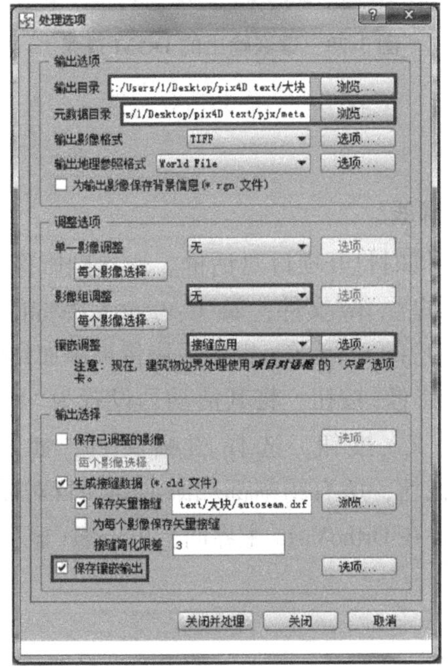

图 3-76　镶嵌输出 DOM 设置

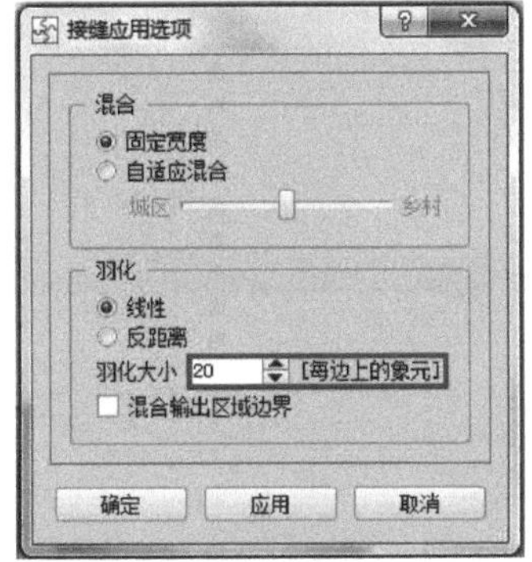

图 3-77　接缝应用选项对话框

图 3-78　镶嵌输出的 DOM 成果

3. 分幅裁切

1) 添加待裁切影像及分幅图廓线

进入 OrthoVista 主界面，同时打开项目对话框。切换到影像选项卡，单击(添加单一影像)按钮，选择镶嵌后影像的＊. tfw 文件，如“C:/…/大块/all. tfw”，单击【打开】按钮，导入的“. tfw”文件会自动索引相应的 tif 影像，镶嵌后影像被添加到项目对话框。再选择该镶嵌后影像，单击(激活选定的影像)按钮，将其活动列设置为“是”。切换到图块选项卡，单击(从文件加载图块定义)按钮，选择图幅文件，如“C:/…/图幅结合表/10_DOMCUT. txt”，单击【打开】按钮，所有图幅都被添加到项目对话框，如图 3-79 所示，单击【关闭】按钮关闭项目对话框。在 OrthoVista 主界面，单击(显示出影像)按钮，影像和分幅图廓线被显示出来。

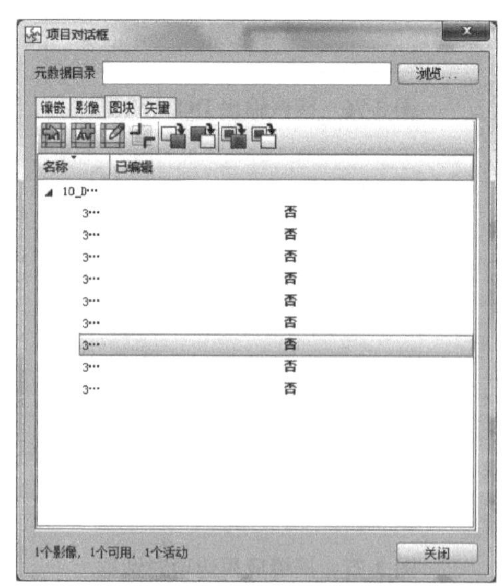

图 3-79　在项目对话框中添加图幅文件

2)选择裁切输出的图幅

在 OrthoVista 主界面，单击【处理】菜单下的【图块选择】命令或工具条上的图块选择按钮，打开图块选择对话框，将【选择区域】前的单选按钮选上，如图 3-80 所示。然后从某一待选的图幅开始按住鼠标左键拖曳出矩形框，矩形框经过所有待选图幅后，松开鼠标左键，这些图幅都会被选中，如图 3-81 所示。

图 3-80　图块选择对话框

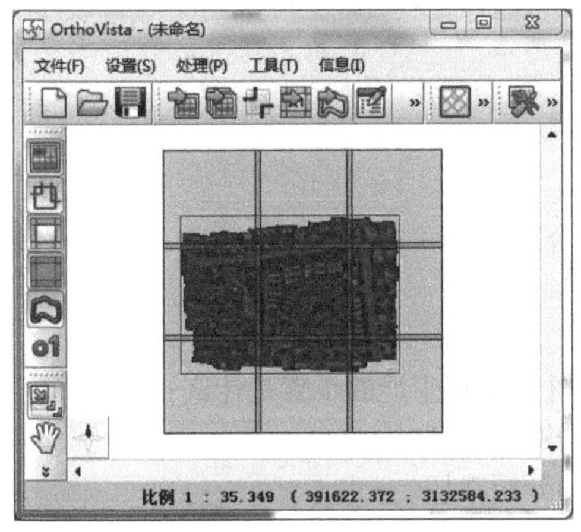

图 3-81　输出图幅选择

3)图幅裁切输出

单击工具条上的开始处理按钮，弹出处理选项对话框，进行如下设置(图 3-82)。

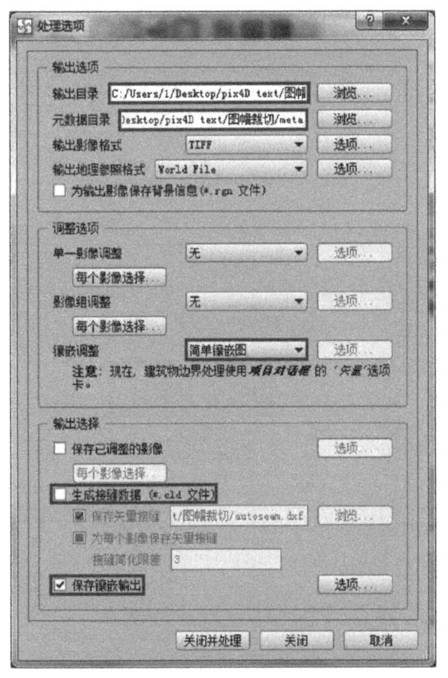

图 3-82　分幅裁切 DOM 设置

①输出目录。点击其后的【浏览】按钮选择成果保存路径，如“C:/.../图幅裁切”。

②元数据目录。点击其后的【浏览】按钮选择元数据保存路径，依据输出目录自动确定，如“C:/.../图幅裁切/meta”。

③影像组调整。通过其后的下拉框选择“无”。

④镶嵌调整。通过其后的下拉框选择“简单镶嵌图”。

⑤生成接缝数据。该项对应的复选框不选。

⑥保存镶嵌输出。勾选该项对应的复选框。

设置完成后，单击【关闭并处理】按钮，系统开始自动裁切图幅。

成果提交

(1)DOM 数据文件。

(2)DOM 定位文件。

(3)DOM 数据文件接合表。

巩固练习

(1)利用 Inpho 软件进行 DOM 生产的步骤是什么?

(2)如何进行影像图的镶嵌匀色?

(3)如何进行影像图的分幅裁切?

项目4 数字线划图（DLG）生产

项目概述

数字线划图(digital line graphic，DLG)是与现有线划图基本一致的地图全要素矢量数据集，且能保存各要素间的空间关系和属性信息。在数字测图中，最常见的产品就是数字线划图。该产品较全面地描述了地表现象，目视效果与同比例尺的地形图一致但色彩更为丰富。DLG 产品可满足各种空间分析要求，可随机地进行数据选取和显示，与其他信息叠加，可进行空间分析、决策。其中，部分地形核心要素可作为数字正射影像图中的线划地形要素。数字线划地图是一种更为方便放大、漫游、查询、检查、量测、叠加的地图。其数据量小，便于分层，能快速地生成专题地图，所以也称作矢量专题信息(digital thematic information，DTI)。

数字线划地图的技术特征：地图地理内容、分幅、投影、精度、坐标系统与同比例尺地形图一致。数字线划地图的生产主要采用外业数据采集、航片、高分辨率卫片、地形图等，其制作方法包括：

①数字摄影测量的三维跟踪立体测图。目前，国产的数字摄影测量软件 MapMatrix 系统和 JX-4 系统都具有相应的矢量图系统，它们的精度指标都较高。

②解析法测图或计算机辅助数字测图。这种方法是在解析测图仪或模拟器上对航片和高分辨率卫片进行立体测图，来获得 DLG 数据。用这种方法还需使用 GIS 或 CAD 等图形处理软件，对获得的数据进行编辑，最终产生成果数据。

③对现有的地形图进行扫描，人机交互将其要素矢量化。目前国内外常用的有 GIS 和 Auto CAD 软件，主要对扫描影像进行矢量化后输入系统。

④野外实测地图。

知识目标

(1)掌握 DLG 的概念及应用意义。

(2)掌握 DLG 生产的常用方法及流程。

(3)掌握用 Featureone 进行典型地物量测的方法，包括道路、房屋、等高线等。

技能目标

(1)能熟练建立立体模型及立体视觉。

(2)能熟练使用 MapMatrix 软件生产 DLG。

(3)会对地物量测的结构进行编辑。

(4)会操作数字线划图入库。

素质目标

(1)培养学生严谨细致的工作态度。
(2)提升学生对我国自主研发软件的支持度，推进中华民族伟大复兴。

任务 4-1　采集地物和地貌数据

任务描述

本任务是在 MapMatrix 软件下，通过不同地物编码符号完成道路、房屋等地物的立体采集和等高线的采集，最终完成 1∶2000 DLG 生产。通过本任务的学习，能基于航摄数据制作出满足精度要求的 DLG 成果。

任务目标

(1)掌握 MapMatrix 软件进行测区恢复与立体模型建立。
(2)掌握 MapMatrix 软件进行居民地要素采集。
(3)掌握 MapMatrix 软件进行点状地物、独立地物要素采集。
(4)掌握 MapMatrix 软件进行交通设施、水系设施要素采集。
(5)能够利用 MapMatrix 软件进行地貌、植被要素采集。

相关知识

1. DLG 数据组织

数据的采集前提是影像已经完成定向(包括内定向、相对定向和绝对定向)。为了形成最终形式的库存数据，必须给不同的目标(地物)赋予不同的属性码(或特征码)。属性码按地形图图式对地物进行编码，可分两种方式进行。一种是顺序编码，只需要采用 3 位数字的编码。其缺点是使用不方便，使软件设计较复杂。另一种是按类别编码，以一种 4 位数按类别编码的设计为例，每个码的第 1 位数字表示十大类别；第 2、3 两位为地物序号，即每一类可容纳 100 种地物；第 4 位为地物细目号，如 0010 表示地图图式(1∶500，1∶1000，1∶2000)中的地貌和土质类的等高线中的首曲线。

2. DLG 数据的采集

电子计算机技术发展日新月异，其在测绘领域得到了广泛应用，数字化测图已成为核心技术，在外连输入输出设备硬件、软件的条件下，可通过计算机对地形空间数据进行处理得到数字地图。数字化测图就是将采集的各种有关的地物和地貌信息转化为数字形式，通过数据接口传输给计算机进行处理，得到内容丰富的电子地图的过程，需要时可由电子计算机的图形输出设备(如显示器、绘图仪)绘出地形图或各种专题地图。测图过程中必须将地物点的连接关系和地物属性信息(地物类别等)一同记录下来，一般用按一定规则构成的符号串来表示地物属性信息和连接信息，这种有一定规则的符号串称为数据编码，数据

编码的基本内容包括：地物要素编码(或称地物特征码、地物属性码、地物代码)、连接关系码(或称连接点号、连接序号、连接线型)、面状地物填充码等。连接信息可分解为连接点和连接线型。当测的是独立地物时，只要用地形编码来表明它的属性，即知道这个地物是什么，应该用什么样的符号来表示。如果测的是一个线状地物，这时需要明确本测点与哪个点相连，以什么线型相连，才能形成一个地物。所谓线型是指直线、曲线或圆弧等。一般地形图包括：点状地物(如控制点、独立符号、工矿符号等)、线类地物(如管线、道路、水系、境界等)、面状地物(如需要填充符号的，居民地、植被、水塘等)。目前中国的地形要素主要分为九大类：①测量控制点；②居民地；③工矿企业建筑物和公共设施；④道路及附属设施；⑤管线及附属设施；⑥水系及垣栅；⑦境界；⑧地貌与土质；⑨植被。在常用测绘软件中可采集的要素类如图4-1所示。

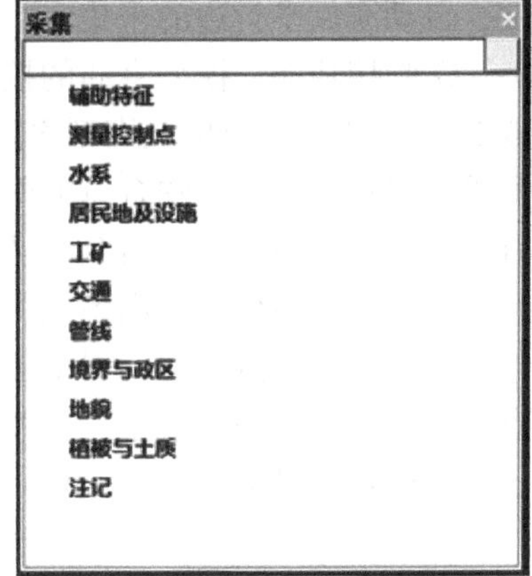

图4-1　FeatureOne 采集窗口

数字摄影测量的三维跟踪立体测图是一种计算机辅助测图，是摄影测量从模拟经解析向数字摄影测量方向发展的产物。起初它是基于传统摄影测量设备与技术水平，利用解析测图仪或模拟光机型测图仪与计算机相连的机助(或机控)系统，在计算机的辅助下，完成除了人工立体观测值之外的其他大部分操作，包括数据采集、数据处理、形成数字地面模型与数字地图，并存入磁带、磁盘或光盘中。以后根据需要可输入各种数据库中或输出到数控绘图仪等模拟输出设备上，形成各种图件与表格以供使用。计算机辅助测量虽然仍需要人眼的立体观测与人工的操作，但其成果是以数字方式记录存储，能够提供数字产品，因而通常也称其为数字测图。现在，它依然是数字摄影测量工作站中地物量测的软件模块，不同的是，一些地物半自动、自动量测的功能正在逐渐被补充进来。

矢量数据采集常用的工具与算法如下。

①封闭地物的自动闭合。对于一些封闭地物，如湖泊，其终点与首点是同一点；应提供封闭(即自动闭合)的功能。当选择此项功能后，在量测倒数第一点时就发出结束信号(通常由一个脚踏开关控制或由键盘控制)，系统自动将第一点的坐标复制到最后一点(倒数第一点之后)，并填写有关信息。

②角点的自动增补。直角房屋的最后一个角点可通过计算获取，而不必进行量测，设房屋共有 n 个角点，P_1，P_2，…，P_{n-1}，P_n，在作业中只需量测 $n-1$ 个点，点 P_n 可自动增补。

③遮盖房角的量测。当房屋的某一角被其他物体(如树)遮蔽而无法直接量测时，可在其两边测3点，然后计算出交点。

④公共边。若两个(或两个以上)地物有公共边，则公共边上的每一点应当只有唯一的坐标，因而公共边只应当量测一次。后量测的地物公共边上的有关信息，可通过有关指针指向先量测的地物的有关记录，并设置相应的标志，以供编辑与输出使用。

⑤直角化处理。由于测量误差，某些本来垂直的直线段互相不垂直。例如，房屋的量测有时不能保证其方正的外形，此时可利用垂直条件，对其坐标进行平差，求得改正数，以解

算的坐标值代替人工量测的坐标值。但其改正值应在允许的精度范围内，否则应重新量测。

⑥平行化处理。对于平行线组成的地物(如高速公路)，可以在采集单边线后指定宽度，自动完成平行边的采集。

⑦吻接功能。模型之间的接边及相邻物体有公共边或点的情况，均要用到吻接即 Snap 或 Pick 功能，避免出现模型之间“线头”的交错，或者本应重合的点不重合。点的吻合较简单。将光标移到要吻合点的附近，选择 Snap(或 Pick)功能，系统根据光标的屏幕坐标查找屏幕位置检索表，得到该点的地物号，再从属性码表中检索到该点所属地物的首点号，从坐标表中依次取出各点，计算它们与光标对应的地面点的距离，取出距离最小的点作为当前要测的点。有的屏幕位置检索表可直接检索到附近的若干点，则可直接与这几个点相比较，取其距离最小者。线的吻合除了按点吻合检索到距光标最近的点外，还要取出次最近的点，设为 $P_1(X_1, Y_1)$ 与 $P_2(X_2, Y_2)$，然后求出当前光标对应的地面点 $P_3(X_3, Y_3)$ 到线段 P_1P_2 的垂足。该垂足即当前要测的点，将测标切准该点，取其高程值与计算的平面坐标。

⑧复制。在平坦地区，对形状完全相同的地物(如房屋)，可在量测其中一个之后，进行复制。当测标切准要测地物与已测过的同形状地物第一点的对应点后，选择复制功能，则将已测地物的坐标经平移交换记入坐标表中，并填写属性码文件。

⑨注记文字处理。为了能进行中文字符注记，需建立中文字库与中文字符检索表。中文字库的中文可按拼音字母顺序排列，检索文件可由 26×27 的表组成，每一行记录该类中文字的第一个字在字库中的序号以及该类中文字的个数，从而可以占用较少的内存并更方便地检索。绝大部分的注记内容应在矢量数据编辑中产生，但独立的地物，即点状地物的注记应在矢量数据采集中形成，高程点的注记一般也应在矢量数据采集时形成。对每一注记，利用光标给出注记的位置，由屏幕检索表检索该处有无其他注记，若已有注记，给出提示信息，若没有注记相冲突，则输入注记参数，包括字符的高、宽、间隔、方向、字符串等。将注记参数记入注记表中，并在属性码文件中设一注记检索指针，将该注记在注记表中的行号存入属性码文件的注记检索指针。为了满足一个地物有多项注记的情况，注记表也设立一个后向链指针。对每一注记，还应将其覆盖区域登记在屏幕检索表中，以供检索之用。

⑩像方测图与物方测图。测图的过程就是地物目标的轮廓跟踪过程，一般情况下是通过在左右影像上选择同一地物点，然后根据摄影测量共线方程，前方交会得到地物点坐标，这个过程被称为像方测图，含义就是选择像点然后获取其物方坐标。物方测图的原理与像方测图相反，物方测图的过程是，先在物方(一般就是地面)任意选择一个点，然后将这个点投影到立体影像的左右像片，眼睛所看到的是这个物方点的投影位置，然后通过坐标驱动设备(如鼠标、手轮脚盘等)改变物方点的坐标 X、Y 以及 Z 值，同时将新的坐标点投影到像方，通过眼睛观察，如果观察到投影出来的位置刚好在立体模型中的物体轮廓点，则记录此时的 X、Y、Z 值为所量测的结果 。物方测图是摄影测量独有的一种专业测量方式，这个方式可以锁定 X、Y、Z 坐标中的任意一个坐标方向以达到特定的测量意义。例如，锁定 Z 值时，Z 坐标不会改变，此时测量的结果 Z 值是恒定的，也就是与测量目标等高。若测量目标是一根曲线，则这个曲线就是等高线。

○ 任务实施

1. 量测方法

1) 基本量测方法

①在影像窗口中进行地物量测。

②用户通过立体观测设备对需量测的地物进行观测，用鼠标或手轮脚盘移动影像并调整测标。

③切准某点后，选择鼠标左键或踩左脚踏开关记录当前点。

④选择鼠标右键或踩下右脚踏开关结束量测。

⑤在量测过程中，可随时选择其他的线型或辅助测图功能。

⑥在量测过程中，可随时按 Esc 键取消当前的测图命令等。

⑦如果量错了某点，可以按键盘上的 BackSpace 键，删除该点，并将前一点作为当前点。

2) 不同线型的量测

①单点。选择点图标或踩下左脚踏开关记录单点。

②折线。选择折线图标或踩下左脚踏开关，可依次记录每个节点，选择鼠标右键或脚踏开关，结束当前折线的量测。当折线符号一侧有短齿线等附加线划时，应注意量测方向，一般附加线沿量测前进方向绘于折线的右侧。

③曲线。选择曲线图标或踩下左脚踏开关，可依次记录每个曲率变化点，选择鼠标右键或踩下右脚踏开关，结束当前曲线的量测(图 4-2)。

图 4-2　采集路灯(根部)

④手绘线(流线)。选择手绘线图标或踩下左脚踏开关记录起点，用手轮脚盘跟踪地物量测，最后踩下右脚踏开关记录终点。以该方式采集数据时，系统使用数据流模式记录量测的数据，即操作者跟踪地物进行量测，系统连续不断记录流式数据。流式数据的数据量是很大的，必须对采集的数据进行压缩预处理，以减少数据量。典型的压缩方法是，设定一个容许的误差，对采集的数据进行压缩处理。

⑤平行线。一是固定宽度平行线，对于具有固定宽度的地物，量测完地物一侧的基线(单线)，然后选择右键，系统根据该符号的固有宽度，自动完成另一侧的量测。二是需定义宽度平行线，有的符号需要人工量测地物的平行宽度，即首先量测地物一侧的基线(单线量测)，然后在地物另一侧上任意量测一点(单点量测)，即可确定平行线宽度，系统根据此宽度自动绘出平行线。

⑥底线。对于有底线的地物(如斜坡)，需要量测底线来确定地物的范围。首先量测基线，然后量测底线(一般绘于基线量测方向的左侧)。在量测底线前，可选隐藏线型量测，

底线将不会显示出来。

⑦圆。选择圆图标，然后在圆上量测 3 个单点，选择鼠标右键结束。

⑧圆弧。选择圆弧图标，然后按顺序量测圆弧的起点、圆弧上的一点和圆弧的终点，选择鼠标右键结束。

3) 多种线型组合量测

对于多线型组合而成的地物图形，在量测过程中应根据地物形状的变化，分别选择合适的线型进行量测。

在量测过程中，可能需要不断改变矢量的线型，为了便于使用，ICS 提供了各种线型的快捷键，以方便用户随时调用各种不同的线型。

4) 高程锁定量测

有些地物的量测，需要在同一高程面上进行(如等高线等)，可启用物方测图模式并选择高程锁定功能，将高程锁定在某一固定 Z 值上，即测标只在同一高程的平面上移动。具体操作如下。

①确定某一高程值。选择状态栏上的坐标显示文本框，系统弹出设置曲线坐标对话框，在 Z 后的文本框中输入某一高程值，选择【确定】按钮。

②启动高程锁定功能。按下状态栏上【锁定】按钮。

③开始量测目标。

注意：只有当测标调整模式为高程调整模式(选择【模式】→【人工调整高程】菜单项，使之处于选中状态)时方可启动高程锁定功能。

5) 道路量测

选择图标，在弹出的对话框中选择道路的特征码。进入量测状态，用户可根据实际情况选择线型，如样条曲线风和手绘线等，即可进行道路的量测。

①双线道路的半自动量测。沿着道路的某一边量测完后，选择鼠标右键或脚踏右开关结束，系统弹出对话框提示输入道路宽度，用户可直接在对话框中输入相应的路宽，也可直接将测标移动到道路的另一边上，然后选择鼠标左键或脚踏左开关，系统会自动计算路宽，并在路的另一边显示出平行线。

②单线道路的量测。沿着道路中线测完后，选择鼠标右键或踩下脚踏右开关结束，即可显示该道路。

2. 数据采集

1) 等高线采集

(1) 中小比例尺的等高线采集量测

以高山地形为例，此类地形数据的匹配效果比较好，可以使用 MapMatrix 的自动生成等高线功能直接生成等高线矢量文件，然后在 Feature One 中进行测图时引入该文件，应用等高线修测方式进行等高线采集工作，具体操作如下。

①激活矢量显示窗口，选择【文件】→【引入】→【等高线】菜单项。

②分别填入首曲线和计曲线在符号库中对应的特征码，然后选择【确定】按钮，系统弹

出打开一个等高线矢量文件对话框。

③在对话框中选择该区域的等高线矢量文件，确认后，系统即自动引入该文件中的等高线数据并显示其影像。

④引入等高线数据后，可移动影像，检查等高线是否叠合正常。

此外，常见的还有城区地形或混合地形，此类地形数据比山区数据的匹配结果稍差，可使用MapMatrix的DEMEdit模块，编辑并生成高精度的DEM，然后使用MapMatrix的自动生成等高线功能，生成等高线矢量文件，最后将该文件引入测图文件，进行少量的修测处理，即可完成此类地区等高线的测绘。

(2)大比例尺的等高线采集

大比例尺测图时，一般对采集等高线的精度要求较高，且一个模型范围内的等高线数量比小比例尺影像数据要少一些，对于大比例尺测图，特别是城区和平坦地区，等高线的测绘可直接在立体测图中全手工采集，具体采集方法如下。

①选择等高线特征码。选择图标，在弹出的对话框中选择等高线符号。

②激活立体模型显示窗。选择【模式】→【人工调整高程】菜单项。

③设定高程步距。选择【修改】→【高程步距】菜单项，在弹出的对话框中输入相应的高程步距(单位为m)，按下键盘的Enter键确认。

④输入等高线高程值。选择Feature One窗口状态栏中的坐标显示文本框，在弹出的对话框中输入需要编辑的等高线高程值，按Enter键确认。

⑤启动高程锁定功能。按下状态栏中的【锁定】按钮。

⑥进入量测状态。

⑦切准模型点。在立体显示方式下，使测标切准立体模型表面(即该点高程与设定值相等)，按下鼠标左键，沿着该高程值移动鼠标，开始人工跟踪描绘等高线，直至将一根连续的等高线采集结束，此时，按下鼠标右键结束量测。注意：该过程中应一直保持测标切准立体模型的表面。

如果要量测另一条等高线，可按下键盘上的Ctrl+↑键或Ctrl+↓键，看到状态栏中坐标显示文本框中的高程值，会随之增加或减少一个步距。

重复上述步骤可依次量测所有的等高线。

(3)等高线的高程注记

等高线上的高程注记，一般是注记在计曲线上，注记的方向和位置均有规定标准，并且要求等高线在注记处自动断开。为了解决此问题，系统提供一个半自动添加等高线注记的功能(图4-3)。具体操作如下。

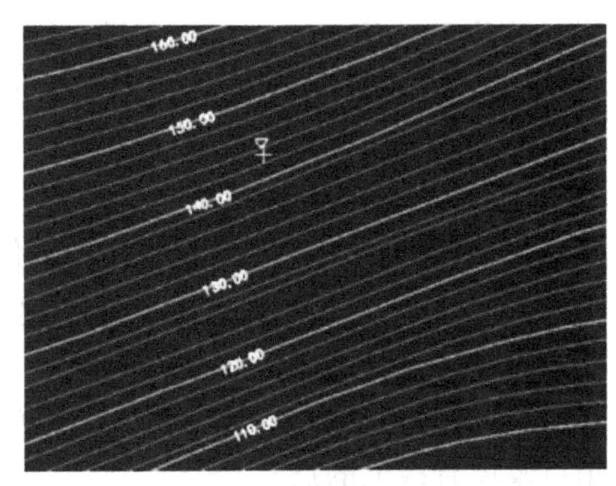

图4-3　等高线注记

①激活矢量显示窗口。选择【视图】→【等高线注记设置】菜单项，系统弹出等高线注记设置对话框。用户可在该对话框中设置等高线高程注记的字体、颜色、高度、宽度、小数位数以及是否隐藏压盖段等，设置完成后，点击【关闭】按钮，即

可关闭该窗口。

②按下载入 DEM 图标，在弹出的对话框中选择与该模型对应的 DEM 文件并确认。

③激活矢量显示窗口，按下一般编辑图标，选中需要添加注记的等高线。

④按下半自动添加等高线注记图标，在需要添加等高线注记的地方选择，则系统会自动添加等高线注记，并隐藏与注记重叠的等高线影像(必须在等高线注记设置对话框中选中隐藏压盖段选项)，且该处的等高线注记字头自动朝向高处。

2)房屋量测

选择图标，在弹出的对话框中选择房屋的特征码，缺省情况下系统会自动激活折线图标、自动直角化图标及自动闭合图标。用户可根据实际情况选择不同的线型来测量不同形状的房屋(可选线型主要有折线、弧线、样条曲线、手绘线、圆和隐藏线)。一次只能选择一种线型(按下其中一种线型图标后，其他的线型图标将自动弹起)。用户也可根据实际情况选择是否启动自动直角化功能和自动闭合功能(按下图标为启动，否则为关闭)。激活立体影像显示窗口，按下图标即可开始测量房屋(图4-4)。

图4-4　房屋量测

(1)平顶直角房屋的量测

移动鼠标至房屋某顶点处，按住键盘上的 Shift 键不放，左右移动鼠标，切准该点高程，松开 Shift 键。单击鼠标左键，即采集了第一点。沿房屋的某边移动鼠标至第2、第3顶点，单击鼠标左键采集第2、第3点。选择鼠标右键结束该房屋的量测，程序会自动做直角化和闭合处理。

(2)人字形房屋的量测

移动鼠标至该房屋某顶点处，按住键盘 Shift 键不放，左右移动鼠标，切准该点的高程，然后松开 Shift 键。单击鼠标左键，即采集第一个点。沿着屋脊方向移动测标使之对准第2个顶点，单击鼠标左键采集第2点。沿着垂直屋脊方向移动测标使之对准第3个顶点，单击鼠标左键采集第3点。然后单击鼠标右键结束，程序会自动匹配当前房屋的其他角点及屋脊线上的点。

(3)有天井的特殊房屋的量测

量测有天井的特殊房屋的具体操作步骤如下。

①根据房屋的形状选择合适的线型，包括折线、曲线或手绘线。

②关闭自动闭合功能。用鼠标选择自动闭合图标，使之处于弹起状态。

③移动鼠标至房屋的某个顶点处，切准该点高程，然后按下鼠标左键采集第一个顶点。

④沿着房屋的外边缘依次采集相应的顶点。

⑤回到第一个顶点处，按下鼠标左键。按下键盘上的Shift键和数字键7，然后松开(即选择隐藏线型)。

⑥移动鼠标至房屋内边缘的第1个顶点处，按下鼠标左键，同时按住键盘上的Shift键和数字键2，然后松开(即选择折线线型)。

⑦移动鼠标沿房屋的内边缘依次采集所有的点，回到内边缘的第1点后，按下鼠标左键。

⑧按下鼠标右键，结束该地物的量测。

(4)共墙面但高度不同的房屋的量测(图4-5)

量测共墙面但高度不同的房屋的具体操作步骤如下。

①使用鼠标量测出较高的房屋。

②选择【工具】→【选项】菜单项，在弹出的对话框中选择咬合设置属性页，选择【二维咬合】选项，在选中的设置栏中选择最近选项，还可根据需要设置咬合的范围及是否显示咬合的范围边框，各选项的功能如下。

a. 咬合自身节点：选中此复选框后，在量测时系统可自动实现自身的咬合。如在绘制等高线时可以很方便地做到首尾闭合。

b. 端点：选中此复选框后，在量测时测标可自动捕捉到最近的节点。

c. 头尾：选中此复选框后，在量测时测标可自动捕捉到地物的最前或最后一个节点。

d. 最近：选中此复选框后，在量测时测标可自动捕捉到相邻地物的最近节点。

e. 正交：选中此复选框后，在量测时测标可自动捕捉到相邻地物边的垂足点。

f. 二维咬合：主要用于咬合公共墙面但高度不同的房屋。在量测这种房屋时，用户可以先量测比较高的房屋，然后量测较低房屋的可见边，最后通过二维咬合的方式咬合到公共墙面的量测边上，此时获取的高程则不会咬合到高层房屋的高程了。

g. 获取地物码：选中一个地物，系统自动显示当前地物的特征码，不用手动输入。

h. 设置捕捉范围：捕捉只能在一定范用内进行。可通过左右拉动滑杆来设置捕捉范围的大小。

i. 显示捕捉试探点：选中此复选框，捕捉到的点将以红色方框显示。

j. 显示捕捉范围边框：选中此复选框后，窗口中显示的测标光标将带有一个方框，该方框的大小代表所定义的咬合的捕捉范围，落在方框内的地物节点可被咬合。

③在量测比较矮的房屋时，测标移至共墙的顶点处，采集点位后，若发出蜂鸣声，则表示咬合成功。若咬合不成功，则不会发出蜂鸣声，此时需重新测量该点(可按键盘上的BackSpace键，回到上一个量测过的点)。

④带屋檐改正的测量。按下一般编辑图标，选中需要改正房檐的房屋，选择工具条中屋檐改正图标，系统弹出屋檐改正对话框。对话框中各部分具体含义如下。

a. 房屋边列表：对话框左上角的列表中列出了当前房屋的所有边。

b. 房屋略图：对话框右上角显示了当前选中房屋的缩略图。其中：蓝线表示原房屋边；红线表示在左边的列表中选中的房屋边；绿线表示改正后的房屋边。

c. 修改值：键入房檐改正的数值。房檐改正的方向与房屋量测的方向和修正值的正负有关。当量测的方向为顺时针时，输入修正值为正，房檐向外修正；输入修正值为负，则房檐向内修正。当量测方向为逆时针时，输入修正值为正，房屋向内修正；输入修正值为负，则房檐向外修正。

操作时，先选择需要进行改正的房屋边，输入修正值(单位与控制点单位相同)，选择【确定】按钮，则测图窗口中当前地物的房檐被改正(图 4-6)。

图 4-5 共墙面且高度不同的房屋采集

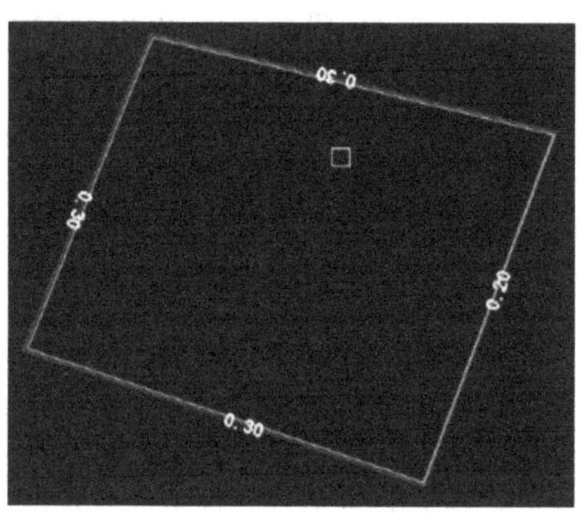

图 4-6 屋檐改正

成果提交

提交 DLG 数据文件。

巩固练习

(1)地物特征码在什么时候输入?

(2)在大比例尺地区，特别是城区和平坦地区，等高线采集一般应用自动生成功能还是全手工采集?

(3)等高线的高程注记一般是注记在计曲线上还是注记在首曲线上?

任务 4-2 外业调绘及数据编辑

任务描述

本任务是在确定调绘面积及选择调绘路线后，利用航摄像片对地形图各要素进行调绘，最终完成对 DLG 的编辑。

任务目标

(1)掌握利用航摄像片对居民地、工业矿区设施及管线、道路、行政区、水系、植被、地貌等要素进行调绘的方法。

(2)能够利用 MapMatrix 软件进行数据编辑。

相关知识

像片调绘是根据地物在像片上的构像特征，在室内或野外对像片进行判读调查，识别影像的实质内容，并将影像显示的信息按照用图的需要综合取舍后，用图式规定的符号在像片上表示出来。对于影像中没有显示而地形图又需要的地物，要用地形测量的方法补测描绘到像片上，最终获得能够表示测区地面地理要素的调绘片。

为保证像片判读和调绘等部分内容的规范性，本任务的像片判读方法、像片调绘原则、调绘片整饰等内容参考摄影测量外业的国家标准《1∶500　1∶1000　1∶2000 地形图航空摄影测量外业规范》(GB/T 7931—2008)、《1∶5000　1∶10000 地形图航空测量外业规范》(GB/T 13977—2012)、《1∶25000　1∶50000　1∶100000 地形图航空摄影测量外业规范编写》(GB/T 12341—2008)。

目前，野外调绘仍然是大比例尺航测成图的常用方法。在确定调绘面积及选择调绘路线后，利用航摄像片对地形图各要素调绘，如对居民地、工业矿区设施及管线、道路、行政区、水系、植被、地貌等要素进行调绘。主要注意以下几个方面：一是掌握目视解译特征，做到准确解译和描绘；二是正确掌握综合取舍的原则，综合合理、取舍恰当；三是掌握地物地貌属性、数量特征和分布情况，依据图式说明和规定，正确运用统一的符号、注记描绘在像片上。

像片上地物的构像有各自的几何特性和物理特性，如形状、大小、色调、纹理、阴影和相互关系等，依据这些特性可以识别地物内容和实质。这些影像的特性是像片判读的依据，被称为像片的判读标志。

像片判读是根据影像识别地物。一般来说，影像能保持物体原有形状，能反映物体相互间大小比例，因此形状、大小是目视判读的主要标志。此外，地面不同类型地物在像片上会呈现出深浅不同的色调，影像的色调取决于物体的颜色、亮度、含水量、太阳的照度、摄影材料的特性，借助影像的色调能帮助识别判定地物的类型、摄影季节、时间等。例如，水稻收割期所摄的航空像片，稻田影像已由生长期的深灰色、黑色逐渐变成淡灰色。像片影像的图形结构能反映地物、植被的影像特点和构像规律，如大比例尺树木影像呈斑点图形，而小比例尺树木则呈颗粒形状，依据这些特点和规律即能辨别地物的类型与性质；又如针叶林在航空像片的影像呈深黑色，树冠形状为尖锥形，影像呈现小颗粒点状影纹。阴影是高出地面的物体受阳光斜射而产生的，分本影和落影。物体未被照射的阴暗部分在像片的构像称为本影，借助本影可判别山脊、冲沟、河谷及高大建筑物。阳光照射下物体影子的构像称为落影。落影可以确定地物高度与形状。另外，像片判读时还应考虑地面各种地物与自然现象之间的联系和规律，这些联系、规律构成了像片判读的间接标志。例如，河流方向可以利用沙滩的形状、支流的注入方向，以及停泊船只的方位来间接确定；河心洲的尖端指示出河流下游的方向；河流停泊的船头方向指向河流的上游。

○ 任务实施

1. 外业调绘

调绘像片的准备包括像片的准备和调绘面积的划分。调绘像片应该选择影像清晰与成图比例尺相近的像片。为了便于像片的着墨和整饰，调绘前用橡皮在像片上来回擦拭，可以去掉像片光泽增大吸附墨水的能力。

像片调绘要选用测区隔号像片，作业时除线性地物外，一般按像片顺序逐片调绘完成。各张像片划分的调绘面积要保证测区调绘面积不出现漏洞和重叠。划分面积的线条应选在航向和旁向中线附近，平坦地区可画成直线与折线，对于丘陵与山地，像片东南边画成直线或折线，西北两边由邻边立体转绘。此外，调绘面积线要偏离像片边缘1cm以上，要尽量避免分割居民地和重要地物。

全野外调绘法是摄影测量外业调绘作业的主要方法。出发调绘前应计划具体调绘路线和调绘面积，要立体观察确定调绘重点和疑难地物，以便做到心中有数，调绘时有的放矢。选择调绘路线以少走路又不漏掉要调绘的地物地貌为原则。平坦地区通视良好，一般沿居民地和主要道路调绘。居民地分布零乱地区可以采用“放射花形”或“梅花瓣形”为调绘路线。丘陵地区沿连接居民地的道路调绘，从山沟进入走到山脊，从山脊再下到另一条山沟形成之字形路线。山地应尽最大可能沿半山腰走，以便兼顾山脊山沟的地物地貌。城市、集镇先调绘外围再进入街区，至于河流、公路等线状地物可以打破片号顺序沿着线条走向按线调绘。

实地野外调绘时，相隔一定距离要停下来站立调绘，每个站立点要标定像片的方位，要辨认出站立点在像片上的位置关系，然后对照地物与影像，经比较辨认，用符号将判读的地物地貌标记在像片上。居民地、工矿企业、建筑物、方位物、道路及附属物、桥梁、水系、植被等地理要素都属调绘之列。像片上未显示的地物如高压线、电话线、水井等要绘在像片上，地名、土壤性质、河流方向和流速、道路等级、水文地理资料要按图式要求逐一调查注记。现场判读调绘后要及时着墨固定。

为了提高像片调绘的效率和质量，野外沿计划路线调绘时，要以线带面沿调绘路线两侧成面状铺开，尽量扩大调绘效果，提高工效。站立点要选在易判读、视野广、看得全的位置，判读时要采用远看近判的方法，远看可以看清物体的总貌轮廓及相互位置关系，近判可以确定具体物体的准确位置。判读的地物要合理地综合取舍，重点地物突出地表示在调绘片上。每站、每天、每片的调绘工作要及时完成，不要拖延遗漏。另外，要注意调查访问，依靠当地群众可以及时地发现隐蔽的地物地貌。在少数民族地区要发挥翻译向导的作用。

综合判调的主要工作是室内判绘和野外调绘。室内判绘是在室内依据测区收集的各种资料，对像片进行观察、分析和比较，然后判读出影像的内容、数量、性质，并着墨描绘在像片上，对于没有足够把握判读的地物则用铅笔画出后供野外调绘确定。

室内判绘前要全面收集测区资料，其中包括测区保存的现有资料、踏勘采集的典型判

读调绘样片、典型样片图集以及测区自然地理气候状况、农作物种植分布等。测区保存的现有资料有行政规划图、交通图、电力线及通信布置图、水利工程图、农业规划土壤图和测区地名普查图等，这些资料虽然原始粗略，但对室内判读仍有参考价值。测区的典型调绘样片是指野外踏勘时选择一片或数片能代表测区主要地物地貌的像片，经过全野外调绘着墨整饰而成，并补充必要的分析判读记载，典型调绘样片能反映测区主要地物地貌的成像规律和特性。典型样片图集收集有测区主要地物地貌的航摄像片，有的还附有地面照片以及地物地貌的成像说明和分析。

综合判读调绘第一项工作是野外调绘。野外调绘是对室内判绘的检查与补充。事先要计划调绘路线、调绘重点以及一般查看的内容。调绘要重点检查室内判绘没有把握的地物，如微小的线状点状地物、依比例尺与不依比例尺或半依比例尺独立房屋相互间的区别。室内判绘的地物，如果在实地发现错误要马上修改补绘。

综合判读调绘法可以将大量外业调绘工作转入室内完成，能减轻外业调绘的劳动强度和提高像片调绘的工效，与全野外调绘相比有明显的优越之处。但是目前由于受到客观条件的限制，室内判绘的准确率还达不到全野外调绘的水平，在我国尚未广泛普及使用。

《1∶500　1∶1000　1∶2000 地形图航空测量外业规范》(GB/T 7931—2008)规定如下。

①调绘必须判读准确，描绘清楚，图式符号运用恰当，各种注记准确无误。

②一般采用放大片调绘，放大倍数视地物复杂程度而定。调绘像片的比例尺，一般不小于成图比例尺的 1.5 倍。

③调绘像片通常采用隔号像片，为使调绘面积界线避开复杂地形，个别可以出现连号。调绘面积界线，对于全野外布点应是像片控制点的连线；对于非全野外布点应是像片重叠部分的中线。如果偏离，均不应大于控制像片上 1cm。界线不宜分割重要工业设施和密集居民地，也不宜顺沿线状地物和压盖点状地物。界线统一规定右、下为直线，左、上为曲线，调绘面积不得产生漏洞。自由图边应调绘出图外 6mm。

④像片调绘可以采取先野外判读调查，后室内清绘的方法；也可采取先室内判读、清绘，后野外检核和调查，再室内修改和补充清绘的方法。不论采取哪种方法，对像片上各种明显的、依比例尺表示的地物，可只做性质、数量说明，其位置、形状以内业立体模型为准，调绘片应分色清绘。

⑤影像模糊地物、被影像遮盖的地物，可在调绘像片上进行补调，补调方法可采用以明显地物点为起始点的交会法或截距法，补调的地物应在调绘像片上标明与明显地物点相关的距离。需补的地物较多时，应把范围圈出并加注说明，待内业成图后用全站仪或 RTK 补测。

航摄后拆除的建筑物，应在像片上用红色“×”划去，范围较大时应加说明。

⑥建筑物的投影差改正，当采用全能法成图时一般由内业处理。

⑦路堤、路堑、陡坎、斜坡、陡岸和梯田坎等，当其图上长度大于 10mm 和比高大于 0.5m(2m 等高距图幅大于 1m)时须表示；当比高大于 1 个等高距时须适当量注比高；比高小于 3m 时量注至 0.1m；大于 3m 时量注至整米。

⑧全能法成图时图上需要注记比高，大于 1m 的可由内业测注，但在阴影遮盖的沟谷

和隐蔽地区仍由外业量注。

《1∶5000　1∶10000 地形图航空摄影测量外业规范》(GB/T 13977—2012) 规定如下。

①像片调绘可采用全野外调绘法或室内外综合判调法。采用综合判调法时，应严格执行《1∶5000　1∶10000 比例尺地形图航摄像片室内外综合判调法作业规程》(GB/T 3001—1999)。

②调绘像片的比例尺，一般不小于成图比例尺的 1.5 倍，地物复杂地区还应适当放宽。

③调绘应判读准确，描绘清楚，图式符号运用恰当，各种注记准确无误。对地物地貌的取舍，以图面允许载负量和保持实地特征为原则。

④像片上有影像的地形元素应按影像准确绘出，其最大移位差不得大于像片上 0.2mm。

⑤调绘面积一般应在具有 20%重叠的像片上画出，并不得产生漏洞或重叠。调绘面积线离开控制点连线不得大于 1cm；非全野外补点时，调绘面积线绘在调绘像片间重叠的中部。调绘面积线距像片边缘应大于 1cm，避免与现状地物重合或分割居民地。

⑥调绘像片清绘颜色选择，地物及注记用黑色、地貌用棕色、水系用绿色、水域面积普染用蓝色。使用简化图式符号时，其有关要求按《1∶5000 1∶10000 地形图图式》(GB/T 5791—1993)的规定执行。像片平面图测图可采用单色清绘。

⑦当地物、地貌比高或深度大于 2m 时，须适当测注。3m 以下的注至 0.1m，3m 以上的注至整米。立测法成图时，一般由内业测注，但立体影像不清时，仍由外业量注。像片平面测图时，全部比高由外业量注。

⑧对航摄后的重要新增地物，在作业队离测区前应进行调绘或补测。对航摄后拆除的地物，应在原影像上用红色绘“×”。

⑨地形图上军事设施和国家保密单位的表示，按国家规定执行。

⑩对新增的图式符号，应在东图廓外(或像片边缘)及图历簿中加以说明。

⑪在内业成图前报国务院测绘地理信息主管部门审批。

调绘像片的整饰，应按下列规定执行。

①图幅编号注于调绘片正上方，像片号注于调绘片右上角。

②调绘面积界线用蓝色，自由图边与已成图接边界线用红色。

③接边线右、下边为直线，左、上边为曲线。线外须注明接边图号。

④调绘内容整饰按图式符号规定执行，但须分色清绘，地物要素及注记用要黑色、地貌要素及注记用棕色、水系要素及注记用绿色、地类界和屋檐宽度注记用红色。

⑤调绘者、检查者均须签名。

2. 数据编辑

数据编辑时要进行数据标准检查、空间关系检查、空间关系修复、等高线检查、测点精度检查、量边精度检查等几项。

1)数据标准检查

检查各要素的归类是否正确，即要素的分类代码是否正确。

(1)编码合法性检查

检查编码的长度、无对照编码、属性层中的非属性编码等各对象编码的合法性。

(2)层码一致性检查

检查是否存在数据中对象层名与对照表中定义的层名不一致的错误。也用于检查生产中数据的空间关系正确性，包括重叠、悬挂、自相交等数据空间正确性的检查。

2)空间关系检查

(1)空间数据逻辑检查

检查数据的空间逻辑性正确与否，包括：

①线对象只有一个点；

②一个线对象上相邻点重叠；

③一个线对象上相邻点往返(回头线)；

④少于4个点的面；

⑤不闭合的面，此检查需设置相邻重合点的最大限距(缺省值0.001m)。

(2)重叠对象检查

检查图中地物编码、图层、位置等是否有重复对象。

(3)自交叉检查

检查自相交错误。

(4)悬挂点检查

检查图中地物(如房屋、宗地)有无悬挂点。悬挂点是指应该重合而未重合，两点之间或点线之间的限距很小的点。

(5)面对象相交检查

检查指定编码面之间是否存在相互交叉的关系。如果选择集不空，则只查选择集内部的目标对象。在参数设置对话框中输入指定面编码序列即可。

3)空间关系修复

(1)重叠对象修复

地物重叠对象修复是对检查出来的点、线、面、注记4类对象编码、层一致，位置也一致的重叠对象进行删除。

(2)空间数据逻辑修复

空间数据逻辑修复是对块图中检查出来的空间数据非法性进行自动修复，包括：

①线对象只有一个点的，将删除线；

②一个线对象上相邻点重叠的，删除多余相邻点；

③一个线对象上相邻点往返(回头线)的，删除多余点。

4)等高线检查

(1)等高线矛盾检查

等高线矛盾检查是检查3根相邻的等高线值是否矛盾。

(2)高程点与等高线匹配检查

检查高程点与等高线之间位置、高差是否匹配，如相邻等高线之间的高程点高程超过两等高线限定的范围。

5) 测点精度检查

为了使采集的数据更加准确，需要进行测点精度检查，将采集的点与外业实际测点进行对比检查。在数据检查处点击【测点精度检查】，可以自己设置点位限差、规定误差和高程限差来制定测点检查的精度。

6) 量边精度检查

为了提高绘制的精度，需进行量边精度检查，在数据质检处点击【量边精度检查】即可。

○ 成果提交

提交经过外业调绘、编辑的 DLG 数据文件。

○ 巩固练习

(1) 像片调绘的主要内容和原则是什么？像片判读的主要方法是什么？
(2) 数据编辑方法有哪些？

任务 4-3　DLG 数据入库

○ 任务描述

本任务是将采集的 DLG 放入基础地理信息系统中进行统一管理和利用，即进行 DLG 数据入库。

○ 任务目标

(1) 掌握测图所得数据的格式转换方法。
(2) 能够利用 ArcGIS 软件进行 DLG 数据入库。

○ 相关知识

由于测图的矢量数据应用了属性码等各种描述对象的特性与空间关系的信息码，因而较容易输至一定的数据库，这需要根据数据库的数据格式要求，做适当的数据转换，这个工作一般称为入库。

测图矢量数据输出的一个重要方面是将所获取的数字地图以传统的方式展绘在图纸上(或屏幕上)。通过数控绘图仪将数字地图在图纸上的输出与在数据采集及编辑期间将其显示在计算机屏幕上的原理基本是一样的，但必须按规范要求实现完全的符号化表示，而在矢量数据采集与编辑期间可不要求符号化表示或不要求完全符号化表示，并且允许矛盾与错误的存在。

测图矢量数据(即数字地图的图形)输出设备即计算机屏幕或数控绘图仪，而数控绘图

仪分矢量型绘图仪与栅格型绘图仪的原理与方法基本一致，只是对于栅格绘图仪要做一次矢量数据向栅格数据的转换。测图矢量数据在输出时需要加上图式符号才能比较形象地表示地物类别。

目前，我国已经建立了基础地理信息系统，而建立基础地理信息系统的重要数据源就是现有数字地形图，这些数字地形图的存储管理主要还是以文件的形式进行。由于数字地形图数据模型与 GIS 数据模型存在差异性，目前的 GIS 软件还无法直接对单独的 DLG 文件进行各种操作，如空间查询、分析等。这种管理方式将大大降低空间数据的利用效率，同时阻碍空间数据的共享进展。产生这种状况的原因主要是两者模型之间存在差异性，各自是为不同用途、不同目的而设计的数据模型。为将采集的 DLG 放入基础地理信息系统中进行统一管理和利用，需要进行 DLG 数据入库。

○ 任务实施

采用 MapMatrix 测图所获得的数据入库，需要通过格式转换才能完成，目前有两种方法入库。一种是在 MapMatrix 中将数据转换为 shapefile 格式，然后在 ArcGIS 中导入数据。这种模式中，数据属性字段是默认的几个，无法修改。另一种是在 MapMatrix 中将数据转为 Auto CAD 的 DXF 格式，然后利用 ArcGIS 在转换工具中将数据引入 ArcGIS 中，这种转换模式中，数据属性字段是在 ArcGIS 转换工具中指定，由于 ArcGIS 中提供了多种选择，可以按要求建立需要的数据属性字段，因此是比较实用的方法。DLG 数据入库具体流程如下。

1. 格式转换

在 MapMatrix 中将采集结果输出为 DXF 格式，然后利用 ArcGIS 的 ArcToolBox 模块的转换工具【ArcToolBox】→【Conversion Tools】→【ToGeodatabase】→【Import From CAD】将 DXF 文件转换为 Coverage，其中包含有 Points、Lines、Area 和 CadDoc 4 个图层以及 XtrProp、XData、TxtProp、MSLink、Entity、CAD-Layer、Attrib 7 张属性表，可以在 ArcGIS 中直接浏览空间图形以及转换后的相应的属性表。这些属性表和空间图形要素是由 EntID 字段关联的。经过转换后数据中每个要素通过 EntID 字段可以在对应的属性表中找到对应的所有属性。其中在 DXF 数据中的地类符号、高程点注记等经转换在 ArcGIS 中以点的形式存在，字段值 text 即为注记的文本值。

2. 建立空数据库

主要是利用 PersonalGeodatabase 创建 Dataset(数据集)，并在数据集中创建空的 Featureclass(要素类)，其命名以分层对照表中的相应层名来确定。各层细分过后需要进行数据处理，即由 DXF 格式的数据转成 shapefile 格式的数据，以及对 shapefile 数据继续进行细分层之后，数据还不能入库，这是因为国内两种数据格式之间有着较大的差异，且 DXF 数据在作图时会产生一些错误，需要进行一系列的检查处理，使数据更统一规范后再入库。

3. 数据入库

入库的主要原理是通过逐步判断 Dateset 中 Feature2Class 的名称与所有 shapefile 层名是否相同来添加入库。在入库后还需要在 ArcGIS 中进行数据处理，常见的数据处理方法如下。

①删除重复高程点。打开点图层，搜索到所有的点，对每个点做很小阈值的缓冲面，用此面和点层做空间包含，如果搜到的点大于 1 个，则删掉点，依次循环。

②给高程点赋值。打开高程点层、高程注记点层，搜索所有的高程点，然后从每个高程点先做一定阈值(数据不同值不同)的缓冲面，用此面和高程注记点层做空间包含，如果搜到 1 个注记点，则把注记点的 text 字段赋给高层点的 text；如果搜到 2 个注记点，比较一下 2 个注记点到高程点的距离，把距离小的那个注记点的 text 赋给高程点；如果未搜索到注记点，重新调整值，重复上面的工作。

③删除已构面的房屋线。打开房屋面和房屋线层，搜索到所有的房面，给每个面做很小阈值的缓冲面，用此面和房屋线层做空间包含，循环全部的房屋面，如果搜到线就删掉这条线。

④房屋加楼层属性。打开房屋面和居民地注记，搜索每个房屋面，用面和注记层做空间包含，如果搜索到 1 个点，则将此点的 text 字段属性赋给房屋的 text 字段；如果搜索到 2 个点，比较一下 2 个注记点的 text，把汉字放在前面，数字放到后面。

⑤一般地物赋值。打开独立地物层和独立地物注记层，搜索到每个独立地物注记，如果这个独立地物注记的 text 不是球场，就以这个注记点做相应值的缓冲面，再以此面和独立地物层做空间相交，如果搜到独立地物要素，就把注记的 text 属性赋给独立地物要素；如果这个独立地物注记的 text 是球场，就以这个注记点做更大阈值的缓冲面，再以此面和独立地物层做空间相交，如果搜到独立地物要素，就把注记的 text 给独立地物要素。

⑥点选构面。在未构面层要素内部用鼠标点击，将该点做适当缓冲后与线要素做空间关系查询，搜索到线要素，并利用一个距离阈值来判断其两端点与相邻线要素端点是否连接，若连接，则加入 Geometrycollection(容器)中，逐一进行判断。判断后将容器内的要素重新生成面。

⑦等高线赋值。首先人工赋值最高点、最低点处等高线，并在最高与最低等高线处画一条线，确保这条线与这两条等高线间的所有等高线都相交，找出所有交点，生成节点；其次确定节点顺序和最高等高线的节点位置，从这点开始，依次按顺序以节点做很小的阈值缓冲，找到相应的等高线，并以相应等高距依次递减赋值。在赋值最高与最低等高线时，赋值后的等高线高亮显示，画线赋值后的等高线全部复制到另外一层，且在原图层中赋值后的等高线都会删除，方便操作。

⑧道路中心线的生成。道路中心线可以利用 ArcGIS 中的编辑工具来半自动生成。

4. 拓扑检查

在 ArcGIS 中有关 Topolopy(拓扑)的操作有两个，一个是在 ArcCatalog 中，一个是在 ArcMap 中。通常我们将在 ArcCatalog 中建立的拓扑称为拓扑规则，而在 ArcMap 中建立的

拓扑称为拓扑处理。ArcCatalog 中所创建的拓扑规则，主要是用于进行拓扑错误的检查，其中部分规则可以在容差内对数据进行一些修改调整。建立好拓扑规则后，就可以在 ArcMap 中打开拓扑规则，根据错误提示进行修改。ArcMap 中的 Topology 工具条的主要功能有对线拓扑(Planarize Lines，即删除重复线、相交线断点等)、根据线拓扑生成面(Construct Features)、拓扑编辑(如共享边编辑等)、拓扑错误显示(Error Inspector，用于显示在 ArcCatalog 中创建的拓扑规则错误)、拓扑错误重新验证。

要在 ArcCatalog 中创建拓扑规则，必须保证数据为 GeoDatabase 格式，且满足要进行拓扑规则检查的要素类在同一要素集下。因此，首先创建一个要素集，然后创建要素类或将其他数据作为要素类导入该要素集下。进入该要素下，在窗口右边空白处单击右键，在弹出的右键菜单中选择【New-Topolopy】，而后按提示操作，添加一些规则，就完成了对拓扑规则的检查。最后在 ArcMap 中打开拓扑规则产生的文件，利用 Topolopy 工具条中的错误记录信息进行修改。

5. 属性检查

在 ArcGIS 中打开属性表，选择检查到的字段，右击选择汇总或同级，对所得结果进行分析，或者也可以利用二次开发的一些工具进行属性检查。

○ 成果提交

提交符合标准的入库文件。

○ 巩固练习

(1)入库时常见的数据处理方法有哪些?

(2)在 ArcGIS 软件中进行 DLG 数据入库的流程是什么?

项目5 数字栅格地图（DRG）制作

○ 项目概述

数字栅格地图(DRG)是现有纸质地形图经计算机处理得到的栅格数据文件。目前，DRG一般由矢量的数字线划地图直接进行格式转换得到，因此在内容、几何精度和色彩上与基本比例尺地形图保持一致。DRG的技术特征：地图地理内容、外观视觉式样与同比例尺地形图一样；平面坐标系统采用1980西安坐标系大地基准；地图投影采用高斯-克吕格(Gauss-Kruger)投影；高程系统采用1985国家高程基准；图像分辨率为输入大于400dpi，输出大于250dpi。

DRG可作为背景用于数据参照或修测拟合其他地理相关信息，可用于数字线划图(DLG)的数据采集、评价和更新，还可与数字正射影像图(DOM)、数字高程模型(DEM)等数据信息集成使用。派生出新的可视信息，从而提取、更新地图数据，绘制纸质地图。本项目利用ArcGIS 10.2软件，分别完成DRG影像配准和DRG数字矢量化。

○ 知识目标

(1)掌握DRG的概念。

(2)了解DRG的用途。

(3)掌握DRG影像配准及矢量化的方法。

○ 技能目标

(1)能熟练使用ArcGIS 10.2软件进行DRG影像配准。

(2)能熟练使用ArcGIS 10.2软件进行DRG数字矢量化。

○ 素质目标

(1)培养学生认真负责的工作态度。

(2)培养学生勇于克服困难、创新性解决问题的能力。

任务5-1 DRG影像配准

○ 任务描述

DRG一般通过扫描地形图、卫星影像或航空影像等渠道获取，但多数扫描影像没有空间参考，而卫星影像和航空影像虽然具有相对准确的位置信息，但在成像过程中会受到卫星姿态与轨道、传感器结构等影响，使遥感影像存在辐射畸变与几何畸变。在这种情况

下，就需要使用准确的位置数据来使栅格数据对齐或将其配准到某种地图坐标系，这就是地理配准。本任务是学习 DRG 影像的地理配准。

○ 任务目标

(1)掌握地理配准的概念及地理配准方法。
(2)能够对扫描地形图进行地理配准。

○ 相关知识

1. 地理配准的概念

地理配准是指用影像上的控制点与参考点之间建立一一对应关系，将影像平移、旋转和缩放，定位到给定的平面坐标系统中，使影像的每一个像素点都具有真实的地理坐标。

2. 地理配准的方法

地理配准是通过控制点的选取，对扫描后的栅格数据进行坐标匹配和几何校正。经过配准后的栅格数据才具有地理意义，在此基础上采集得到的矢量数据才具有一定地理空间坐标，才能更好地描述地理空间对象，解决实际空间问题。配准的精度直接影响到采集的空间数据的精度，因此，栅格配准是进行地图扫描矢量化的关键环节。

3. 地理配准时注意的问题

控制点选取时，通常是选择地图中经纬线网格的交点、千米网格的交点或者一些典型地物的坐标，也可以将手持 GPS 采集的点坐标作为控制点。选择控制点时，要尽可能使控制点均匀分布于整个栅格图像。

4. 林业上常用的投影

地图投影的分类方法很多，按照构成方法可以把地图投影分为两大类：几何投影和非几何投影。几何投影又分为方位投影、圆柱投影、圆锥投影；非几何投影分为伪方位投影、伪圆柱投影、伪圆锥投影、多圆锥投影。

高斯-克吕格投影是一种横轴等角切椭圆柱投影。我国规定 1∶1 万、1∶2.5 万、1∶5 万、1∶10 万、1∶25 万、1∶50 万比例尺地形图，均采用高斯-克吕格投影。其中 1∶2.5 万~1∶50 万比例尺地形图采用经差 6°分带，1∶1 万比例尺地形图采用经差 3°分带。在林业生产中广泛使用 1∶1 万地形图，一般使用的北京 1954 坐标系统或西安 1980 坐标系统，均为高斯-克吕格投影，而购买的遥感数据通常使用 UTM 投影，因此在生产上使用时，经常需要进行投影转换。

○ 任务实施

1. 加载扫描地形图

启动 ArcMap，点击标准工具栏上的 ✚(添加数据)按钮，加载扫描地形图 lx_dxt.jpg。

2. 设置数据框坐标系

根据需要配准扫描地形图所使用的坐标系和比例尺，确定所要配准的地形图所使用的坐标系。本任务中的地形图使用 Beijing 1954 3 Degree GK Zone 42。

①在内容列表窗口中单击右键打开图层数据框，打开数据框属性对话框，如图 5-1 所示。

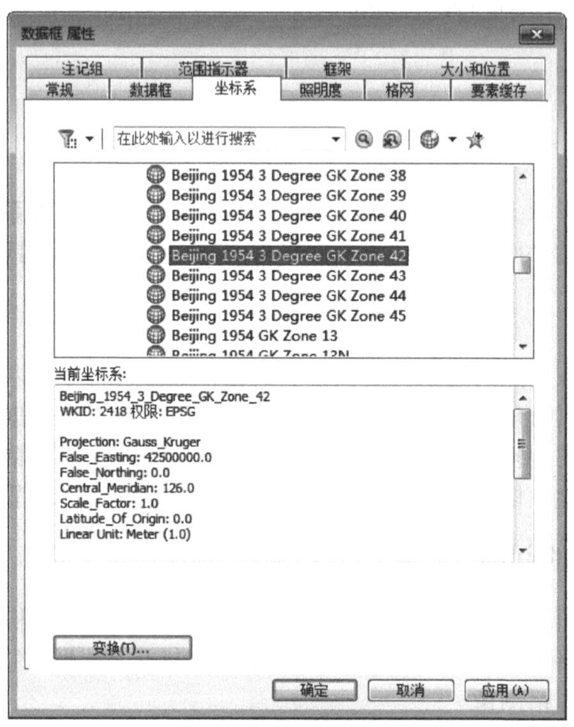

图 5-1　数据框属性对话框

②在属性对话框中切换到坐标系选项卡，在这里选择想要使用的坐标系，可以新建或导入坐标系。本任务使用辽宁某地区一幅 1∶1 万地形图，采用北京 1954 坐标系，因此坐标系选择【投影坐标系】→【GaussKrugr】→【Beijing1954】→【Beijing 1954 3 Degree GK Zone 42】，当然也可以选择【Beijing 1954 3 Degree GK CM 126E】，如果选择了后者，在输入控制点坐标的时候要把带号去掉。

3. 添加控制点

对于扫描地形图，控制点选择在千米网格的交点。控制点的数目根据配准的地形图的图面范围而定。一阶多项式控制点至少选择 3 个；二阶多项式控制点至少选择 6 个；n 阶多项式控制点至少选择 $(n+1)\times(n+2)/2$ 个，具体操作如下。

①加载地理配准工具栏。在 ArcMap 窗口中的自定义菜单中单击【工具栏】，再单击【地理配准】，或者在工具栏上单击鼠标右键，在弹出的快捷菜单中选择【地理配准】菜单命令，打开地理配准工具栏，如图 5-2 所示。

②在地理配准工具栏上，点击 (添加控制点) 按钮，此时鼠标变成十字形，在图上

图 5-2　地理配准工具栏

找到相应位置单击鼠标添加控制点，再单击右键，在弹出的对话框中选择【输入 X 和 Y】，则弹出输入坐标对话框，在对话框中输入控制点的坐标值，单击【确定】按钮，如图 5-3 所示。

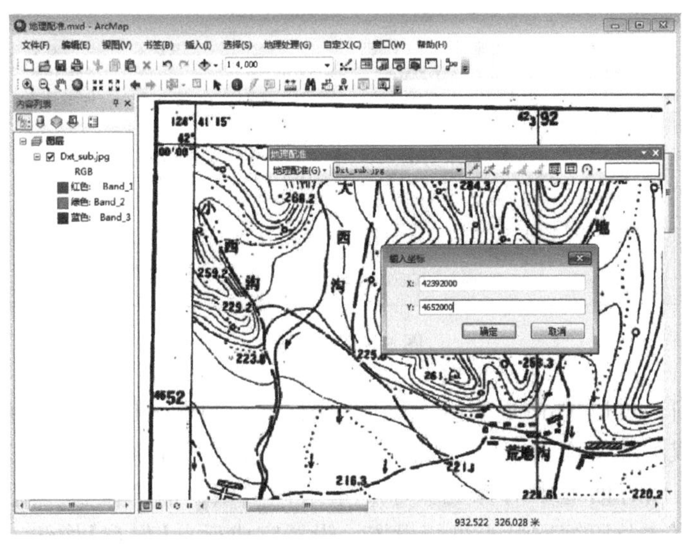

图 5-3　输入控制点坐标

③输入控制点坐标后，如果栅格图在视图窗口中消失，可在内容列表窗口中右键需配准的栅格图，在弹出的快捷菜单中选择【缩放到图层】命令，则刚才消失的栅格图再次出现在视图中，如图 5-4 所示。

图 5-4　缩放至图层

④重复上述操作步骤，继续添加其他控制点，控制点应均匀分布在地图中，且至少选择 3 个以上不在同一直线上的点。

⑤在地理配准工具栏中单击▤(查看链接表)按钮，可以查看已输入的控制点坐标。如果输入的控制点有错误或者某一控制点的误差超出了允许范围，可以在链接表中单击错误的控制点进行选择，然后单击✢(删除链接)按钮删除该控制点。删除错误的控制点后，可重新添加控制点。1∶1 万的地形图总误差应控制在 1 个像元以内。链接表如图 5-5 所示。

链接

RMS 总误差(E): Forward:0.534465

	链接	X 源	Y 源	X 地图	Y 地图	残差_x	残差_y	残差
☑	1	551.009328	-492.850746	42392000.000…	4652000.000000	0	0.0531598	0.0531598
☑	2	2694.761194	-501.155473	42396000.000…	4652000.000000	0	0.0607022	0.0607022
☑	3	2688.259512	-2646.685113	42396000.000…	4648000.000000	0	0	0
☑	4	542.987624	-2639.891199	42392000.000…	4648000.000000	0	-0.138622	0.138622
☑	5	1620.570532	-1034.477226	42394000.000…	4651000.000000	0.492182	-0.172134	0.521415
☑	6	1083.955738	-1570.184348	42393000.000…	4650000.000000	0.479621	-0.167741	0.508107
☑	7	1082.283763	-2106.460570	42393000.000…	4649000.000000	-1.13422	0.396676	1.20158

☑自动校正(A)　变换(T): 二阶多项式

☐度分秒　Forward Residual Unit : Unknown

图 5-5　链接表

⑥在链接表窗口可以单击💾(保存)按钮，来保存控制点坐标，以备将来使用。

⑦重采样生成配准文件。在地理配准菜单下，点击【校正】命令，打开另存为对话框，如图 5-6 所示。在该对话框中对像元大小、重采样类型、输出位置、配准后的栅格文件名、栅格数据的格式及压缩质量等进行设置，设置完成后点【保存】按钮，对栅格影像进行重新采样，生成配准后的栅格图。

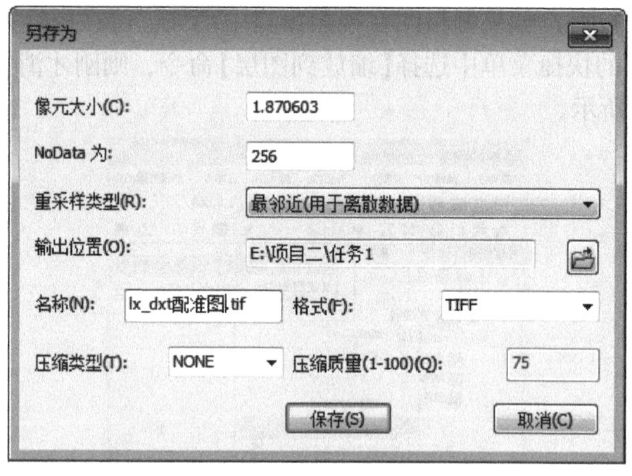

图 5-6　校正另存为对话框

⑧检验校正结果。在 ArcMap 中加载生成的配准文件，通过查看投影坐标或地形图 4 个角的经纬度坐标检验配准结果，或者与其他有准确投影的参考图(栅格或矢量图)进行叠加显示，也可以检验校正结果。

成果提交

分别提交当地 1∶1 万和 1∶5 万地形图的配准图。

巩固练习

(1)什么是地理配准？为什么要进行地理配准？

(2)选择控制点要注意哪些问题？

(3)地理配准的步骤有哪些？

任务 5-2　DRG 数字矢量化

任务描述

DRG 数字矢量化的数据源主要来自现有的地图、外业观测成果、航空像片、遥感图像、统计资料、实测数据以及各种文字报告和立法文件等，DRG 数字矢量化的过程就是建立和生成空间数据的过程。如何有效地将这些数据转成计算机可以处理与接收的数字形式，是 DRG 影像图应用面临的首要任务，也是 DRG 数字矢量化的主要内容。

该任务将学习如何利用 ArcGIS 10.2 软件的编辑器、ArcScan 等工具进行 DRG 数字矢量化。

任务目标

(1)了解空间数据的采集方法。

(2)掌握编辑器和 ArcScan 工具的主要功能及使用方法。

(3)能够对栅格数据进行矢量化并进行编辑。

相关知识

空间数据的采集是指将非数字化形式的各种数据通过某种方法数字化，并经过编辑处理，变为系统可以存储管理和分析的形式。空间数据的采集主要包括属性数据和图形数据的采集。

1. 数据源

地理信息系统的数据源是指建立地理信息系统数据库所需要的各种类型数据的来源。地理信息系统的数据源多种多样，并随系统功能的不同而有所不同，主要包括以下 6 种类型。

(1)地图

各种类型的地图是 GIS 最主要的数据源，因为地图是地理数据的传统描述形式，是具有共同参考坐标系统的点、线、面的二维平面形式的表示，内容丰富，图上实体间的空间关系直观，而且实体的类别或属性可以用各种不同的符号加以识别和表示。我国大多数的 GIS 系统其图形数据大部分都来自地图。但由于地图的以下特点，对其应用时须加以注意。

①地图存储介质的缺陷。由于地图多为纸质，受存放条件不同影响，都存在不同程度的变形，具体应用时，须对其进行纠正。

②地图现势性较差。传统地图更新需要的周期较长，使得现存地图的现势性不能完全满足实际的需要。

③地图投影的转换。由于地图投影存在差别，使得在对不同地图投影的地图数据进行交流前，须先进行地图投影的转换。

(2)遥感影像数据

遥感影像是GIS中一个极其重要的信息源，随着RS技术的不断发展，遥感数据在GIS中的地位越来越重要，为GIS源源不断地提供大量实时、动态、高分辨率的地面监测数据，为GIS应用做出了突出的贡献。通过遥感影像图可以快速、准确地获得大面积的、综合的各种专题信息，航天遥感影像还可以取得周期性的资料，这些都为GIS提供了丰富的信息。但是因为每种遥感影像都有其自身的成像规律、变形规律，所以对其应用时要注意影像的纠正、影像的分辨率、影像的解译特征等方面的问题。

(3)实测数据

各种实测数据，特别是一些GPS点位数据、地籍测量数据常常是GIS的一个很准确和现实的资料，随着GPS技术的不断发展，其在GIS中的功能应用也越来越明显。

(4)统计数据

国民经济的各种统计数据常常也是GIS的数据源，主要包括人口数量、人口构成、国民生产总值等，这些数据通常来自国家统计部门，比较容易收集。

(5)数字数据

目前，随着各种专题图件的制作和各种GIS系统的建立，直接获取数字图形数据和属性数据的可能性越来越大。数字数据也成为GIS信息源不可缺少的一部分。但对数字数据的利用需要注意数据格式的转换和数据精度、可信度等方面的问题。

(6)各种文字报告和立法文件

各种文字报告和立法文件在一些管理类的GIS系统中，有很大的应用，如在城市规划管理信息系统中，各种城市管理法规及规划报告在规划管理工作中起着很大的作用。

对于一个多用途的或综合型的系统，一般都要建立一个大而灵活的数据库，以支持其非常广泛的应用。而对于专题型和区域型统一的系统，数据类型与系统功能之间具有非常密切的关系。

2. 图形数据的采集

在GIS的图形数据采集中，如果图形数据已存在于其他的GIS或专题数据库中，那么只要经过数据转换导入即可。对于由测量仪器获取的图形数据，只要把测量到的数据传输进数据库即可。对于栅格数据的获取，在GIS中主要涉及使用扫描仪等设备对图件扫描数字化。ArcGIS软件对于空间数据采集的支持功能较强，可以通过多种不同的方式进行空间数据的采集。

(1)手扶跟踪数字化

手扶跟踪数字化是用数据化仪来记录和跟踪图形中的点、线位置的手工数字化设备，

主要由电磁感应板、游标和相应的电子电路组成(图 5-7)。游标中装有一个线圈，拖动游标，随着游标在电磁感应板上位置的变化，输入交流信号的线圈因电磁感应产生电场，并引起电磁感应板内正交栅格导线相应位置上的电场变化。把游标的十字丝中心精确对准待输入点，按压相应的按钮即可记录该点的电信号，此信号通过设备的自动转换可得到图形输入板上的物理坐标(X, Y)值，最后根据定向参数进一步转化成实际的地图坐标。数字化作业时，把待数字化的图件固定在电池感应板上，连接数字化仪与计算机，配置好通信参数之后即可进行数字化。由于该方法的速度慢、精度低、作业劳动强度大、自动化程度低，其精度易受原始地图的质量、控制点的数量和精度、操作者的技术及认真程度等因素影响，目前已很少使用。

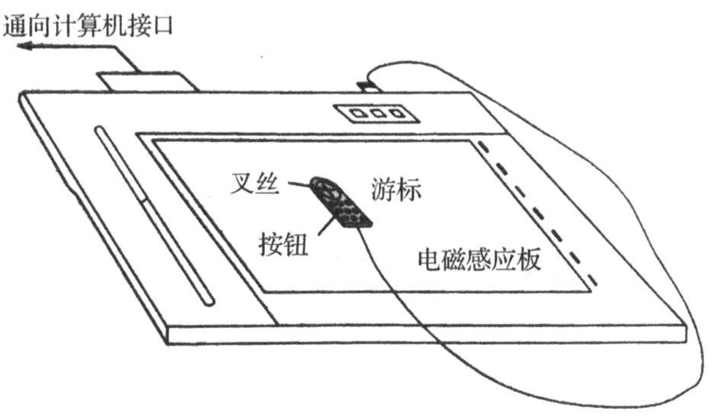

图 5-7　手扶跟踪数字化仪示意

(2)地图扫描数字化

地图扫描数字化是目前较为先进的地图数字化方式，也是今后数字化的发展方向。目前所能提供的扫描数字化软件是半自动化的，还需较多的人机交互工作。地图扫描数字化的基本思想是，首先通过扫描将地图转换为栅格数据并对其进行相应的去噪处理和二值化操作，然后采用栅格数据矢量化技术追踪出线和面，采用模式识别技术识别出点和注记，并根据地图内容和地图符号的关系，自动给矢量数据赋属性值。在 ArcGIS 中可利用编辑器、高级编辑器和 ArcScan 工具进行图形数据的采集与编辑。

与手扶跟踪数字化相比，地图扫描矢量化具有速度快、精度高、自动化程度高等优点，正在成为 GIS 中最主要的地图数字化方式。

(3)其他输入方法

GIS 中输入的空间数据除了来源于已有地图外，还可以通过全站仪进行全数据化野外测量直接采集，通过 GPS 等空间定位测量获取，通过数字摄影测量系统或遥感图像处理系统生成。由于这些方式产生的数据源往往都是电子形式的，因此可以通过格式转换工具处理直接输入 GIS 中。

3. 空间数据的编辑

在空间数据的输入过程中，无论是图形数据还是属性数据，都不可避免地存在误差。为了得到满足用户要求的数据，在这些数据录入数据库或进行空间分析之前，必须对其进行编辑和处理。

○ 任务实施

1. 数据编辑工具

1) 启动编辑器

ArcMap 提供了强大的数据编辑功能，能够对各种数据进行创建和编辑。在 ArcMap 中进行矢量数据的编辑主要使用编辑器工具，打开编辑器工具栏有以下 3 种方法。

①在 ArcMap 中单击【标准工具】，在弹出的标准工具条中点击，则打开编辑器工具栏，如图 5-8 所示。

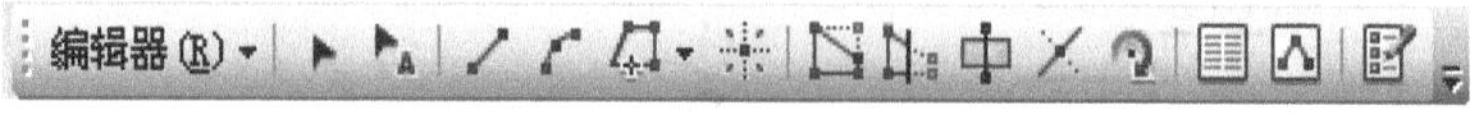

图 5-8 编辑器工具栏

②单击菜单栏空白处，在弹出的列表中选择【编辑器】命令。

③在主菜单栏中单击【自定义】→【工具条】→【编辑器】命令。

2) 编辑器中的主要工具

编辑器工具栏中包含多种数据编辑工具，其中主要的工具介绍如下。

①编辑命令菜单【编辑器】。菜单中包括开始编辑、停止编辑、保存编辑等命令，也包含移动、合并、缓冲区、联合、裁剪等工具，以及捕捉、编辑窗口、选项等编辑窗口设置工具。

②编辑工具。用于选择图层中的要素，包含当前未编辑的图层。

③追踪工具。用于创建追踪线要素或面要素的边。

④编辑折点。用于编辑要素的折点。

⑤整形工具。通过在选定要素上构造草图整形线和面，修改选择的要素。

⑥裁剪面工具。根据所绘制的线分割一个或多个选定的面。

⑦分割工具。在单击位置将选定的线要素分割为两个要素。

⑧旋转工具。交互式或按角度测量值旋转所选要素。

⑨属性。打开属性对话框，以修改所编辑图层中选定要素的属性值。

⑩创建要素。打开创建要素对话框，以添加新要素。单击要素模板以建立具有该模板属性的编辑环境，然后单击窗口上的【构造工具】进行要素矢量化。

3) 矢量数据编辑方法

在 ArcMap 中进行数据编辑的基本操作步骤如下。

①启动 ArcMap，加载要进行编辑的数据。如果是已有的数据，可以通过【标准工具】→【添加数据】工具加载到 ArcMap 中，否则需先在 ArcCatalog 中创建新的要素文件，再加载到 ArcMap 中。

②打开编辑器工具栏。单击【编辑器】→【开始编辑】命令，进入编辑状态。

③编辑数据。在编辑器工具栏中，单击创建要素按钮，在弹出的创建要素对话框中选择需要编辑的图层，在【构造工具】中选择编辑工具，进行数据编辑。

④保存编辑。在编辑器工具栏中，单击【编辑器】→【保存编辑内容】命令，保存编辑结果。

⑤停止编辑。在编辑器工具栏中，单击【编辑器】→【停止编辑】命令，在弹出对话框中选择“是”，保存数据编辑结果。

4)常用的编辑操作

在编辑要素过程中，常用的编辑操作有移动要素、复制要素、删除数据等，线和面数据类型还有较复杂的编辑操作，如整形、合并、分割、裁切等。

(1)移动要素

移动要素的方法有两种，包括随意移动和增量移动。

①随意移动操作。在编辑器工具栏中，单击【编辑工具】按钮，在数据视图中单击需要移动的要素，选中要素，此时在要素中心会出现一个“×”的选择锚符号，如图 5-9 所示。此时按住鼠标左键，移动鼠标至目标位置，完成要素的移动。

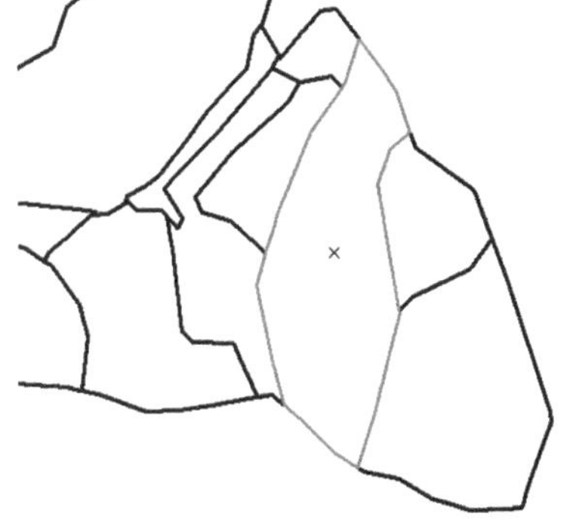

图 5-9 选中要素

②增量移动操作。编辑器工具栏中，单击【编辑工具】按钮，在数据视图中单击需要移动的要素，选中要素，此时在要素中心会出现一个“×”的选择锚符号。在编辑器工具栏中，单击【编辑器】→【移动】命令，弹出增量 X、Y 对话框，如图 5-10 所示。在该对话框中，输入需要移动的 X、Y 坐标增量值，增量的单位为当前地图单位，坐标值为选中要素的几何中心点。

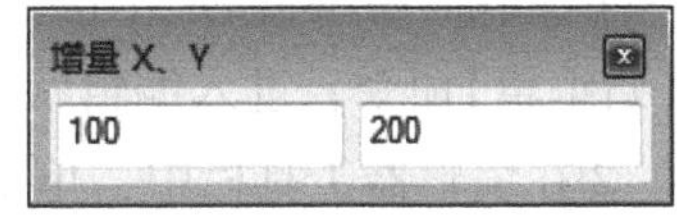

图 5-10 增量 X、Y 对话框

(2)复制要素

要素的复制和粘贴操作可以在同一图层中进行，也可以在同类型的不同图层间进行，但粘贴目标要素的图层必须处于编辑状态，具体操作步骤如下。

①在编辑器工具栏中，单击【编辑工具】按钮。

②在数据视图中单击选择需要复制的要素。

③在标准工具工具栏中单击【复制】按钮。

④在标准工具工具栏中单击【粘贴】按钮，弹出粘贴对话框，如图 5-11 所示。

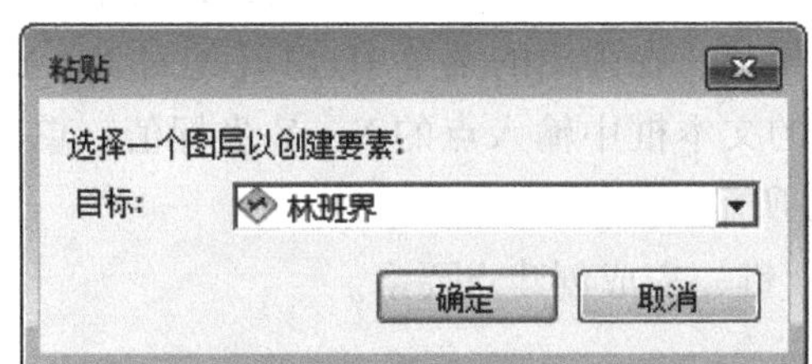

图 5-11 粘贴对话框

⑤在粘贴对话框中的目标后下拉列表中选择欲粘贴要素的图层，单击【确定】按钮，完成要素的复制。

(3)删除要素

①在编辑器工具栏中，单击【编辑工具】按钮。

②在数据视图中单击选择需要删除的要素，按住 Shift 键，可以选择多个要素。

③在标准工具工具栏中，单击【删除】按钮，或按键盘上的 Delete 键，可以删除选中的要素。

2. 点要素的创建

1)通过点击地图创建点要素

具体操作步骤如下。

①加载需要编辑的点图层。

②打开编辑器工具栏。

③在编辑器工具栏中，单击【编辑器】→【开始编辑】命令，进入编辑状态。

④在编辑器工具栏中，单击(创建要素)按钮，在弹出的创建要素对话框中点击点要素模板，在【构造工具】中选择(点构造工具)按钮，此时鼠标顶端跟随一个圆点。

⑤在数据视图中单击要添加点的位置，即可完成点的创建。新创建的点默认处于选中状态。

2)线末端创建点要素

具体操作步骤如下。

①加载需要编辑的点图层。打开编辑器工具栏，在编辑器工具栏中，单击【编辑器】→【开始编辑】命令，进入编辑状态。

②在编辑器工具栏中，单击(创建要素)按钮，在弹出的创建要素对话框中点击点要素模板，在【构造工具】中选择(线末端的点构造工具)按钮，此时鼠标变成十字形。

③在数据视图中根据需要单击地图创建草图线，线段绘制完毕，双击最后一个折点完成草图，草图线的末端自动生成一个点要素。

3)通过输入绝对 X、Y 值创建点要素

具体操作步骤如下。

①添加需要编辑的点图层，启动编辑器，再单击创建要素对话框中的点要素模板。

②在数据视图上右键鼠标，在弹出的菜单中选择【绝对 X、Y】，弹出绝对 X、Y 对话框。在绝对 X、Y 对话框的文本框中输入点的 X、Y 坐标值，单击单位选择按钮，选择输入值的单位，如图 5-12 所示。

③按下键盘上的 Enter 键，完成创建点要素。

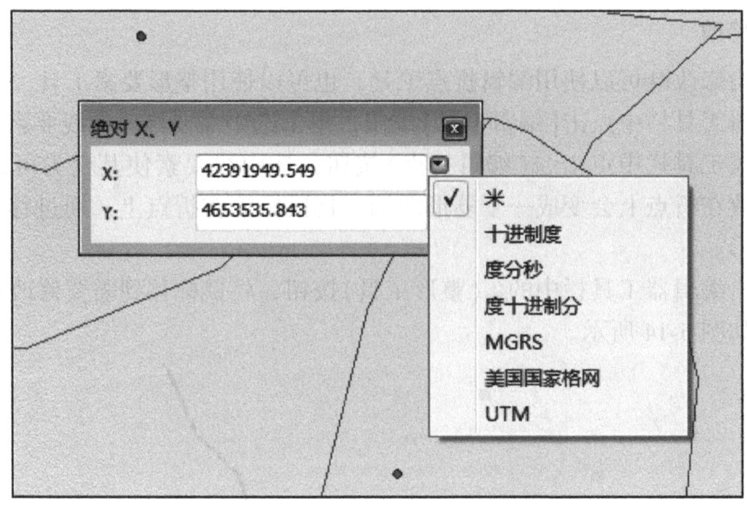

图 5-12　绝对 X、Y 对话框

3. 线要素的创建与编辑

首先添加要编辑的线图层，开始编辑后，即可在创建要素窗口中选择该线要素的模板。在【构造工具】窗口下有 5 种构造工具。

①线功能。在地图上绘制折线。

②矩形功能。指定矩形的对角线绘制矩形线。

③圆形功能。指定圆心和半径绘制圆形线。

④椭圆功能。指定椭圆的圆心、长半轴和短半轴绘制椭圆形线。

⑤手绘功能。在地图上单击鼠标左键，移动鼠标绘制自由曲线。

1) 线要素创建

创建线要素的操作步骤如下。

①加载需要编辑的线图层，打开编辑器工具栏。

②在编辑器工具栏中，单击【编辑器】→【开始编辑】命令，进入编辑状态。

③在编辑器工具栏中，单击(创建要素)按钮，在弹出的创建要素对话框中点击线要素模板，在【构造工具】中选择(线构造工具)按钮，此时鼠标变成十字形。

④在数据视图中根据需要连续单击鼠标，即可绘制由一系列结点组合而成的线，如图 5-13 所示。

⑤绘制完成，双击鼠标或右键鼠标，在弹出的快捷菜单中选择【完成草图】命令，结束绘制。

图 5-13　线要素的绘制

2) 线要素编辑修改

线要素编辑修改既可以使用编辑折点工具，也可以使用整形要素工具，操作步骤如下。

①在编辑器工具栏中点击【编辑工具】按钮，单击选中需要修改的线要素。

②在编辑器工具栏中点击 (编辑折点) 按钮，选中线要素使其变为可编辑的折点状态，此时鼠标放在折点上会变成一个菱形图标。将鼠标放在折点上，通过移动、删除、增加折点修改线形。

也可以单击编辑器工具栏中的 (整形工具) 按钮，将鼠标移到需要修改的地方，按需要进行修改，如图 5-14 所示。

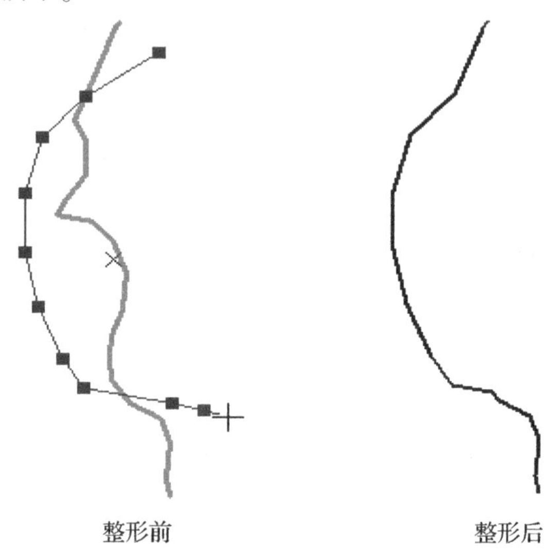

图 5-14　线段整形前后对比

3) 线要素延长编辑

线要素延长编辑的操作步骤如下。

①在编辑器工具栏中点击【编辑工具】按钮，双击需要延长的线要素，此时选中的线要素变成可编辑的折点状态，其中线段的端点为红色，同时弹出编辑折点工具栏，如图 5-15 所示。

图 5-15　延续线要素编辑

②在编辑折点工具栏中单击(延续要素工具)按钮，此时在线段端点处变成可编辑状态，可以继续对该线要素进行编辑。

4)线要素分割

线要素分割的操作步骤如下。

①在【编辑器】工具栏中点击(编辑工具)按钮，单击选中需要分割的线要素。

②在【编辑器】工具栏中点击(分割工具)按钮，此时鼠标变成十字形。

③将鼠标移动到线段上需要分割处，单击鼠标，完成线段分割。

5)线要素合并

合并线要素的操作步骤如下。

①在编辑器工具栏中点击编辑工具按钮，按住 Shift 键，单击选中需要合并的两条或两条以上线段。

②在编辑器工具栏中点击【编辑器】→【合并】，弹出合并对话框。

③在合并对话框中，选择将与其他要素合并的要素，单击【确定】按钮，完成多条线段合并。

4. 面的创建与编辑

首先添加要编辑的面图层，开始编辑后，即可在创建要素窗口中选择该面要素的模板。在【构造工具】窗口下有 7 构造工具。

①面功能。在地图上绘制面。

②矩形功能。指定一个顶角来绘制矩形面。

③圆形功能。指定圆心和半径绘制圆形。

④椭圆功能。指定椭圆的圆心、长半轴和短半轴绘制椭圆。

⑤手绘功能。在地图上单击鼠标左键，移动鼠标绘制自由面。

⑥自动完成面功能。通过与其他多边形要素围成闭合区域自动完成面要素的创建。

⑦自动完成手绘功能。在地图上单击鼠标左键，移动鼠标绘制自由面，通过与其他多边形要素围成闭合区域自动完成要素的创建。

1)面要素创建

面要素与线要素的创建方法基本相同，操作步骤如下。

①加载需要编辑的面图层，打开编辑器工具栏。

②在编辑器工具栏中，单击【编辑器】→【开始编辑】命令，进入编辑状态。

③在编辑器工具栏中，单击(创建要素)按钮，在弹出的创建要素对话框中点击面要素模板，在【构造工具】中选择(面构造工具)按钮，此时鼠标变成十字形。

④在数据视图中根据需要连续单击鼠标，即可绘制由一系列结点组合而成的面，如图 5-16 所示。

⑤绘制完成，双击鼠标或右键单击鼠标，在弹出的菜单中选择【完成草图】命令，结束绘制。

如果需要绘制的面与其他多边形共同围成闭合区域，在步骤③【构造工具】中选择（自动完成面构造）工具，获取与已有多边形合并的公共边，如图5-17所示。

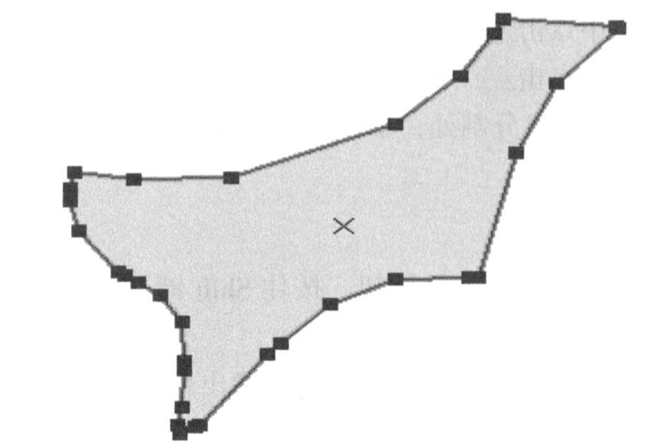

图5-16　绘制面要素

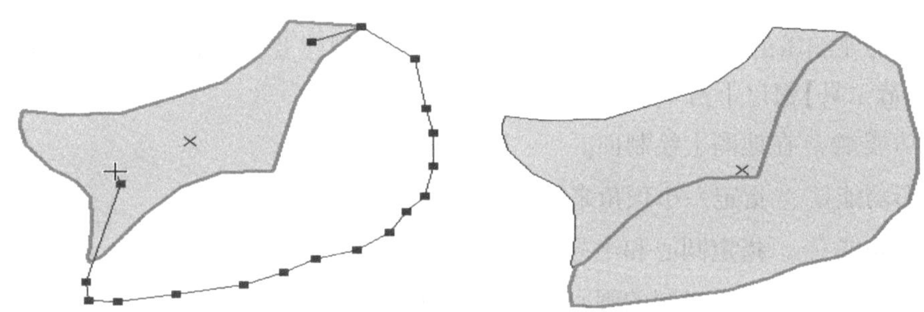

图5-17　自动完成面要素的创建

2）面要素编辑修改

如果创建的面要素有错误，需要进行修改，面要素的编辑修改有两种方法，既可以通过单击编辑器中的（编辑折点工具）按钮修改，也可以通过单击（整形工具）按钮修改，其操作步骤如下。

①在编辑器工具栏中点击（编辑工具）按钮，单击选中需要修改的面要素。

②在编辑器工具栏中点击（编辑折点）按钮，选中的面要素变为可编辑的折点状态，此时鼠标放在折点上会变成一个菱形图标。将鼠标放在折点上，通过移动、删除、增加折点修改面的形状。

选择面要素后，也可以通过单击（整形工具）按钮，按照需求勾绘出新的界线来进行整形，如图5-18、图5-19所示。

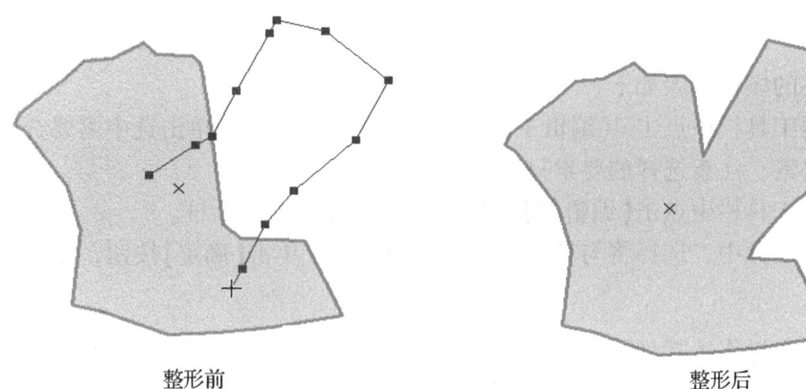

图 5-18　面要素整形前后对比(1)

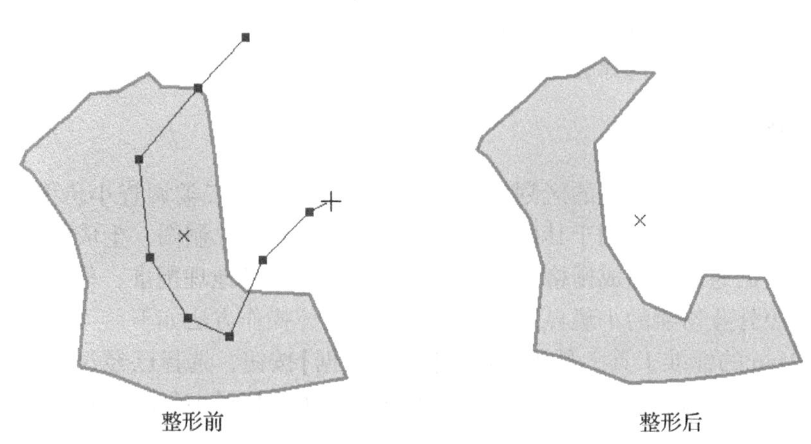

图 5-19　面要素整形前后对比(2)

3)面要素分割

面要素分割的操作步骤如下。

①在编辑器工具栏中点击(编辑工具)按钮，单击选中需要分割的面要素。

②在编辑器工具栏中点击(剪裁面工具)按钮，此时鼠标变成十字形。

③根据需要，连续单击鼠标绘制分割线，分割线需截断要分割的面，如图 5-20 所示。

④分割线绘制完成，双击鼠标左键，完成分割。

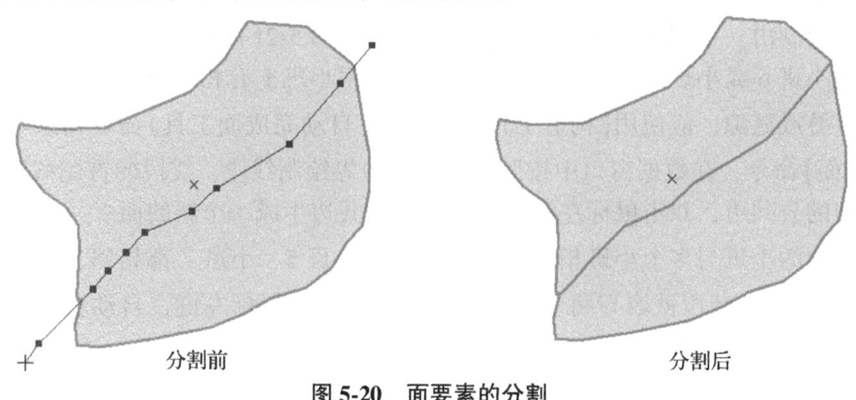

图 5-20　面要素的分割

4) 面要素合并

面要素合并的操作步骤如下。

①在编辑器工具栏中点击(编辑工具)按钮，按住 Shift 键，单击选中需要合并的两个或两个以上面要素，注意选择的要素只能在同一图层中。

②在编辑器工具栏中点击【编辑器】→【合并】，弹出合并对话框。

③在合并对话框中，选择将与其他要素合并的要素，单击【确定】按钮，完成合并面。

5) 面要素联合

面要素联合的操作步骤如下。

①在编辑器工具栏中点击【编辑工具】按钮，按住 Shift 键，单击选中需要联合的两个或两个以上面要素。选择的要素可在不同图层，但图层文件类型需相同。

②在编辑器工具栏中点击【编辑器】→【联合】，弹出联合对话框。

③在联合对话框中，选择合并到的模板，单击【确定】按钮，此时生成一个新的要素。

5. 小班矢量化

在林业工作中，外业勾绘的区划图、伐区调查设计图、二类调查小班图等外业数据，通常需要经过矢量化才能够用于其他操作，如计算小班面积、制图、生成缓冲面等。

外业调查数据通常扫描成栅格图存储到计算机中，经过地理配准，使用面要素的基本编辑方法，按照外业勾绘的小班界线进行矢量化，具体操作方法如下。

①在 ArcMap 的标准工具工具条中点击【添加数据】按钮，选择已经过地理配准的外业调查栅格数据(本任务路径为"…\ 项目二\ 任务 3\ 实验林场小班图 . img")。

②在 ArcCatalog 中，创建一个 shapefile 面文件，或创建一个地理数据库中的要素类，并加载到 ArcMap 中。本任务中使用"4. 面的创建与编辑"创建的面要素类，直接加载到 ArcMap 中。

③在标准工具工具栏上单击(编辑器工具条)按钮，打开编辑器工具栏。在编辑器工具栏中，单击【编辑器】→【开始编辑】命令，进入编辑状态。

④在编辑器工具栏中，单击(创建要素)按钮，在弹出的创建要素对话框中点击"小班"模板，此时【构造工具】中出现了多种构建要素工具，选择(面构造工具)命令，此时鼠标变成十字形。

⑤在数据视图中按照实验林场小班图上的上海阳工区 2 林班 5 小班的边界，连续单击鼠标，即可绘制由一系列结点组合而成的小班面，如图 5-21 所示。

⑥绘制小班 6 或小班 7 时需注意，这两个小班跟小班 1 有相邻公共边，为了避免两个面之间有重叠或缝隙，应使用【构造工具】中的(自动完成面工具)命令勾绘小班。单击【自动完成面】命令，在数据窗口中按照小班 7 的边界绘制线段，线段的首尾截取小班 5 与小班 7 之间的公共边，双击鼠标左键，自动获取公共边生成一个新的面。

⑦若绘制的小班与多个小班相邻，如小班 6 与小班 5、小班 7 都相邻，可用(自动完成面工具)绘制的线段截取与两个小班的公共边，双击鼠标左键，自动获取公共边生成一个新的面，如图 5-22 所示。

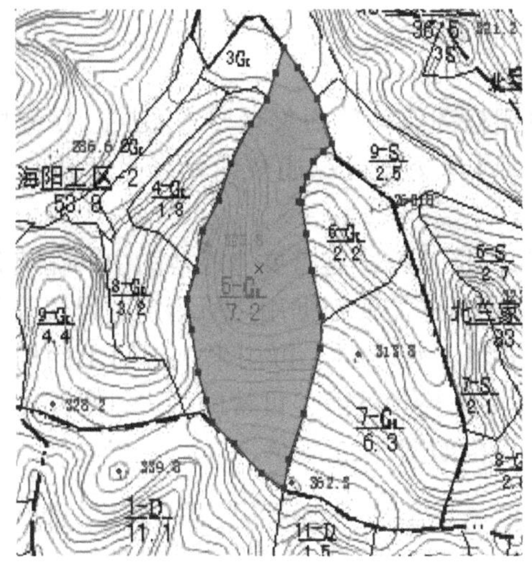

图 5-21　小班勾绘

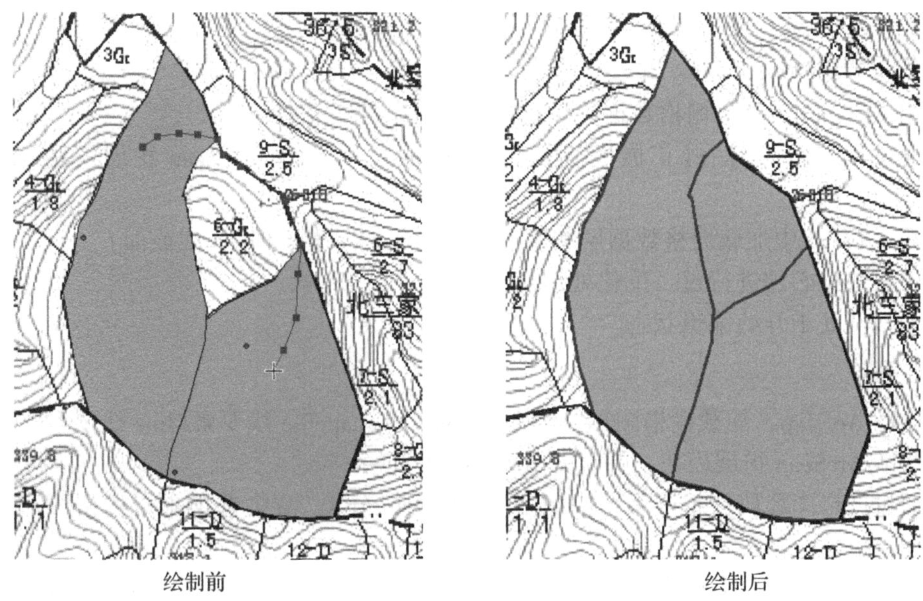

绘制前　　　　绘制后

图 5-22　自动完成小班面勾绘

⑧利用【构造工具】中的 面或 (自动完成面)工具，绘制林班中的其他小班。绘制过程中，为避免数据丢失，需要经常保存数据。在编辑器工具栏中单击【编辑器】→【保存编辑内容】，保存数据。

⑨绘制完成，在编辑器工具栏中单击【编辑器】→【停止编辑】，退出编辑。

此外，在绘制大范围小班图时，也可以先绘制大的范围。例如，先绘制林班面，然后利用分割工具进行分割，可以有效地减少小班勾绘错误。具体操作并不复杂，先把林班面勾绘出来，选中后，利用编辑器工具栏中的 (中裁切面工具)按钮，从林班边缘开始切割，直到所有小班都按勾绘的界线切割成独立的面为止，即完成了小班的矢量化。

6. ArcScan 自动矢量化

ArcScan 工具可用来将栅格图像转换为矢量要素图层。将栅格数据转换为矢量要素的过程称为矢量化。矢量化可通过交互追踪栅格像元来手动执行，也可使用自动模式自动执行。

交互式矢量化过程称为栅格追踪，这需要追踪地图中的栅格像元来创建矢量要素。自动矢量化过程称为自动矢量化，这需要根据用户所指定的设置为整个栅格生成要素。

ArcScan 扩展模块还提供了一些工具，可用来执行简单的栅格编辑以准备用于矢量化的栅格图层。这一过程被称为栅格预处理，可帮助用户排除超出矢量化项目范围的、不需要的栅格元素。ArcScan 工具栏如图 5-23 所示。

图 5-23 ArcScan 工具栏

1）栅格矢量化条件

使用 ArcScan 工具将栅格数据矢量化需满足以下几个条件。

①通过在【自定义】→【扩展模块】选择 ArcScan，来激活 ArcScan 扩展模块，并打开 ArcScan 工具栏。

②在 ArcMap 中加载栅格数据层和用于编辑的矢量要素数据层（线或面）。

③栅格数据必须进行过二值化处理。

④编辑器处于开始编辑状态。

2）操作过程

①启动 ArcMap，加载栅格图形“等高线 . img”和 shapefile 线要素（line 线要素）。

②激活 ArcScan 扩展模块，并打开 ArcScan 工具栏。

③通过栅格图形属性符号系统中的“唯一值”或“分类”渲染选项来对栅格图形进行二值化处理。

④单击【编辑器】→【开始编辑】，进入编辑状态。在创建要素窗口中选择 line 线要素，在构造工具中选⟋（线）。

⑤清理栅格。执行批处理矢量化时，在生成要素之前可以编辑栅格影像，ArcScan 提供了栅格清理工具来清理不需要矢量化的内容。可以利用擦除工具和魔法擦除工具从影像上删除不需要的像元。如果影像上需要进行大量处理，可先进行相连像元的选择，如图 5-24 所示，输入栅格区域总面积。再利用【清除所选像元】工具来清除不需要的栅格，如图 5-25 所示。

⑥矢量化设置。可以设置最大线宽度、噪点等，如图 5-26 所示。

⑦进行交互或自动矢量化。完成以上设置后，就可以通过点间矢量化追踪、矢量化追踪进行交互式矢量化，或者通过在区域内部生成要素、生成要素等进行自动矢量化，最后保存编辑，完成矢量化操作。

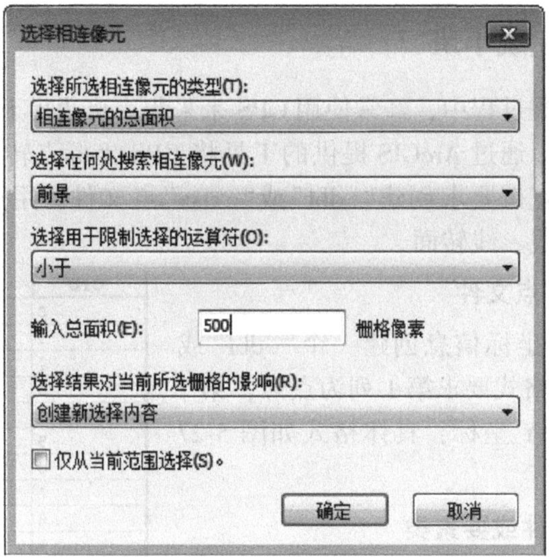

图 5-24　选择相连

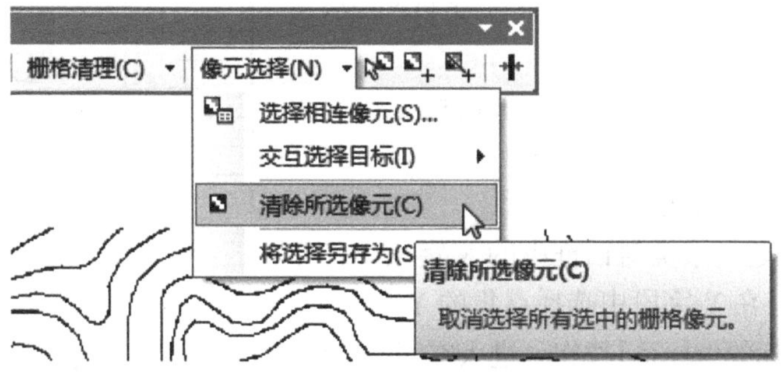

图 5-25　清除所选像元

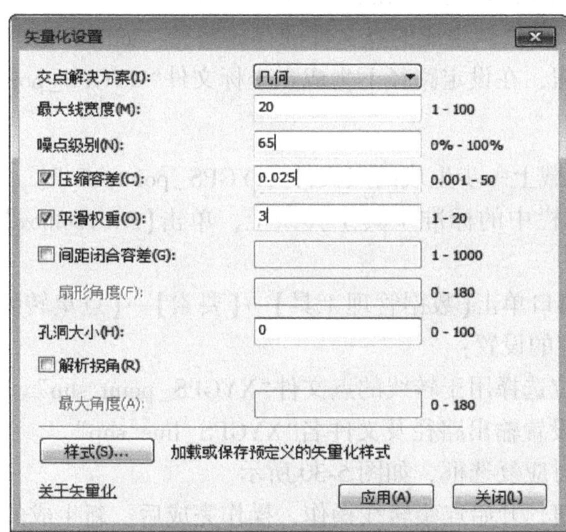

图 5-26　矢量化设置对话框

7. 利用GPS采集点生成小班

在林业外业数据采集过程中，经常使用GPS来采集小班边界上一系列坐标点，针对这些采集到的坐标点，可以通过ArcGIS提供的工具将GPS坐标点转换为小班面。具体操作方法是将采集到的坐标点按要求创建“.dbf”或“.xlsx”点文件，用点文件创建“.shp”格式的点集，然后进行点转线、线转面。

1)创建“.dbf”或“.xlsx”点文件

利用GPS采集的点坐标信息创建一个“.dbf”或“.xlsx”的点文件，文件格式要求第1列为点号，第2列为X坐标，第3列为Y坐标，具体格式如图5-27所示。

OID	X	Y
0	42392300	4653300
1	42392100	4653320
2	42392400	4653210
3	42392600	4653200
4	42391600	4653720
5	42391400	4653590
6	42391300	4653210
7	42391500	4653050
8	42392000	4653980
9	42391800	4653800
10	42392500	4653510
11	42392700	4653370
12	42392300	4653860
13	42391800	4653500
14	42391800	4653370
15	42391800	4655570
16	42391800	4655570
17	42391700	4655550
18	42391700	4655550
19	42391700	4655550
20	42391600	4655540

图5-27 “.dbf”坐标点格式

2)生成点集shapefile文件或要素类

①在ArcMap工具栏中的标准工具工具条上，单击【目录】按钮，启动ArcCatalog，找到用于创建点要素的“.dbf”或“.xlsx”的GPS坐标点文件“GPS_point.dbf”。

②在“GPS_point.dbf”文件上右击鼠标，在弹出的窗口中单击【创建要素类】→【从XY表(X)】，打开从XY表创建要素类对话框。

在从XY表创建要素类对话框中的X字段中选择点集的X坐标列，在Y字段中选择点集的Y坐标列。

单击【输入坐标的坐标系】按钮，进入空间参考属性对话框，单击【投影坐标系】→【Gauss Kruger】→【Beijing 1954】→【Beijing_1954_3_Degree_GK_Zone_42】(北京1954投影坐标系，3分带，42带)，单击【确定】按钮，如图5-28所示。

在输出文本框中，设置新生成的点文件的存放路径，如图5-29所示。

③单击【确定】按钮，在设定路径下生成点坐标文件“XYGPS_point.shp”。

3)点转线

①在ArcMap中加载上一步生成的点文件“XYGPS_point.shp”。

②在ArcMap工具栏中的标准工具工具条上，单击【ArcToolbox】按钮，启动ArcToolbox。

③在ArcToolbox窗口单击【数据管理工具】→【要素】→【点集转线】，打开点集转线对话框，并完成以下内容的设置：

a. 输入要素：下拉选择用于转线的点文件“XYGPS_point.shp”。

b. 输出要素类：设置输出路径及文件名“XYGPS_line.shp”。

c. 闭合线：勾选对应复选框，如图5-30所示。

④单击【确定】按钮，开始点集转线操作，操作完成后，新生成的线文件将自动加载到ArcMap中，如图5-31所示。

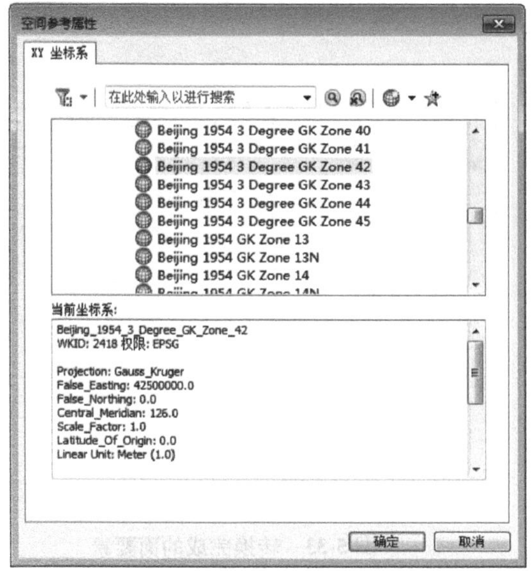

图 5-28　空间参考属性

图 5-29　从 XY 表创建要素类对话框

图 5-30　点集转线对话框

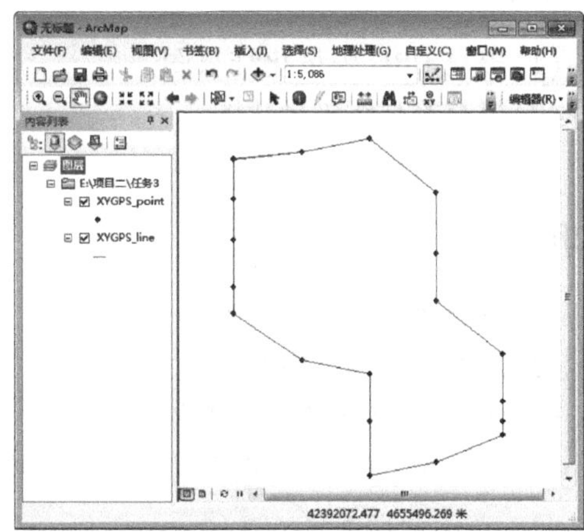

图 5-31　转换完成的线要素

4)线转面

①在 ArcToolbox 窗口单击【数据管理工具】→【要素】→要素转面，打开【要素转面】对话框。

②在要素转面对话框的输入要素文本框中下拉选择用于转面的线文件“XYGPS_line. shp”，在【输出要素类】文本框中设置输出路径及文件名“XYGSP_polygon111. shp”，如图 5-32 所示。

③单击【确定】按钮，开始进行要素转面操作，操作完成后，新生成的面文件将自动加载到 ArcMap 中，如图 5-33 所示。

图 5-32　要素转面对话框

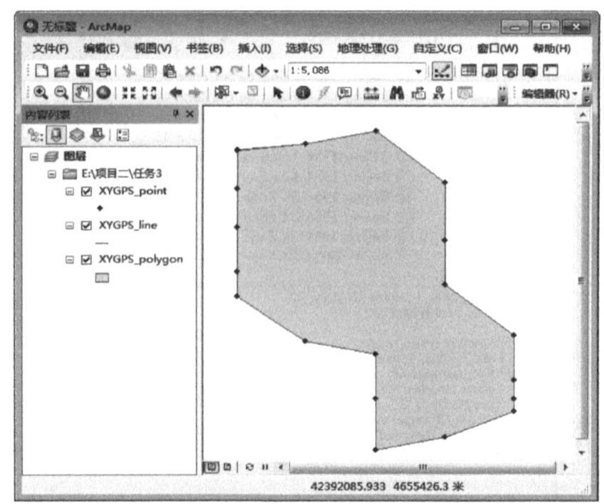

图 5-33　转换完成的面要素

○ 成果提交

(1)提交 DRG 矢量化结果图。

(2)提交等高线矢量化图。

(3)提交高程点矢量化图。

○ 巩固练习

(1)空间数据的来源有哪些?

(2)图形数据的采集有哪些方法?

(3)DRG 影像数字化有哪些工具?

(4)GPS 测量的结果如何导入 ArcGIS 中成图?

项目6 EPS三维测图

项目概述

EPS 三维测图系统 V2.0 是北京山维科技股份有限公司基于 EPS 地理信息工作站研发的自主版权产品，能提供基于正射影像(DOM)、实景三维模型(osgb)、点云数据的二、三维采集编辑工具，可实现基于正射影像 DOM 和实景表面模型的垂直摄影三维测图，基于倾斜摄影生成的实景三维模型的倾斜摄影三维测图，基于各种机载、车载雷达、地面激光扫描，无人机等点云数据的点云三维测图，以及基于倾斜摄影生成的实景三维模型的虚拟现实立体测图。系统支持大数据浏览以及高效采编库一体化的三维测图，直接对接不动产、地理等专业应用解决方案。

EPS 三维测图系统由四部分组成：垂直摄影三维测图、倾斜摄影三维测图、点云三维测图、虚拟现实立体测图。本项目主要介绍倾斜摄影三维测图，利用 EPS 软件，分别完成倾斜摄影数据加载和倾斜摄影三维测图。

知识目标

(1)了解 EPS 三维测图系统的基本功能。
(2)掌握倾斜摄影数据加载的方法。
(3)掌握三维测图的方法。

技能目标

(1)能熟练使用 EPS 三维测图系统进行倾斜摄影数据加载。
(2)能熟练使用 EPS 三维测图系统进行三维测图。

素质目标

(1)培养学生讲科学、有条理的工作态度。
(2)提升学生对我国自主研发的三维测图软件的支持度，提高民族自豪感。

任务 6-1 倾斜摄影数据加载

任务描述

使用 EPS 三维测图系统进行倾斜摄影三维测图的主要流程包括：加载倾斜摄影数据、三维数据采集、数据编辑和修改操作。加载倾斜摄影数据是必不可少的环节，本任务主要介绍如何在 EPS 三维测图系统中，进行倾斜摄影数据的加载。

任务目标

(1) 掌握倾斜摄影数据的加载方法。
(2) 能够进行倾斜摄影数据的加载。

相关知识

三维测图倾斜摄影生产流程如图 6-1 所示。

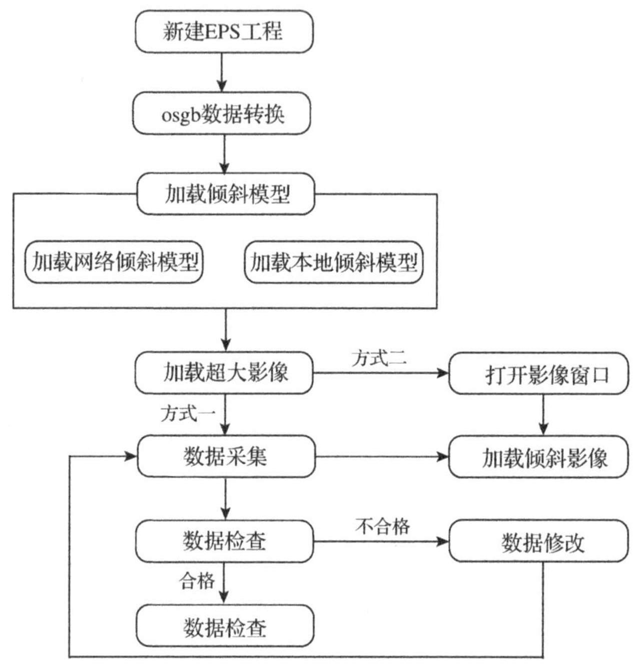

图 6-1　三维测图倾斜摄影生产流程

任务实施

1. 系统启动

1) 启动方法

主要有两种启动方法。

①桌面快捷启动。鼠标左键双击桌面的 EPS 三维测图系统图标。

②开始菜单启动。用鼠标左键单击【开始】按钮，打开 EPS 地理信息工作站 EPS 三维测图系统。

2) EPS 三维测图系统起始页

启动后的第一个界面称为起始页，如图 6-2 所示。此页面下可进行软件注册、工作台面定制、选择等操作。

图 6-2　EPS 三维测图系统起始页

注：起始页界面的基础图片是 logo. bmp(储存路径为“…\ EPS 三维测图系统\ logo. bmp”)，修改图片(标题、图标、式样)能实现自定义起始页背景。

3)工程台面定制

在工作台面中勾选对应的使用模块，如三维浏览、倾斜摄影三维测图(图 6-3)。

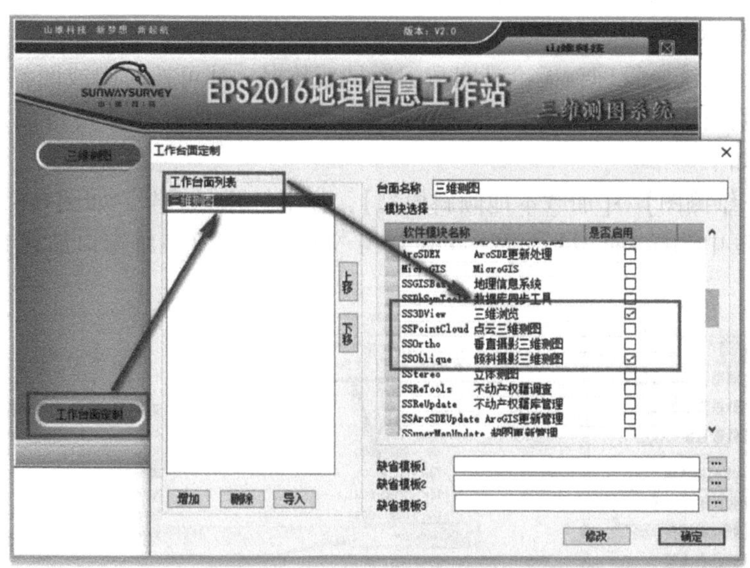

图 6-3　工作台面定制模块

2. 数据加载

数据加载主要是对已有 osgb 实景表面模型的数据进行生成或加载，如实景表面模型、影像等数据源，具体流程如下。

1) osgb 数据转换

SMAR3D 处理后的 mesh 模型可以无转换直接加载，第一次加载需要建立一个索引文件，具体步骤如下。

①点击【三维测图】→【osgb 数据转换】(图 6-4)，打开 osgb 数据转换对话框，如图 6-5 所示。

②在参数值中选择倾斜摄影文件目录(瓦片数据)与元数据文件，点击【确点】即可生成 DSM 实景表面模型。

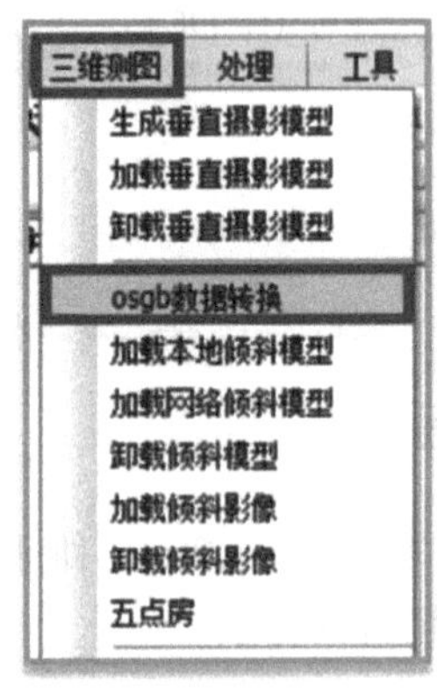

图 6-4 osgb 数据转换

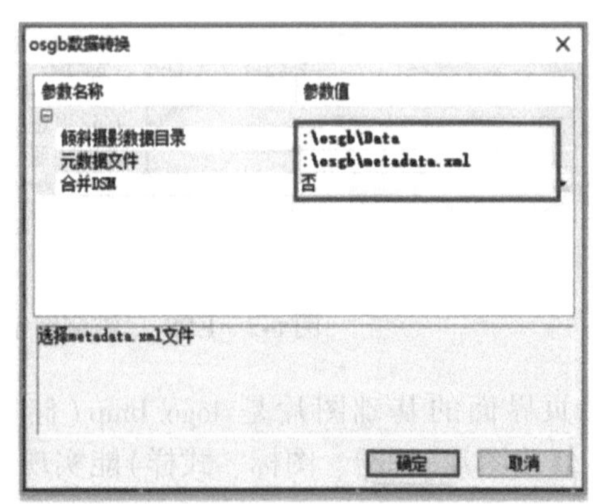

图 6-5 osgb 数据转换选择文件

2) 加载本地倾斜模型

不同数据可以统一管理，无论是旧数据还是新数据，都可按时间或图幅号，用不同的文件夹，分门别类统一放在局域网内某些机器上。导入数据时作业员可以加载本地的数据，具体步骤如下。

①点击【三维测图】→【加载本地倾斜模型】，弹出打开对话框，如图 6-6、图 6-7 所示。

②在对话框中选择 Data 目录下生成的 DSM 文件，即可在三维窗口加载 DSM 实景表面模型。

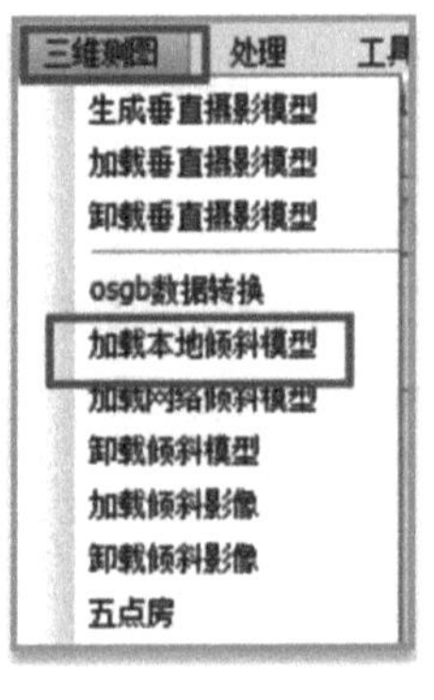

图 6-6 加载本地倾斜模型

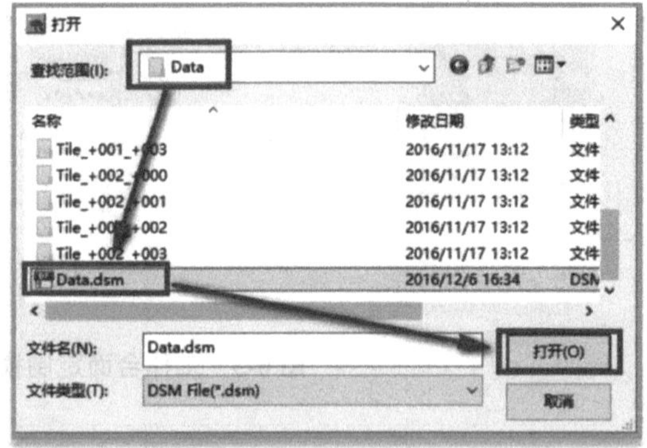

图 6-7 打开倾斜模型

3) 加载网络倾斜模型

数据管理中作业员可以加载网络的数据，网络访问通过 http 或 ftp 前缀链接进行，这个过程可以进行权限控制。且使用网络数据的速度与使用本地数据几乎一样，这样就避免了大数据的拷贝，增强了数据的安全性，具体操作步骤如下。

①点击【三维测图】→【加载网络倾斜模型】，弹出选择网络地址窗口，如图 6-8 所示。

②在窗口上方填入 IP 地址，并选择衡水模型，即可通过服务器的 IP 地址来访问加载 DSM 实景表面模型，模型可存储在服务器上使用(图 6-9)。

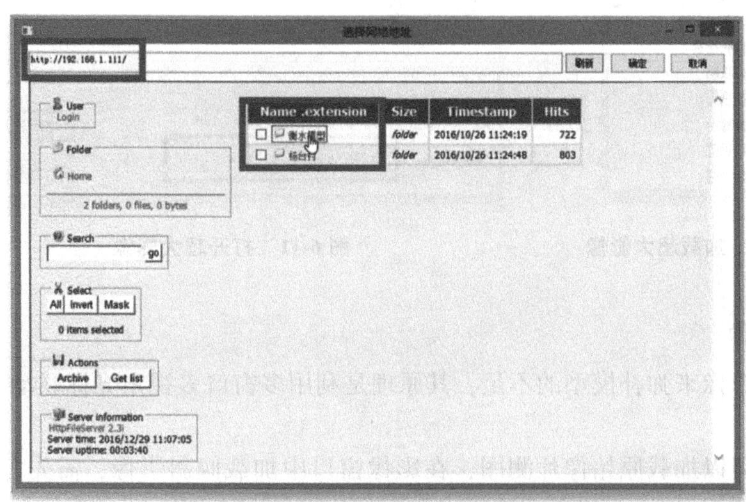

图 6-8　网络 IP 加载模型

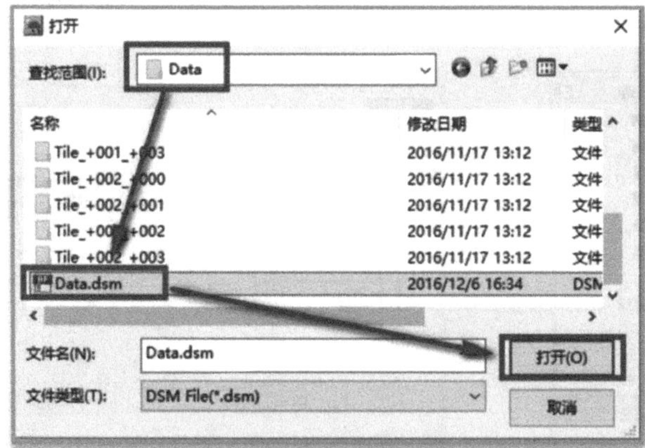

图 6-9　打开网络倾斜模型

4) 加载超大影像

该功能支持加载超大的数据影像，加载后第一次转换会自动创建一个 OVI 格式、与 TIF 格式文件同名的文件。

加载超大影像时选择 DOM(目录下要有同名的 TFW 坐标文件)正射影像数据，加载到二维窗口。具体操作步骤如下：

点击【三维测图】→【加载超大影像】，如图 6-10 所示，弹出打开对话框，选择对应的 TIF 格式文件，打开超大影像，如图 6-11 所示。

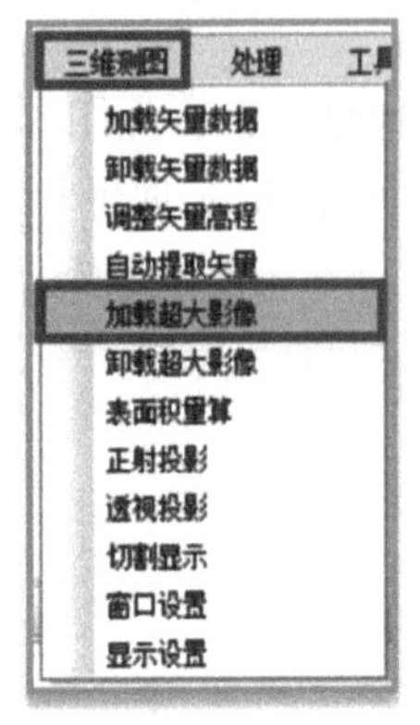

图 6-10　加载超大影像

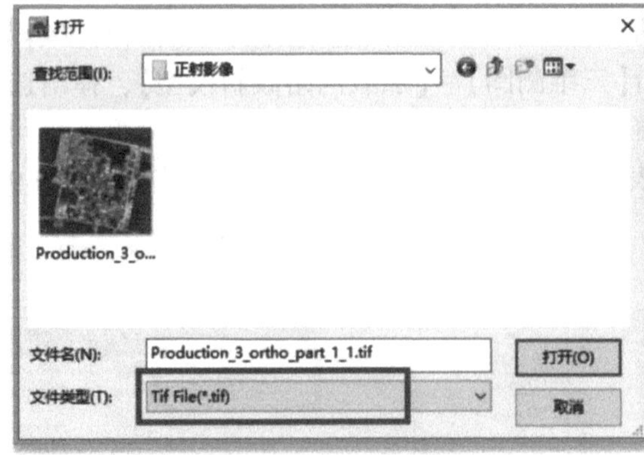

图 6-11　打开超大影像

5) 加载倾斜影像

可用空三影像来弥补模型的不足，其原理是利用多窗口多视角光标联动，相互参考提高精度。

这种方式可以加载原始像片测图，在影像窗口中加载倾斜影像，需先打开影像窗口，具体操作步骤如下。

①点击【三维测图】→【窗口设置】，如图 6-12 所示，弹出窗口设置对话框。

②在窗口设置对话框中分别选择二维、三维、影像、无，如图 6-13 所示，点击【确定】按钮。

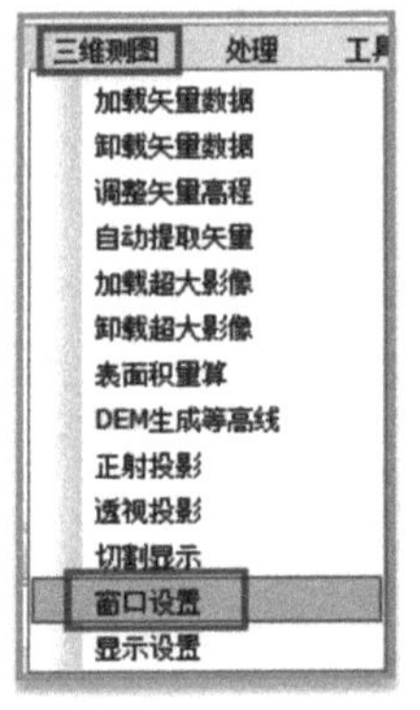

图 6-12　窗口设置图

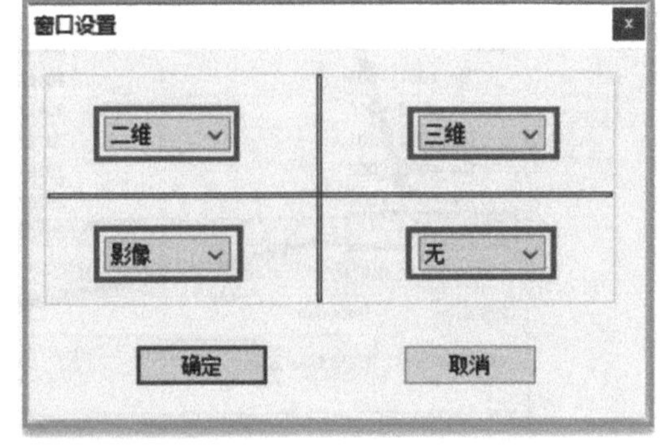

图 6-13　打开影像窗口

③点击【三维测图】→【加载倾斜影像】，如图 6-14 所示，弹出打开对话框。

④选择影像文件(可选择多个)，点击【打开】即可，如图 6-15 所示。

注意，打开前应确认加载过本地倾斜模型；再确认加载过超大影像(DOM 正射影像)。在加载影像小窗口可按 Ctrl+鼠标右键查看影像的放大比例，如图 6-16 所示。

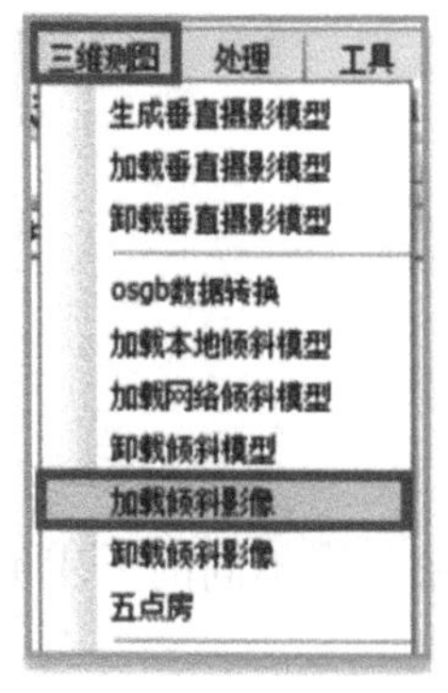

图 6-14　加载倾斜影像

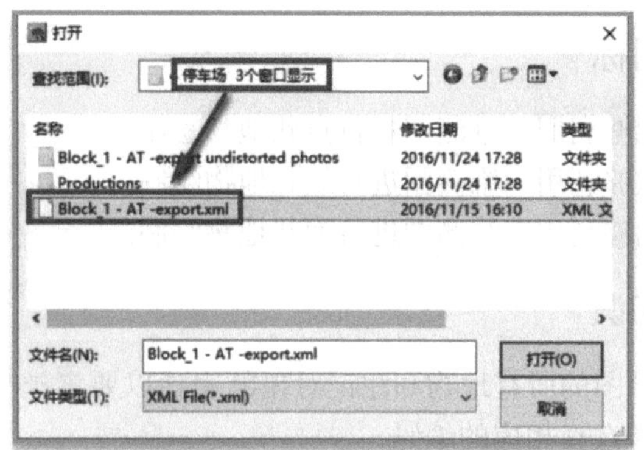

图 6-15　打开倾斜影像索引文件

图 6-16　加载倾斜影像

○ 成果提交

分别提交当地 1∶1 万和 1∶5 万地形图的配准图。

○ 巩固练习

(1)什么是地理配准？为什么要进行地理配准？

(2)选择控制点要注意哪些问题？

(3)地理配准的步骤是什么？

任务 6-2　倾斜摄影三维测图

○ 任务描述

在 EPS 三维测图系统中，加载倾斜摄影数据后，就可以利用倾斜摄影测量模型进行三维测图。该任务需要对点状、线状、面状地物进行测图，还需要完成注记要素的绘制。最后将完成数据导出，生成成果图。

○ 任务目标

(1)能够利用三维测图进行点状地物绘制。
(2)能够利用三维测图进行线状地物绘制。
(3)能够利用三维测图进行面状地物绘制。

○ 相关知识

EPS 绘图的所有地物和注记对象的表达以要素类型为基础，用不同的要素编码表达，绘制地物需选择相应的编码。

1. 启动方式

在对象属性工具条的左上角文本框中，输入编码、汉字(模糊查询)或选择列表中相应编码，如图 6-17 所示。

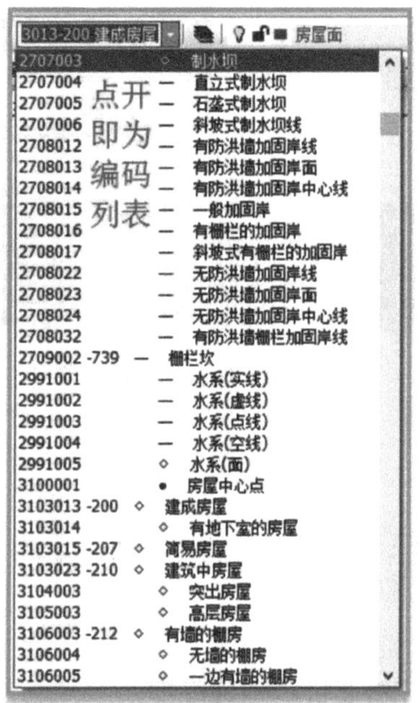

图 6-17 编码列表

EPS 三维测图系统在工具条(图 6-18)上设置了常用的编辑工具，在其菜单下列出了绘图常用的编码(图 6-19)。

图 6-18 三维测图工具条

图 6-19 常用编码工具条

2. 二维窗口快捷键的使用

常用快捷键包括 A、C、X、W、E、Z、S、D、F、V、G，详细功能见表 6-1。

表 6-1　常用二维窗口快捷键功能示意

常用快捷键	功　能
A	加点：将光标位置点加入当前点列
C	闭合(打开)：使打开的当前线闭合，闭合的当前线打开
X	回退一点：从当前点列的末端删除一点
W	抹点：从当前点列中删除光标指向点，不分解当前对象
E	任意插点：将光标位置点就近插入当前点列
Z	点列反转：若需要从当前线的另一端加点，单击此键
S	捕矢量点：将光标指向的矢量点加入当前点列
D	线上捕点：将鼠标滑动线与某一最近矢量线的交点加入当前点列
F	接线拾取：光标指向的某一线对象与当前线就近连接
V	捕捉多点加线状态：将光标位置点与当前线末点所截取的在某一线上的一 段加入到当前线上，采点方向符合顺向原则
G	快捷面填充：默认上次填充的面编码，否则填充其他面

3. 三维窗口快捷键的使用(表 6-2)

表 6-2　常用三维窗口快捷键功能示意

常用快捷键	功　能	常用快捷键	功　能
Shift+A	采集地物	Ctrl+A	锁定高程
A	升降整体高程	双击滚轮	快速定视点
Ctrl+鼠标左键	组合		

○ 任务实施

1. 点地物绘制

使用加点功能，绘制以点状表示的地物，如高程点、路灯、独立树等。

1) 启动方式

点击工具条上的 ▪(加点)按钮。

2) 操作步骤

①启动功能，在编码栏中输入代码，如“7201001”。

②在绘图界面点击鼠标右键，如图 6-20 所示。

图 6-20　点地物的绘制

2. 线/面地物绘制

使用画线功能，绘制以线状或面状表示的地物，包括房屋、道路、地类界、斜坡等。绘制中，地物宽度不同的要分段绘制，使用捕捉功能以避免悬挂问题。

1) 启动方式

点击工具条 ╱ (加线)按钮或 ⌂ (加面)按钮。

2) 操作步骤下

①启动功能，在编码栏输入代码，如"4305024""3103013"；

②鼠标依次点击对象的各节点。

③单击右键确认，绘制效果图 6-21 所示。

图 6-21　房屋的绘制

3. 注记绘制

1) 启动方式

点击工具条上的【注记】按钮启动注记绘制功能。

2) 操作步骤

①启动功能，在编码栏输入注记分类号，如“4990004”。

②选择注记线型，默认为单点、线型注记(图 6-22)，鼠标左键依次点击注记的各点。

③在屏幕上单击左键，录入注记内容，若为线型注记可继续点击。

④单击右键确认，绘制效果如图 6-23 所示。

注意：若是单点注记，屏幕上立刻出现增加的注记，若是线型注记，则需要人工用鼠标左键单击确定每个节点的位置，绘制后单击右键确定。

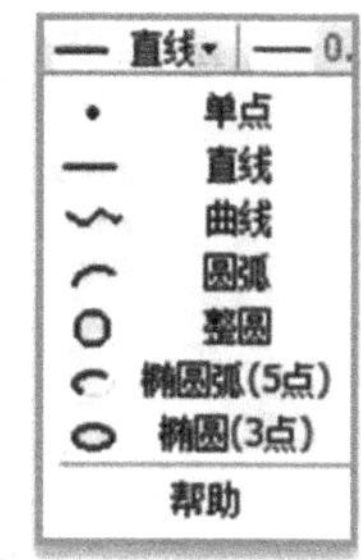

图 6-22　工具条注记线型

图 6-23　绘制注记

4. 房屋(基于墙面采集)

这种采集房屋的模式，是“以面代点”测量，只需要采集清晰面上的任意一个点，程序就会自动拟合计算出房屋角点。采集过程中直接采集墙面，不再需要房檐改正，省去了房檐改正工作。

1) 启动方式

使用快捷键 Shift+A 或 Ctrl+鼠标左键启动。

2) 操作步骤

①选择房屋编码“3103013”建成房屋。

②在墙面采集一点，将鼠标放至同一墙面的房檐上按下 Shift+A 键，将第一点高程升至房檐。

③在同一墙面上选择第 2 点。

④在其他每一个面上按住 Ctrl，用鼠标左键点下 1 点直至回到第 1 面。

⑤使用快捷键进行调整，先按 X 键退回最后 1 点到房屋角点，再按 Z 键回到第 1 点，然后按 X 键将第 1 点也退回至房屋角点，最后按 C 键闭合，绘制效果如图 6-24 所示。

⑥在弹出窗口录入房屋结构和层数。

⑦选中房屋，将鼠标放至底部地面位置，在三维窗口使用快捷键 A 建立立体白膜。

图 6-24　基于墙面绘制房屋

5. 道路(平行线)

测量道路时，先沿着道路一边采集，采集结束后，在光标位置可自动生成平行线。

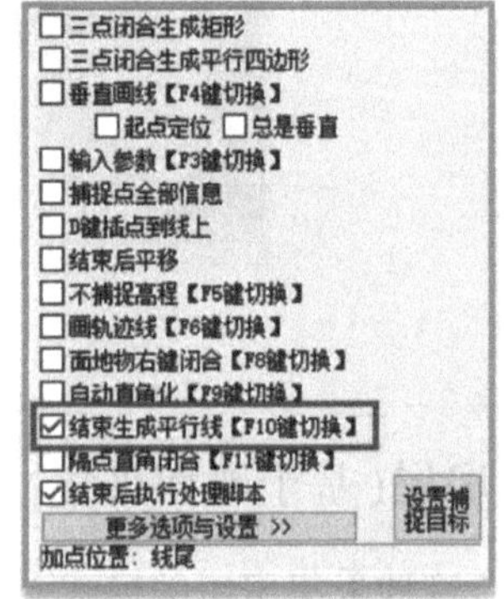

图 6-25　结束生成平行线

1) 启动方式

在加线状态勾选【结束生成平行线】即可启用该功能。

2) 操作步骤

①选择道路编码“4305034”支路边线。

②绘制道路，绘制结束后勾选【结束生成平行线】，如图 6-25 所示。

③将鼠标放置到道路另一条边线，单击右键，自动在鼠标位置生成道路平行线，如图 6-26 所示。

图 6-26　结束生成平行线道路图

面状植被的绘制方法同房屋面采集，地貌土质的绘制同现状道路。绘制完地物后，可以绘制等高线和注记等信息。EPS 还提供数据检查的功能，可以进行数据一致性检查，对存在的问题进行修改后，导出成果图(图 6-27)。

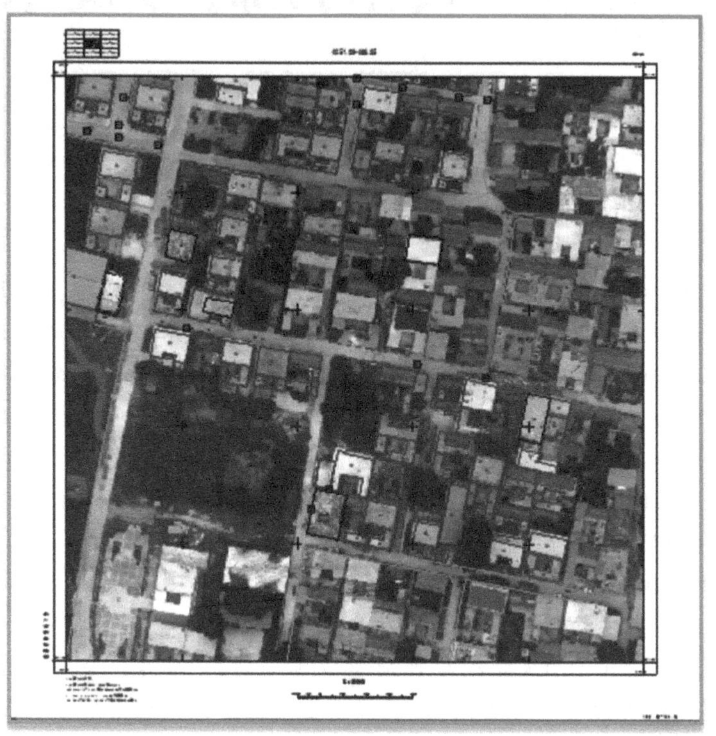

图 6-27　成果图

○ 成果提交

将导出的成果图以文件形式提交。

○ 巩固练习

(1)EPS 软件有哪些功能?

(2)EPS 软件进行三维测图的流程是什么?

(3)简述利用 EPS 软件进行房屋绘制的步骤。

(4)简述利用 EPS 软件进行道路绘制的步骤。

项目7 质量控制与成果检查

○ 项目概述

测绘成果质量是指测绘成果满足国家规定的测绘技术规范和标准，以及满足用户期望目标值的程度。测绘成果质量不仅关系各项工程建设的质量和安全，还关系经济社会规划决策的科学性、准确性，而且涉及国家主权、利益和民族尊严，影响着国家信息化建设的顺利进行。提高测绘成果质量是国家信息化发展和重大工程建设质量的基础保证，是提高政府管理决策水平的重要途径，是维护国家主权和人民群众利益的现实需要，也是测绘事业和地理信息产业实现可持续发展的必然要求。因此，加强测绘成果质量管理，保证测绘成果质量，对于维护公共安全和公共利益具有十分重要的意义。

《中华人民共和国测绘法》规定，测绘单位应当对完成的测绘成果质量负责；县级以上人民政府测绘地理信息主管部门应当加强对测绘成果质量的监督管理。为加强测绘地理信息质量管理，国家先后出台了《测绘生产质量管理规定》《测绘成果质量监督抽查管理办法》和《测绘地理信息质量管理办法》，以明确质量责任，保证成果质量。

数字测绘成果的特点决定了在其生产过程中质量控制和管理的多样性和复杂性，学习和掌握测绘成果质量控制与检查，对于数字测绘成果生产尤为重要。本项目从4D产品质量控制的内容与措施开始，根据数字测绘成果(4D产品)生产过程，逐步介绍空中三角测量、数字高程模型、数字正射影像图、数字线划图等成果检查内容与方法。

本项目主要包括4D产品质量控制内容与措施、空中三角测量成果检查、DEM成果检查、DOM成果检查、DLG成果检查5个任务。

○ 知识目标

(1)了解数字测绘成果(4D产品)质量控制内容与措施。

(2)掌握空中三角测量成果检查内容与方法。

(3)掌握数字高程模型(DEM)成果检查内容与方法。

(4)掌握数字正射影像图(DOM)成果检查内容与方法。

(5)掌握数字线划图(DLG)成果检查内容与方法。

○ 技能目标

(1)能够熟练掌握4D产品质量检验的内容及工作流程。

(2)能够对空中三角测量成果资料质量、数据质量、附件质量进行检查。

(3)能够对DEM、DOM、DLG成果进行详查与概查。

素质目标

(1)提升学生对测绘产品质量控制重要性的认识，为高质量发展提供数据要素保障。
(2)培养学生构建新安全格局、严守测绘地理信息产品质量底线的意识。
(3)培养学生科学、严谨的测绘产品质量检验态度。

任务 7-1　4D 产品质量控制内容与措施

任务描述

测绘地理信息项目实行“两级检查、一级验收”制度，作业部门负责过程检查，测绘单位负责最终检查，项目委托方负责项目验收。必要时，可在关键工序、难点工序设置检查点，或开展首件成果检验。4D 产品也适用于这种质量控制制度，但由于 4D 产品其自身特点，表征其质量的因素有很多，从产品生产与质量控制的角度来看，目前作业单位过程质量控制重在数学精度检验。4D 产品质量检查可采用计算机自动检查、计算机辅助检查、人工检查等方式，主要方法包括参考数据对比、野外实测和内部检查等，本任务将重点学习 4D 产品质量检查的流程及计算方法。

任务目标

(1)了解 4D 产品两级检查一级验收的基本要求。
(2)掌握 DEM、DOM、DLG 质量控制主要内容。
(3)掌握 4D 产品质量检验工作流程。
(4)掌握 4D 产品数学精度检测计算方法。

相关知识

随着我国基础地理信息库的建设和数字化测图技术发展，4D 产品得到了广泛的生产，以 4D 产品为主的数字测绘成果已经成为测绘领域重要的应用产品，4D 产品构成了地理信息系统的基础数据框架。数字测绘 4D 产品主要是指数字高程模型(DEM)、数字正射影像图(DOM)、数字线划图(DLG)与数字栅格地图(DRG)。

数字高程模型是在一定范围内通过规则格网点描述地面高程信息的数据集，用于反映区域地貌形态的空间分布。

数字正射影像图是将地表航空航天影像经垂直投影，并按图幅范围进行裁切，配以图廓整饰而生成的影像数据集。

数字线划图是以点、线、面形式或地图特定图形符号形式表达地形要素的地理信息矢量数据集。

数字栅格地图是现有纸质地形图经计算机处理得到的栅格数据文件。

○ 任务实施

1. 实行两级检查一级验收

4D 产品应依次通过测绘单位作业部门的过程检查、测绘单位质量管理部门的最终检查和生产委托方的验收。各级检查工作应独立进行，不应省略或替代。过程检查对批成果中的单位成果进行全数检查，不做单位成果质量评定。最终检查对批成果中的单位成果进行全数检查并逐幅评定单位成果质量等级。验收对批成果中的单位成果进行抽样检查并评定质量等级，同时以批成果合格判定条件判定批成果质量等级。

1) 过程检查

通过自查、互查的单位成果，才能进行过程检查。过程检查应对单位成果逐一详查。检查出的问题、错误，复查的结果应在检查记录中记录。对于检查出的错误修改后应复查，直至检查无误，方可提交最终检查。

2) 最终检查

通过过程检查的单位成果，才能进行最终检查。最终检查应对单位成果逐一详查。对野外实地检查项，可抽样检查，样本量不应低于相关规定要求(表 7-1)。检查出的问题、错误，以及复查的结果应在检查记录中记录。最终检查应审核过程检查记录。最终检查不合格的单位成果退回处理，处理后再进行最终检查，直至检查合格。最终检查合格的单位成果，对于检查出的错误修改后经复查无误，方可提交验收。最终检查完成后，应编写检查报告，随成果一并提交验收。

表 7-1　样本量确定表

批　量	样本量	批　量	样本量
≤20	3	121～140	12
21～40	5	141～160	13
41～60	7	161～180	14
61～80	9	181～200	15
81～100	10	≥201	分批次提交，批次数应最小
101～120	11		

注：当批量小于或等于 3 时，样本量等于批量，为全数检查。

3) 验收

单位成果最终检查全部合格后，才能进行验收。样本内的单位成果应逐一详查，样本外的单位成果根据需要进行概查。检查出的问题、错误，以及复查的结果应在检查记录中记录。验收应审核最终检查记录。验收不合格的批成果退回处理，并重新提交验收。重新验收时，应重新抽样。验收合格的批成果，应对检查出的错误进行修改，并通过复查核实。验收工作完成后，应编写检验报告。

2. 过程质量控制

在数字测绘成果生产过程中，每完成一道工序应及时自检。在完成自查的基础上分工

序、有重点地进行作业组互检。

1) DEM 生产质量控制的主要内容

数字高程模型(DEM)需检查特征点线、水域线面及推测区采集的完整性和合理性；DEM 是否切准地面，是否超出限值；接边和镶嵌是否符合要求；高程是否异常(可利用左、右正射影像进行零立体观测，或利用立体测图采集的等高线数据分别与 DEM 内插等高线、晕渲 DEM 进行套合检查)；DEM 的坐标系统、投影参数、格网尺寸、起止点坐标等是否符合要求；高程中误差是否符合技术要求；格网高程值是否存在粗差，同名格网高程值是否符合技术要求；元数据、图历簿及相关文件资料内容的正确性和完整性。

2) DOM 生产质量控制的主要内容

数字正射影像图(DOM)需检查镶嵌是否合理，接边差是否符合技术要求；坐标系统、投影参数、分辨率、起止点坐标等是否符合要求；平面位置中误差是否符合技术要求；影像是否存在模糊、错位、扭曲、重影、变形、拉花、脏点、划痕等问题；测区内影像是否清晰，色调(色彩)是否均衡一致，有无明显的像片拼接痕迹；保密处理是否符合技术要求；元数据、图历簿及相关文件资料内容的正确性和完整性。

3) DLG 生产质量控制的主要内容

数字线划图(DLG)需检查立体测图成果是否符合要求；应进行数字线划图、数字正射影像图叠合检查；检查等高线、高程注记点与数字高程模型成果高程的一致性；调绘成果、野外补测成果是否符合技术要求；DLG 成果的平面位置中误差、高程中误差是否符合技术要求；保密处理是否符合技术要求；元数据、图历簿及相关文件资料内容的正确性和完整性。

3. 4D 产品质量检验工作流程

4D 产品质量检验工作流程包括检验前准备、抽样、成果质量检验(包括详查与概查)、质量评定、报告编制和资料整理，如图 7-1 所示。具体内容如下。

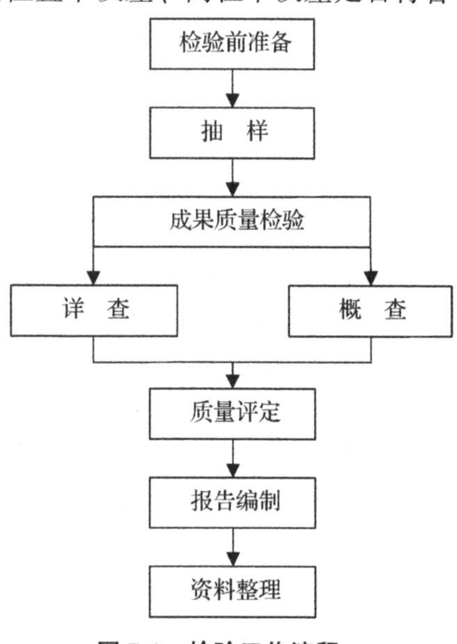

图 7-1　检验工作流程

1) 检验前准备

检验前首先要组成批成果，批成果应由同一技术设计书指导下生产的同等级、同规格单位成果汇集而成。生产量较大时，可根据生产时间的不同、作业方法不同或作业单位不同等条件分别组成批成果，实施分批检验。

检验前应收集项目设计、相关技术资料及标准，核查上一级检查完成情况，明确检验内容及方法，准备检验物资，制订工作计划，必要时应编制检验方案。

2) 抽样

抽样时，要先确定抽样方法，抽样并提取相应资料及数据。数字线划图(DLG)、数字高程模型(DEM)单位成果以“幅”为单位；数字正射影像图(DOM)单位成果以“幅”或“景”

为单位；特殊情况可按设计要求，依据项目相关技术文档和成果资料等确定单位成果总数。

当被检成果中包含不同规格成果时，应按不同规格成果分别组成检验批。当检验成果总数不小于 201 时，应根据作业区域、生产方式和成果完成时间和地形类别等分批次抽样，使批次数量最小，各批次批量应均匀。同时，批次确定宜与前期检验批次顺延。根据批量，样品量的确定按表 7-1 中规定执行。

抽样一般采用简单随机抽样方式，也可根据生产单位、生产方式、生产时间、地形类别和困难类别等因素，采用分层随机抽样。样本尽量分布均匀，考虑图幅接边、跨带等因素。

抽样前还要核实检验样本资料完整性，当检验样本资料不完整，对检验工作的实施存在影响时，要停止抽样。样本资料包括：技术设计书、相关技术规定和技术文件；技术总结、检查报告及相应检查记录；接合图表（含图名、图号、地形类别、经纬度范围等信息）；按技术设计要求组织的样本（若需概查应为全部成果）及接边成果数据；生产所用仪器设备检定和检校资料等；相关参考数据、过程数据和文档资料。

抽样时应填写《测绘成果检验抽样单》，当检验批划分为多个批次检验时，各批次成果可同时抽样，填写同一份《测绘成果检验抽样单》。

3）成果质量检验

对成果实施详查，必要时进行概查；详查与概查具体内容及方法见任务 7-3、任务 7-4、任务 7-5 的任务实施。

4）质量评定

质量评定阶段应妥善检验记录，评定单位成果质量及等级，判定批成果质量。

单位成果质量评定通过单位成果质量分值评定质量等级，质量等级划分为优级品、良级品、合格品、不合格品 4 级。概查只评定合格品、不合格品两级。详查评定 4 级质量等级。

批成果质量判定通过合格判定条件，确定批成果的质量等级，质量等级划分为合格批、不合格批两级。样本中未发现不合格的单位成果，且概查时未发现不合格的单位成果，可确定为批合格，测绘单位对验收中发现的各类质量问题均应修改；样本中发现不合格单位成果，或概查中发现不合格单位成果，或不能提交批成果的技术性文档（如设计书、技术总结、检查报告等）和资料性文档（如接合表、图幅清单等），可确定为批不合格，测绘单位对批成果逐一查改合格后，重新提交验收。

5）报告编制

报告编制阶段要按相关要求编制检验报告。委托检验报告的内容、格式按《数字测绘成果质量检查与验收》（GB/T 18316—2008）的规定执行；监督检验报告的内容、格式按《测绘成果质量监督抽查与数据认定规定》（CH/T 1018—2009）的规定执行；检查报告的编制按《数字测绘成果质量检查与验收》（GB/T 18316—2008）的规定执行。

6）资料整理

资料整理阶段要汇总、整理和完善检验记录、数据和资料，按档案管理要求存档。

4. 4D 产品数学精度检测

4D 产品位置精度检测中，无论是 DEM 的高程中误差、DOM 的平面位置中误差，还是 DLG 的平面绝对位置中误差、平面相对位置中误差、高程注记点和等高线高程中误差，都属于数学精度检测。检测需按单位成果统计数学精度，困难时可以适当扩大统计范围。

当检测点(边)数量小于 20 时，以误差的算术平均值代替中误差；当检测点(边)数量大于等于 20 时，按中误差统计。高精度检测时，在允许中误差 2 倍以内(含 2 倍)的误差值均应参与精度统计，超过允许中误差 2 倍的误差视为粗差；同精度检测时，在允许中误差 $2\sqrt{2}$ 倍以内(含 $2\sqrt{2}$ 倍)的误差值均应参与精度统计，超过允许中误差 $2\sqrt{2}$ 倍的误差视为粗差。

高精度检测时，中误差计算按下式执行：

$$M = \pm \sqrt{\frac{\sum_{i=1}^{n} \Delta_i^2}{n}} \tag{7-1}$$

式中：M——成果中误差；

n——检测点(边)数量；

Δ_i——较差。

同精度检测时，中误差计算按下式执行：

$$M = \pm \sqrt{\frac{\sum_{i=1}^{n} \Delta_i^2}{2n}} \tag{7-2}$$

5. 任务相关测绘标准

①《数字测绘成果质量要求》(GB/T 17941—2008)。

②《数字测绘成果质量检查与验收》(GB/T 18316—2008)。

③《测绘成果质量检查与验收》(GB/T 24356—2009)。

④《测绘成果质量监督抽查与数据认定规定》(CH/T 1018—2009)。

○ 巩固练习

(1)两级检查一级验收分别由哪些部门、单位组织实施？

(2)4D 产品检查验收的步骤有哪些？

(3)4D 产品检查过程中哪些检验内容属于数学精度检测？

任务 7-2　空中三角测量成果检查

○ 任务描述

空中三角测量是 4D 产品作业生产过程中的一个重要环节，其作业过程主要包括准备工作、内定向、相对定向、绝对定向和区域网平差、区域网接边等。影响空中三角测量精度的因素大致分为两类：一是直接影响原始观测数据精度的因素，如航摄仪类型、摄影比例尺、空三作业所使用的量测仪器及摄影材料等稳定性和影像系统误差的改正等；二是影响区域网几何强度的因素，如区域网像控点的精度、数量及其分布，航空摄影覆盖方式，辅助数据的运用情况等。本任务将学习空中三角测量成果检查、外业控制点和检查点成果使用正确性检查、航摄仪检定参数与航摄参数检查、各项平差计算的精度检查和提交成果完整性检查。

任务目标

(1)掌握空中三角测量质量要求及检查过程。

(2)掌握 IMU/GPS 辅助空三质量检查与验收内容。

(3)掌握低空数字航摄空三精度要求。

相关知识

空中三角测量是利用航摄像片与所摄目标之间的空间几何关系，根据少量像片控制点，计算待求点的平面位置、高程和像片外方位元素的测量方法。空中三角测量分为利用光学机械实现的模拟法和利用电子计算机实现的解析法两类。

解析法空中三角测量是根据像片上的像点坐标(或单元立体模型上点的坐标)同地面点坐标的解析关系或每两条同名光线共面的解析关系，构成摄影测量网的空中三角测量。建立摄影测量网和平差计算等工作都由计算机来完成。建网的方法有多种，最常用的是航带法、独立模型法和光束法。

GPS 辅助空中三角测量是利用装在飞机和设在地面的一个或多个基准站上的至少两台 GPS 信号接收机同时且连续地观测 GPS 卫星信号，通过 GPS 载波相位测量差分定位技术的离线数据后处理获取航摄仪曝光时刻摄站的三维坐标，然后将其视为附加观测值引入摄影测量区域网平差中，经采用统一的数学模型和算法以整体确定点位并对其质量进行评定的理论、技术和方法。

定位定姿系统(position and orientation system，POS)是集差分 GPS(DGPS)技术和惯性测量装置(IMU)技术于一体，可以获取移动物体的空间位置和三轴姿态信息，广泛应用于飞机、轮船和导弹的导航定位。POS 主要包括 GPS 信号接收机和惯性测量装置两个部分，也称 IMU/GPS 集成系统。利用 POS 系统可以在航空摄影过程中直接测定每张像片的 6 个外方位元素，从而进一步减少外业像片控制测量工作，提高摄影测量的生产效率。

任务实施

1. 数字航空摄影测量空中三角测量质量要求

1)对控制测量、航摄、影像的要求

像片控制点的精度和点位分布应符合相关标准《数字航空摄影测量规范》(CH/T 3006—2011)的规定。

数码航摄资料根据相应的成像方式应符合相关标准的规定。

数码航摄仪获取的影像，如为黑白影像，辐射分辨率不应小于 8 bit，灰度直方图基本呈正态分布，影像反差适中，色调基本一致，纹理清楚，层次丰富；如为彩色影像，辐射分辨率不应小于 12 bit，饱和度等级不小于 10 级，色彩还原真实准确，不失真，无偏色，幅与幅之间色调基本一致；影像清晰，细节完整，影像拼接处过渡自然，不影响像点观测。

2）精度要求

连接点的中误差一般采用检查点(多余像片控制点，不参与平差)的中误差进行估算。以大比例尺为例，区域网平差计算结束后，连接点对最近野外控制点的平面位置中误差、高程中误差不得大于表 7-2 中的相关规定，其他比例尺按相关规定执行。

表 7-2　连接点对最近野外控制点平面位置与高程中误差最大限值　　单位：m

成图比例尺	平面位置中误差				高程中误差			
	平地	丘陵	山地	高山地	平地	丘陵	山地	高山地
1∶500	0. 175	0. 175	0. 25	0. 25	0. 15	0. 28(0. 15)	0. 35	0. 5
1∶1000	0. 35	0. 35	0. 5	0. 5	0. 28(0. 15)	0. 35	0. 5	1. 0
1∶2000	0. 7	0. 7	1. 0	1. 0	0. 28(0. 15)	0. 35	0. 8	1. 2

注：表中加括号处为 0. 5m 等高距的高程中误差。

3）内定向要求

框标坐标残差绝对值一般不大于 0. 010mm，最大不超过 0. 015mm。内定向应采用仿射变换进行框标坐标计算。像点量测坐标需考虑像主点位置、航摄仪物镜畸变、大气折光、地球曲率等系统误差的影响。可以使用自检校平差消除像点量测坐标的系统误差。框幅式数码航摄仪获取的影像需使用焦距、像素大小、像素行数和列数、像素值参考位置等航摄仪鉴定资料(注意影像坐标系统的方向定义)。内定向超限时，应分析原因，采取补救措施，如重测、重新扫描影像、采用自检校平差消除像点量测坐标的系统误差等。

4）相对定向要求

相对定向精度规定，连接点上下视差中误差不应大于数码航摄仪获取影像的 1/3 像素，连接点上下视差最大残差不应大于数码航摄仪获取影像的 2/3 像素，特别困难资料或地区可放宽 0. 5 倍。数码航摄影像模型连接较差限值一般取扫描数字化航摄影像模型连接较差限值相应计算值的 1/2。每个像对连接点应分布均匀，每个标准点位区应有连接点。自动相对定向时，每个像对连接点数量一般不少于 30 个。标准点位区落水时，应沿水涯线均匀选择连接点。航向连接点宜 3°重叠，旁向连接点宜 6°重叠。扫描数字化航摄影像，连接点距离影像边缘应大于 1. 5cm；数码航摄仪获取的影像，在精确改正畸变差的基础上，连接点距离影像边缘可放宽至 0. 1cm，自由图边在图廓线以外应有连接点。自动航线连接时，应注意外方位元素等辅助参数的使用方法，如是否包含 GPS 天线质量所差生的误差的改正等。

5）绝对定向与区域网平差计算要求

区域网平差计算结束后，基本定向点(测图定向点)残差限值为连接点中误差限值的

0.75倍，检查点误差限值为连接点中误差限值的1.0倍，区域网间公共点较差限值为连接点中误差限值的2.0倍。以1∶2000比例尺为例，基本定向点残差、检查点误差、公共点较差最大限值见表7-3所列。

表7-3　基本定向点残差、检查点误差、公共点较差最大限值　　单位：m

成图比例尺	点别	平面位置中误差				高程中误差			
		平地	丘陵	山地	高山地	平地	丘陵	山地	高山地
1∶2000	基本定向点	0.6	0.6	0.8	0.8	0.2 (0.11)	0.26	0.6	0.9
	检查点	1.0	1.0	1.4	1.4	0.28 (0.15)	0.4	1.0	1.5
	公共点	1.6	1.6	2.2	2.2	0.56 (0.3)	0.7	1.6	2.4

区域网应根据航摄分区、可利用控制点的分布以及地形条件等情况灵活划分，可以合并多个航摄分区为一个区域网。平差计算时对连接点、像片控制点进行粗差检测，剔除或修测检测出的粗差点。对于IMU/GPS辅助空中三角测量和GPS辅助空中三角测量，导入摄站点坐标、像片外方位元素进行联合平差，应注意GPS天线质量所差生的误差、IMU偏心角系统改正值。

水系平差应把野外施测的水位点高程换算至摄影时期的水位高程，作为控制定向点直接参与平差计算；平差计算后，根据野外施测的水位点和内业量测的水位点，在立体观测下，依据地势变化状况，加减配赋改正，其加减改正数不应大于平地连接点高程中误差。

同比例尺、同地形类别像片、航线、区域网之间的公共点接边，平面和高程较差不大于绝对定向与区域网平差计算的规定，取中数作为最后使用值。同比例尺不同地形类别接边时，平面位置较差不大于表7-2规定的连接点平面位置中误差之和，高程较差不大于表7-2规定的连接点高程中误差之和，将实际较差按中误差的比例进行配赋作为平面和高程的最后使用值。不同比例尺接边，平面位置较差不大于表7-2规定的连接点平面位置中误差之和，高程较差不大于表7-2规定的连接点高程中误差之和，将实际较差按中误差的比例进行配赋作为平面和高程的最后使用值。与已成图或出版图接边，当较差小于上述规定限差的1/2时以已成图或出版图为准；当较差大于上述规定限差1/2且小于规定限差时，应取中数作为最后使用值；超限时，要认真检查原因，确系已成图或出版图错误，直接采用当前成果，在图历簿中注明。不同投影带之间公共点平面坐标接边，首先换算成同一带坐标值，在规定限差内取中数，然后将中数值换算成邻带坐标值。

根据需要从连接点中选择精度较高的点作为测图定向点；根据需要进行单模型绝对定向，检查测图定向点残差，若超限应进行人工修测。

6)空中三角测量成果质量检查

①外业控制点和检查点成果使用正确性检查。检查像控点布设及测量质量是否符合《数字航空摄影测量　控制测量规范》(CH/T 3006—2011)的规定，检查区域网内基本定向点的平面和高程坐标值是否正确，多余控制点的平面和高程坐标值是否正确，是否有被遗

漏未用的外业像片控制点。

②航摄仪检定参数与航摄参数检查。检查航摄仪参数使用是否正确，如像片坐标系使用是否正确、框标坐标值输入是否正确、航摄仪焦距使用是否正确、航摄仪镜头自准轴主点坐标输入是否正确、航摄仪镜头对称畸变差测定值输入是否正确、各航带航空摄影飞行方向标志输入是否正确等。

③各项平差计算的精度检查。主要对内定向、相对定向、绝对定向和区域网接边等精度进行检查，如内定向、相对定向结果是否满足精度要求，输出成果是否规范；基本定向点残差、多余控制点较差是否在精度范围之内；相邻测区接边点的较差是否在精度范围之内。

④提交成果完整性检查。检查用户或下一工序需要的成果是否齐全、完整。

7）成果验收及上交

空中三角测量作业完成后，质量检查及检查报告编写要求按《数字测绘成果质量检查与验收》（GB/T 18316—2008）执行。通过验收的空中三角测量成果应按以下内容逐项登记整理并上交：成果清单；相机文件；像片控制点坐标；连接点或测图定向点像片坐标和大地坐标；每张像片的内、外方位元素；连接点分布略图；保密检查点大地坐标；技术设计书；技术总结；检查报告与验收报告；其他资料。

2. IMU/GPS 辅助航空摄影成果质量检查与验收

1）成果质量检查

IMU/GPS 数据质量检查的主要内容包括偏心分量测定精度是否满足要求；基站 GPS 和机载 GPS 卫星信号有无失锁、缺失；event mark 信号有无重复和丢失；IMU 数据是否正常和连续，并与 GPS 时间同步；IMU/GPS 数据处理精度是否满足要求。当采用 GPS 精密单点定位技术时，无基站 GPS 相关检查内容。

基站点位测量和检校场控制测量质量检查的主要内容包括基站点位的测量精度以及检校场控制测量的精度是否满足要求。

飞行质量和摄影质量检查包括检校场的航摄飞行是否按照设计方案进行，当检校场的航摄影像中含有少量云或雾，但不影响空中三角测量与后续作业时，也为合格。其他飞行质量和摄影质量依据采用的航摄仪类型及成图比例尺，分别按照《1：5000　1：10000　1：25000　1：50000　1：100000 地形图航空摄影规范》（GB/T 15661—2008）、《数字航空摄影规范　第 1 部分：框幅式数字航空摄影》（GB/T 27920.1—2011）的相应规定执行。

附件质量检查主要包括各种表格、图件、报告、记录和包装等附件是否填写正确、完整。

2）成果整理和验收

IMU/GPS 辅助航空摄影成果按照 IMU/GPS 相关纸质文档资料、地面控制测量相关纸质文档资料、刺点片、数据资料等分开装盒组卷。卷外包装中间位置应粘贴标签，标签应注记卷名、摄区名称、摄区代号、航摄比例尺（地面分辨率）、航摄时间和航摄单位等内容。IMU/GPS 相关纸质文档资料和地面控制测量相关纸质文档资料应分项单独装订成册，存放在A4幅面的档案盒内；每份档案盒中必须包含资料清单。刺点片应采用与刺点片幅面尺寸相适应的像片盒存放，并在盒外标签注记，注记应包含摄区名称、摄区代号、航摄比例尺或地面分辨率、航摄时间、航摄单位、像片总数和像片号等内容。数据资料中电子文档的名称和内容应与纸质文档一致。数据资料中除必须采用特定格式的文件外，一般应采用纯文本文件格式进行存储，同时提供数据格式说明。设计书、各种报告等电子文档资料需提交WORD和PDF两种格式。所有GPS观测数据需提交原始数据和RINEX数据两种格式。

航摄执行单位按《IMU/GPS辅助航空摄影技术规范》(GB/T 27919—2011)和摄区合同的规定对全部航摄成果资料逐项进行认真的检查，并详细填写检查记录手簿。航摄执行单位质检合格后，将全部成果资料整理齐全，移交委托单位代表验收。航摄委托单位代表依据《IMU/GPS辅助航空摄影技术规范》(GB/T 27919—2011)、航摄合同及《IMU/GPS辅助航空摄影技术规范》(GB/T 27919—2011)的规定对全部成果资料进行验收，双方代表协商处理检查验收工作中发现的问题，航摄委托单位代表最终给出成果资料的质量评定结果。成果质量验收合格后，双方在移交书上签字，并办理移交手续。

航摄委托单位代表完成验收后，应写出验收报告。报告主要内容应包括：航摄的依据；完成的航摄图幅数和面积；对成果资料质量的基本评价，包括对IMU/GPS数据、外方位元素成果的质量评价；存在的问题及处理意见等。

3. 低空数字航空摄影测量空中三角测量检查

1)低空航摄空三精度要求

数字线划图、数字高程模型、数字正射影像图制作时，内业加密点对附近野外控制点的平面位置中误差、高程中误差按《1：500　1：1000　1：2000地形图航空摄影测量内业规范》(GB/T 7930—2008)要求执行。成果仅用于数字正射影像图制作时，高程精度可适当放宽。

制作数字线划图(B类)、数字正射影像图(B类)时，内业加密点对附近野外控制点的平面位置中误差、高程中误差不应大于表7-4规定。成果仅用于数字正射影像图(B类)制作时，高程精度可适当放宽。

表7-4　内业加密点对附近野外控制点的平面位置中误差、高程中误差最大限值

单位：m

成图比例尺	平面位置中误差		高程中误差			
	平地、丘陵	山地、高山地	平地	丘陵	山地	高山地
1：500	0.4	0.55	0.35	0.35	0.5	1.0
1：1000	0.8	1.1	0.35	0.35	0.8	1.2
1：2000	1.75	2.5	1.0	1.0	2.0	2.5

2) 低空航摄空三相对定向要求

连接点上下视差中误差为 2/3 个像素，最大残差 4/3 个像素，特别困难地区(大面积沙漠、戈壁、沼泽、森林等)可放宽 0.5 倍。每个像对连接点应分布均匀，自动相对定向时，每个像对连接点数目一般不少于 30 个；人工相对定向时，每个像对连接点数目一般不少于 9 个。在精确改正畸变差的基础上，连接点距影像边缘不应小于 100 个像素。其他要求按《数字航空摄影测量 空中三角测量规范》(GB/T 23236—2009)相关规定执行。

3) 低空航摄空三绝对定向要求

制作数字线划图、数字高程模型、数字正射影像图时，区域网平差计算结束后，基本定向点残差、检查点误差及公共点较差按《1∶500　1∶1000　1∶2000 地形图航空摄影测量内业规范》(GB/T 7930—2008)规定执行。成果仅用于数字正射影像图制作时，高程精度可适当放宽。

制作数字线划图(B 类)、数字正射影像图(B 类)时，区域网平差计算结束后，基本定向点残差为加密点中误差的 0.75 倍；1∶500、1∶1000 检查点的误差为加密点中误差的 1.25 倍，1∶2000 检查点的误差为加密点中误差的 1.0 倍；公共点较差为加密点中误差的 2.0 倍。

4. 任务相关测绘标准

①《字航空摄影测量　空中三角测量规范》(GB/T 23236—2009)。

②《IMU/GPS 辅助航空摄影技术规范》(GB/T 27919—2011)。

③《低空数字航空摄影测量内业规范》(CH/Z 3003—2010)。

④《数字航空摄影测量　控制测量规范》(CH/T 3006—2011)。

⑤《数字测绘成果质量检查与验收》(GB/T 18316—2008)。

⑥《1∶5000　1∶10000　1∶25000　1∶50000　1∶100000 地形图航空摄影规范》(GB/T 15661—2008)。

⑦《数字航空摄影规范　第 1 部分：框幅式数字航空摄影》(GB/T 27920.1—2011)。

⑧《IMU/GPS 辅助航空摄影技术规范》(GB/T 27919—2011)。

⑨《测绘成果质量检查与验收》(GB/T 24356—2023)。

⑩《1∶500　1∶1000　1∶2000 地形图航空摄影测量内业规范》(GB/T 7930—2008)。

○ 巩固练习

(1)空中三角测量的质量控制主要进行哪些检查?

(2)IMU/GPS 数据质量检查的主要内容有哪些?

(3)空中三角测量、低空航摄空三的连接点上下视差中误差分别应不大于多少?

任务 7-3 DEM 成果检查

○ 任务描述

目前，DEM 最常用的数据采集方法依然是航空摄影测量法，其生产主要包括资料准备、定向、特征点线采集、构建不规则三角网内插 DEM、数据编辑、数据接边、数据镶嵌与裁切等环节。但随着利用空间传感器方法，特别是利用机载激光雷达（LiDAR）进行数据采集的快速兴起，快速获取地球表面及感兴趣目标物体三维形状点云数据更加容易。本任务中对 DEM 成果检查的学习主要包括空间参考系、位置精度、逻辑一致性、时间精度、栅格质量、附件质量等质量元素。

○ 任务目标

（1）掌握 DEM 成果详查与概查的内容及方法。

（2）能够对 DEM 成果进行详查与概查。

○ 相关知识

DEM 是在一定范围内通过规则格网点描述地面高程信息的数据集，用于反映区域地貌形态的空间分布。DEM 是国家基础地理信息数字成果的主要组成部分。

DEM 成果由 DEM 数据、元数据及相关文件构成。相关文件是指需要随数据同时提供的说明信息，如高程推测区范围等。

DEM 成果按精度分为 3 级，其中一级代号为 A，二级代号为 B，三级代号为 C。DEM 成果精度用格网点的高程中误差表示，高程中误差的两倍为采样点数据最大误差。1∶500、1∶1000、1∶2000 数字高程模型高程值应取位至 0.01m，高程值存储时可以采用浮点型或放大至整型。以 1∶2000 比例尺为例，数字高程模型精度分级见表 7-5。

表 7-5 数字高程模型精度指标及分级 单位：m

比例尺	地形	高程中误差		
		一级	二级	三级
1∶2000	平地	0.40	0.50	0.75
	丘陵	0.50	0.70	1.05
	山地	1.20	1.50	2.25
	高山地	1.50	2.00	3.00

○ 任务实施

1. 详查检验内容及方法

DEM 详查的检验内容与方法见表 7-6。

表 7-6　DEM 详查质量概查的检验内容及方法

质量元素	质量子元素	检验内容	检验方法
空间参考系	大地基准	坐标系统	核查分析
	高程基准	高程基准	
	地图投影	投影参数	
位置精度	高程精度	高程中误差	比对分析、实地检测
		套合差	比对分析、核查分析
		同名格网高程值	比对分析
逻辑一致性	格式一致性	数据归档	核查分析
		数据格式	
		数据文件	
		文件命名	
时间精度	现势性	原始资料	核查分析、比对分析
		成果数据	
栅格质量	格网参数	格网尺寸	核查分析
		格网范围	
附件质量	元数据	项错漏	核查分析
		内容错漏	
	图历簿	内容错漏	
	附件资料	完整性	
		正确性	
		权威性	

具体检验方法如下。

1）核差数据正确性

空间参考系需核查分析数据的平面坐标系统、高程基准、地图投影参数的正确性。以 1∶2000 比例尺 DEM 为例，平面坐标系应采用 2000 国家大地坐标系，高程基准采用 1985 国家高程基准，确有必要时，可采用依法批准的其他独立坐标系或其他高程基准。地图投影应采用高斯-克吕格投影，按 3°分带；确有必要时可按 1.5°分带。

2）检测位置精度

位置精度需检测高程中误差、套合差、同名格网高程值。

①高程中误差。利用成图区域的图根控制成果时，按《1∶500　1∶1000　1∶2000 地形图质量检验技术规程》（CH/T 1020—2010）中 6.2.2.3 的规定，对所需的图根点进行检测；当被检项目图根控制成果不能满足检测需要时，在等级控制点基础上布设检测控制点，检测控制点测量应符合相关规范和技术要求；采用摄影测量法时，应核查分析控制点或加密成果，当其符合相关技术要求时才能采用。

高程检测点数量视成果规格、成图范围、地形类别、成果生产方式、高程检测点的获取方式等情况确定，每个样本图幅一般选择 20～50 个检测点；高程检测点位置应分布均匀，避免选择高程急剧变化处、桥面等非自然地表处；选择位于草绘等高线区域、雪域、沙丘、乱掘地，以及大面积森林、建筑物密集覆盖区等高程推测区的高程检测点，应予以标注说明。

高程检测点要根据项目特点、成果生产方式、资料、仪器设备、软件、自然条件等情况，在满足测图精度的前提下，选择最适宜的获取方法。野外实测法可采用全球导航卫星系统(GNSS)测量法或极坐标法采集检测点坐标。当采用 GNSS 测量法观测时，应进行测前、测后与已知点坐标比对检核；当采用极坐标法时，应进行后视坐标和高程检核。已有成果比对法可利用高精度或同精度的地形图、数字高程模型等成果获取检测点坐标。摄影测量法(适用于摄影测量方式生产的 DEM)利用不低于加密点精度的已知点作为控制点，采用空三加密方法，按加密点的精度要求选取、观测、平差计算出检测点坐标；或利用被检项目的加密成果，在摄影测量系统中恢复或重建立体模型，在立体模型上采集检测点坐标。

高程中误差统计需利用采集的检测点与成果中同名点进行高程比较，计算出 DEM 内插点高程中误差。精度统计按单位成果进行。若项目对高程推测区有精度要求，当单位成果中有大面积高程推测区时，该区域精度统计应单独进行，否则不统计。高程中误差计算按任务 7-1 中的“4. 4D 产品数学精度检测”相关内容进行，1 ∶ 2000 比例尺 DEM 精度指标见表 7-5，其他比例尺按相关标准规定执行。

②套合差检查。对于利用等高线、高程点等高程要素构造不规则三角网(TIN)内插生成的 DEM 成果，要比对分析 DEM 成果反生成的等高线与原始等高线间同名等高线的套合误差是否超限，或将 DEM 成果与立体模型套合，比对分析 DEM 高程点与立体的切合是否满足精度要求；对照数字正射影像图(DOM)、数字线划图(DLG)、地形图等资料数据，比对分析静止水域处的 DEM 高程值是否一致、合理，流动水域的 DEM 高程值是否自上而下平缓过渡、关系合理；核查分析高程推测区高程处理方式的正确性；核查分析高程空白区高程值的正确性。

③同名格网高程值检查。利用程序自动检查或调用相邻图幅比对分析同名格网点高程值接边是否符合要求。

3) 逻辑一致性检查

利用程序自动检查或调用数据核查分析数据文件存储、组织的符合性，数据文件格式、文件命名的正确性，数据文件有无缺失、多余，数据是否可读。

4) 时间精度检查

比对分析生产中使用的各种资料是否符合现势性要求，核查分析成果是否符合现势性要求。

5) 栅格质量检查

栅格质量检查包括格网尺寸和格网范围，可利用程序自动检查或调用数据核查分析格网尺寸的正确性；格网范围可利用程序自动检查或调用数据核查分析格网起点坐标、格网行列数或格网起止点坐标，分析 DEM 有效范围的正确性。1 ∶ 500、1 ∶ 1000、1 ∶ 2000 比例尺 DEM 成果宜采用的格网尺寸见表 7-7，其他比例尺按相关标准规定执行。

表 7-7　数字高程模型的格网最佳尺寸　　单位：m

比例尺	格网尺寸	比例尺	格网尺寸
1∶500	0.5	1∶2000	2
1∶1000	1		

6) 附件质量检查

附件质量需对元数据、图历簿和附属资料进行检查。元数据检查可利用程序自动检查或调用数据核查分析元数据文件的命名、格式，元数据项数目、顺序和各项内容填写的正确性、完整性。图历簿需核查分析各项内容填写的正确性、完整性。附属资料需核查分析各种基本资料和参考资料的完整性、正确性和权威性；技术设计、技术总结、检查报告及其他文档资料的齐全性、规整性；检查生产过程中技术问题处理情况在技术总结中有无描述和说明，是否符合相关的技术标准、规范以及技术设计要求；根据相关的技术标准、规范以及技术设计要求，检查技术总结是否能真实客观反映整个生产的技术过程，以及结果分析的真实性、可靠性。

2. 概查检验内容及方法

数字高程模型(DEM)概查的检验内容与方法见表 7-8 所列。

表 7-8　DEM 质量概查的检验内容及方法

质量元素	质量子元素	检验内容	检验方法
成图范围		测图范围	核查分析
空间参考系	大地基准	坐标系统	
	高程基准	高程基准	
	地图投影	投影参数	
逻辑一致性	格式一致性	数据归档 数据格式 数据文件 文件命名	核查分析
时间精度	现势性	原始资料 成果数据	核查分析、比对分析
栅格质量	格网参数	格网尺寸 格网范围	核查分析
其他	—	详查发现的系统性偏差、错误	—

成图范围检查需依照生产合同、技术设计等资料，核查分析成图范围是否正确、测图区域是否漏测。空间参考系、逻辑一致性、时间精度、栅格质量检查均与详查检验内容及方法一致。

除以上 5 个质量元素外，根据项目需要和检验所收集的资料情况，还要针对详查发现的系统性的偏差、错误，对批成果实施全面检查，检查方法按详查的相关规定执行。

3. 任务相关测绘标准

①《基础地理信息数字成果 1：500　1：1000　1：2000 数字高程模型》(CH/T 9008.2—2010)。

②《数字高程模型质量检验技术规程》(CH/T 1026—2012)。

③《1：500　1：1000　1：2000 地形图质量检验技术规程》(CH/T 1020—2010)。

○ 巩固练习

(1)DEM 成果按哪个精度指标分级?

(2)DEM 成果详查中质量元素位置精度检验内容有哪些?

(3)1：500、1：1000、1：2000 比例尺 DEM 格网尺寸分别应为多少?

任务 7-4　DOM 成果检查

○ 任务描述

DOM 的生产主要包括资料准备、色彩调整、DEM 采集、影像纠正(融合)、影像镶嵌、图幅裁切等环节，其成果检查包括空间参考系、位置精度、逻辑一致性、时间精度、影像质量、表征质量和附件质量等质量元素。本任务对 DOM 的质量控制主要针对几何精度检测和影像质量检查两个方面。

○ 任务目标

(1)掌握 DOM 成果详查与概查的内容及方法。

(2)能够对 DOM 成果进行详查与概查。

○ 相关知识

数字正射影像(digital orthophoto)是将地表航空航天影像经垂直投影而生成的影像数据集。参照地形图要求对正射影像数据按图幅范围进行裁切，配以图廓整饰，即成为 DOM，它具有像片的影像特征和地图的几何精度，是国家基础地理信息数字成果的主要组成部分之一。

DOM 由数字正射影像数据(包括影像定位信息)、元数据及相关文件构成。相关文件指需要随数据同时提供的信息，如图廓整饰等。

DOM 按颜色分为两类：一类是全色，代号为 D；另一类是彩色，代号为 C。

○ 任务实施

1. 详查检验内容及方法

DOM 详查的检验内容与方法见表 7-9 所列。

表 7-9　DOM 质量详查的检验内容及方法

质量元素	质量子元素	检验内容	检验方法
空间参考系	大地基准	坐标系统	核查分析
	高程基准	高程基准	
	地图投影	投影参数	
位置精度	平面精度	平面位置中误差	比对分析、实地检测
		影像接边	比对分析
逻辑一致性	格式一致性	数据归档	核查分析
		数据格式	
		数据文件	
		文件命名	
时间精度	现势性	原始资料	核查分析、比对分析
		成果数据	
影像质量	分辨率	地面分辨率	核查分析
		扫描分辨率	
	格网参数	图幅范围	
	影像特征	色彩模式	
		色彩特征	
		影像噪声	
		信息丢失	
表征质量	符号	符号规格	核查分析
		符号配置	
	注记	注记规格	核查分析、比对分析
		注记内容	
		注记配置	
	整饰	内图廓外整饰	
		内图廓线	
		千米网线	
		经纬网线	
附件质量	元数据	项错漏	核查分析
		内容错漏	
	图历簿	内容错漏	
	附件资料	完整性	
		正确性	
		权威性	

详细检验方法如下。

1) 核查数据正确性

空间参考系需核查分析数据的平面坐标系统、高程基准、地图投影参数的正确性。以 1∶2000 比例尺 DOM 为例，坐标系应采用 2000 国家大地坐标系，确有必要时，可采用依法批准的独立坐标系。地图投影应采用高斯-克吕格投影，按 3°分带；确有必要时可按

1.5°分带。

2) 检测位置精度

位置精度需进行平面位置中误差检测和影像接边检查。

①平面位置中误差。利用成图区域的图根控制成果时，按《1∶500 1∶1000 1∶2000 地形图质量检验技术规程》(CH/T 1020—2010)中的规定对所需的图根点进行检测；当被检项目图根控制成果不能满足检测需要时，在等级控制点基础上布设检测控制点，检测控制点测量应符合相关规范和技术要求；采用摄影测量法时，应核查分析控制点或加密成果，当其符合相关技术要求时才能采用。

平面检测点数量视规格、成图范围、地形类别、成果生产方式、平面检测点的获取方式等情况确定，每个样本图幅一般选取 20~50 个检测点；平面检测点位置应分布均匀，尽量选在影像特征点上，主要包括独立地物点、线状地物或影像明显的山脊山谷交叉点、地物明显的角点或拐点等。

平面检测点要根据项目特点、成果生产方式、资料、仪器设备、软件、自然条件等情况，在满足测图精度的前提下，选择最适宜的获取方法。野外实测法可采用全球导航卫星系统(GNSS)测量法或极坐标法采集检测点坐标。当采用 GNSS 测量法观测时，应进行测前、测后与已知点坐标比对检核；当采用极坐标法时，应进行后视坐标检核。已有成果比对法可利用高精度或同精度的地形图、数字高程模型等成果获取检测点坐标。摄影测量法(适用于摄影测量方式生产的 DOM)利用不低于加密点精度的已知点作为控制点，采用空三加密方法，按加密点的精度要求选取、观测、平差计算出检测点坐标；或利用被检项目的加密成果，在摄影测量系统中恢复或重建立体模型，在立体模型上采集检测点坐标。

平面位置中误差统计需利用采集的平面检测点与成果中同名点比较，计算出地物点平面位置中误差。精度统计按单位成果进行，平面位置中误差计算按任务 7-1 中的“4.4D 产品数学精度检测”相关内容进行。大比例尺 DOM 明显地物点的平面位置中误差不应大于表 7-10 规定，其他比例尺参照相关标准规定执行。

表 7-10 DOM 平面位置中误差最大限值 单位：mm

比例尺	平地、丘陵	山地、高山地
1∶500、1∶1000、1∶2000	0.6	0.8

②影像接边检查。利用程序自动检查或调用相邻图幅比对分析重叠区域处同名点的平面位置较差是否符合限差要求。以 1∶2000 比例尺 DOM 为例，接边误差不应大于两个像元。

3) 逻辑一致性检查

可利用程序自动检查或调用数据核查分析数据文件存储、组织的符合性，数据文件格式、文件命名的正确性，数据文件有无缺失、多余，数据是否可读。

4) 时间精度检查

比对分析生产中使用的各种资料是否符合现势性要求，核查分析成果是否符合现势性要求。

5) 影像质量检查

影像质量检查包括分辨率、格网参数、影像特征等质量子元素的检查。

分辨率检查是指利用程序自动检查或调用数据核查分析影像地面分辨率与航片扫描分辨率是否符合要求。大比例尺 DOM 地面分辨率应优于表 7-11 中规定，其他比例尺需按相关标准规定执行。

表 7-11　数字正射影像图影像分辨率，最低限值　　单位：m

比例尺	1∶500	1∶1000	1∶2000
地面分辨率	0.05	0.1	0.2

格网参数主要检查图幅范围，利用程序自动检查或调用数据核查影像起止点坐标是否符合要求。

影像特征检查包括色彩模式检查、色彩特征检查、影像噪声检查、信息丢失检查等。色彩模式检查需利用程序自动检查或调用数据核查分析影像色影模式、像素位是否符合要求。DOM 成果色彩模式分为全色和彩色两种，全色影像为 8 位(bit)，彩色影像为 24 位(bit)。色彩特征检查需利用目视检查的方法检查影像是否存在色调不均匀、明显失真、反差不明显的区域；影像是否色彩自然、层次丰富；影像是否存在明显拼接痕迹，拼接处影像亮度、色调是否一致；影像直方图是否接近正态分布；影像拼接处和相邻图幅接边处影像的亮度、反差、色彩是否均衡一致；影像是否模糊错位。影像噪声检查需目视检查影像是否存在噪声、污点、划痕、云及云影、烟雾等。信息丢失检查需利用目视检查的方法，检查影像是否存在因数据处理造成的纹理不清、模糊、清晰度差的区域；因亮度及反差过大导致的信息丢失；大面积噪声和条带；因纠正造成的数据丢失，地物扭曲、变形，漏洞等现象；影像拼接处重影、模糊、错开或者纹理断裂现象；建筑物等实体的影像不完整等质量问题。

6) 表征质量检查

表征质量检查包括符号检查、注记检查、整饰检查等内容。符号规格检查可调用数据核查分析各类符号图形、颜色、尺寸及位置的正确性；符号配置检查可调用数据核查分析符号配置的合理性。注记规格检查应调用数据核查分析各类注记颜色、大小、字体及位置的正确性；注记内容检查应调用数据对照参考资料比对分析注记内容的正确性；注记配置检查调用数据核查分析注记配置的合理性。整饰检查包括调用数据对照参考资料比对分析内图廓外注记内容的完整性、正确性，核查各要素位置、规格、颜色的符合性；调用数据核查分析内图廓线、千米网线、经纬网线的正确性。

7) 附件质量检查

附件质量需对元数据、图历簿和附属资料进行检查。元数据检查可利用程序自动检查或调用数据核查分析元数据文件的命名、格式，元数据项数目、顺序以及各项内容填写的正确性、完整性。图历簿需核查分析各项内容填写的正确性、完整性。附属资料检查包括核查分析各种基本资料、参考资料的完整性、正确性和权威性；技术设计、技术总结、检查报告及其他文档资料的齐全性、规整性；检查生产过程中技术问题处理情况在技术总结中有无描述和说明，是否符合相关的技术标准、规范以及技术设计要求；根据相关的技术标准、规范以及技术设计要求，检查技术总结是否能真实客观反映整个生产的技术过程，以及结果分析的真实性、可靠性。

2. 概查检验内容及方法

DOM 概查的检验内容与方法见表 7-12 所列。

表 7-12　DOM 概查的检验内容及方法

质量元素	质量子元素	检验内容	检验方法
成图范围		测图范围	检查分析
空间参考系	大地基准	坐标系统	核查分析
	高程基准	高程基准	
	地图投影	投影参数	
逻辑一致性	格式一致性	数据归档 数据格式 数据文件 文件命名	核查分析
时间精度	现势性	原始资料 成果数据	核查分析、比对分析
影像质量	分辨率	地面分辨率 扫描分辨率	核查分析
	格网参数	图幅范围	
	影像特征	色彩模式	
表征质量	整饰	内图廓外整饰 内图廓线 千米网线 经纬网线	核查分析、比对分析
其他	—	—	详查发现系统性偏差、错误

成图范围检查需依照生产合同、技术设计等资料，核查分析成图范围是否正确、测图区域是否漏测。空间参考系、逻辑一致性、时间精度、影像质量、表征质量检查均与详查检验内容及方法一致。

除以上 6 个质量元素外，根据项目需要和检验所收集的资料情况，还要针对详查发现的系统性的偏差、错误，对批成果实施全面检查，检查方法按详查的相关规定执行。

3. 任务相关测绘标准

①《基础地理信息数字成果 1∶500　1∶1000　1∶2000 数字正射影像图》(CH/T 9008.3—2010)。

②《数字正射影像质量检验技术规程》(CH/T 1027—2012)。

③《1∶500　1∶1000　1∶2000 地形图质量检验技术规程》(CH/T 1020—2010)。

巩固练习

（1）DOM 平面精度检测中每个样本图幅应选取多少个检测点？

（2）DOM 成果详查中质量子元素影像特征检验包括哪些？

（3）1∶500　1∶1000　1∶2000 比例尺 DOM 地面分辨率分别应为多少？

任务 7-5　DLG 成果检查

任务描述

DLG 生产与制作的主要作业方法是利用数字摄影测量系统，通过人工作业方式的三维跟踪立体测图方式的航空摄影测量法，其生产主要包括资料准备、数据采集与属性录入、图形数据和属性数据的编辑与接边等环节。DLG 成果检查包括空间参考、位置精度、属性精度、完整性、逻辑一致性、时间精度、表征质量、附件质量等质量元素，本任务中质量控制主要从几何精度检测和属性质量检查两个方面展开。

任务目标

（1）掌握 DLG 成果详查与概查的内容及方法。

（2）能够对 DLG 成果进行详查与概查。

相关知识

DLG 是以点、线、面形式或地图特定图形符号形式表达地形要素的地理信息矢量数据集。点要素在矢量数据中表示为一组坐标及相应的属性值；线要素表示为一串坐标组及相应的属性值；面要素表示为首位点重合的一串坐标组及相应的属性值。DLG 是我国基础地理信息数字成果的主要组成部分。

DLG 由数字线划图矢量数据（包括要素属性）、元数据及相关文件构成。矢量数据要包含《国家基本比例尺地图图示》（GB/T 20257.1—2017）、《基础地理信息要素数据字典》（GB/T 20258.1—2019）规定的定位基础（平面与高程），水系、居民地及设施、交通、管线、境界与政区、地貌、植被与土质等地形要素的空间坐标、属性和几何信息，以及注记、图廓整饰要素及图形数据等；元数据是关于数据的说明数据；相关文件指需要随矢量数据同时提供的其他附件及说明信息。

DLG 分为非符号化数据和符号化数据两类。非符号化数据是以平面位置坐标、几何信息和属性值表示地形要素，即点、线、面形式的非符号化矢量数据集，代号为 A；符号化数据是以平面位置坐标、属性和地图特定符号的形式表示地形要素，是按照《国家基本比例尺地图图示》（GB/T 20257.1—2017）要求进行地图符号化及编辑处理后的矢量数据集，代号为 B。

任务实施

1. 详查检验内容及方法

DLG 详查的检验内容与方法见表 7-13 所列。

表 7-13　DLG 质量详查的检验内容及方法

质量元素	质量子元素	检验内容	检验方法
空间参考系	大地基准	坐标系统	核查分析
	高程基准	高程基准	
	地图投影	投影参数	
		图幅分幅	
位置精度	平面精度	平面绝对位置中误差	比对分析、实地检测
		平面相对位置中误差	实地检测
		控制点平面坐标	核查分析
		几何位移	比对分析、实地检测
		矢量接边	比对分析
	高程精度	高程注记点高程中误差	比对分析、实地检测
		等高线高程中误差	
		等高距	核查分析
		控制点高程	
属性精度	分类正确性	分类代码值	比对分析、实地检测
	属性正确性	属性值	
完整性	多余	要素多余	比对分析、实地检测
	遗漏	要素遗漏	
逻辑一致性	概念一致性	属性项	核查分析
		数据集	
	格式一致性	数据归档	
		数据格式	
		数据文件	
		文件命名	
	拓扑一致性	拓扑关系	
		重合	
		重复	
		相接	
		连续	
		闭合	
		打断	
时间精度	现势性	原始资料现势性	核查分析
		成果数据现势性	

（续）

质量元素	质量子元素	检验内容	检验方法
表征质量	几何表达	几何类型	比对分析、实地检测
		几何异常	核查分析
	地理表达	要素取舍	比对分析、核查分析、实地检测
		图形概括	
		要素关系	
		方向特征	
附件质量	元数据	项错漏	核查分析
		内容错漏	
	图历簿	内容错漏	
	附件资料	完整性	
		正确性	
		权威性	

详细检验方法如下。

1）核查数据正确性

空间参考系需核查分析数据的平面坐标系统、高程基准、地图投影参数、图幅分幅的正确性。以 1∶2000 比例尺 DLG 为例，坐标系应采用 2000 国家大地坐标系，高程基准采用 1985 国家高程基准，确有必要时可采用依法批准的其他独立坐标系或其他高程基准。地图投影应采用高斯-克吕格投影，按 3°分带；确有必要时可按 1.5°分带。

2）检测位置精度

位置精度需进行平面绝对位置中误差检测、平面相对位置中误差检测、控制点平面坐标和高程检查、几何位移检查、矢量接边检查、等高距检查、高程注记点和等高线高程中误差检测等。

①平面绝对位置中误差检测。平面检测点的选择要遵守一定原则，检测点数量应视地物复杂程度、比例尺等情况确定，每个样本图幅一般有 20～50 个平面检测点；平面检测点位置应分布均匀，选在明显地物点上。主要包括独立地物点、线状地物交叉点、地物明显的角点与拐点等。平面检测点主要获取方法如下：野外实测法采用全球导航卫星系统（GNSS）测量法或极坐标法采集检测点坐标。当采用 GNSS 测量法观测时，测前、测后应与已知点坐标进行比对检核；当采用极坐标法时，应进行后视坐标和高程检核。空三加密法（适用于摄影测量方式生产的 DLG）利用不低于加密点精度的已知点作为控制点，采用空三加密方法，按加密点的精度要求选取、观测、平差计算出检测点坐标。摄影测量法（适用于摄影测量方式生产的 DLG）利用被检项目的加密成果，在摄影测量系统中恢复或重建立体模型，在立体模型上采集检测点坐标。已有成果比对法是利用高精度或同精度的地形图、正射影像图等成果获取检测点坐标。

平面绝对位置中误差统计是利用采集的平面检测点与成果中同名点位置比较，计算出地物点平面绝对位置中误差。精度统计按单位成果进行，当粗差率大于 5%时，判定精度不合格，当粗差率小于或等于 5%时，粗差数量计入位置精度的几何位移错漏数。平面绝对位置中误差计算按任务 7-1 中的“4.4D 产品数学精度检测”相关内容进行，大比例尺 DLG 图上地物点对邻近野外控制点的平面位置中误差不应大于表 7-14 中规定，其他比例尺 DLG 按相关标准规定执行。

表 7-14　DLG 平面位置中误差最大限值　　单位：m

比例尺	平地、丘陵（坡度<6°）	山地、高山地（坡度≥6°）
1∶500	0.3	0.4
1∶1000	0.6	0.8
1∶2000	1.2	1.6

注：最大允许误差为 2 倍中误差。

②平面相对位置中误差检测。平面相对位置中误差的检测适用于 1∶500~1∶2000 比例尺 DLG，检测边数量视地物复杂程度、比例尺等情况确定，每个样本图幅一般选取 20~50 条检测边；检测边位置应分布均匀，选择明显地物点间距，主要包括独立地物点、建筑物明显角点和拐点等点位间距离；同一地物点相关检测边不能超过两条。检测边可实地用钢（皮）尺或手持测距仪量取地物点间距离。平面相对位置中误差统计利用采集的检测边与成果中同名边比较，按任务 7-1 中的“4.4D 产品数学精度检测”相关内容计算出相对位置中误差。

③控制点平面坐标和高程检查。在室内对照控制资料核查控制点平面坐标和高程值的正确性。

④几何位移检查。实地巡视或室内对照调绘片、数字正射影像图（DOM）、数字栅格图（DRG）等参考资料核查分析点、线、面要素平面位置是否偏移。

⑤矢量接边检查。利用程序自动检查或调用相邻图幅比对分析线状和面状要素位置接边的正确性。接边处的数据应连续、无裂缝、图形平滑自然；同一要素在相邻图幅的位置、属性、关系正确一致；符号化数据接边时，还应保持符号图形形状特征的正确性，图形过渡自然，避免生硬。

⑥等高距检查。根据 DLG 等高线计算出地面坡度和图幅高差，核查分析成果等高距与相关技术要求的符合性。大比例尺 DLG 基本等高距依据地形类别划分，按表 7-15 规定，其他比例尺 DLG 按相关标准规定执行。一幅图内宜采用一种等高距，也可以图内线性地物为界采用两种等高距，但不应多于两种。

表 7-15　DLG 基本等高距　　单位：m

比例尺	平地（坡度<2°）	丘陵（2°≤坡度<6°）	山地（6°≤坡度<25°）	高山地（坡度≥25°）
1∶500	0.5	1.0（0.5）	1.0	1.0
1∶1000	0.5（1.0）	1.0	1.0	2.0
1∶2000	1.0（0.5）	1.0	2.0（2.5）	2.0（2.5）

注：1. 坡度按图幅范围内大部分地面坡度划分。
2. 括号内表示依用途需要选用的等高距。

⑦高程注记点和等高线高程中误差检测。高程检测点数量应视地物复杂程度、比例尺等情况确定，每个样本图幅一般选取 20~50 个高程检测点；高程检测点位置应分布均匀，尽量选取实地能够准确判读的明显地物点和地貌特征点，避免选择高程急剧变化处；同名高程注记点采集位置应尽量准确，避免选择难以准确判读的高程注记点，应着重选取山顶、鞍部、山脊、山脚、谷底、谷口、沟底、凹地、台地、河川湖池岸旁和水涯线上等重要地形特征点；城区内高程注记点应注重选取城区的街道中心线、街道交叉中心、建筑物墙基脚和相应的地面、管道检查井、桥面、广场、较大庭院内或空地上等特征点。通过野外实测法、空三加密法和摄影测量法获取高程检测点的方法与平面检测点获取方法相同，已有成果比对法(适用于各种比例尺 DLG)则是利用高精度或同精度的地形图 DEM 等成果获取检测点坐标。

高程精度统计需利用采集的检测点与成果中同名高程注记点高程值进行比较，按任务 7-1 中的“4. 4D 产品数学精度检测”相关内容计算高程注记点的高程中误差；利用采集的检测点与检测点邻近等高线内插计算出的相应点的高程值比较，统计计算等高线的高程中误差。以 1∶2000 比例尺 DLG 为例，高程注记点、等高线对邻近野外控制点的高程中误差不应大于表 7-16 的规定，特别困难地区(大面积的森林、沙漠、戈壁、沼泽等)高程中误差按表 7-16 相应地形类别放宽 0. 5 倍，高山地不宜再放宽，其他比例尺 DLG 按相关标准规定执行。

表 7-16　DLG 高程中误差最大限值　　单位：m

比例尺	要素	平地（坡度<2°）	丘陵（2°≤坡度<6°）	山地（6°≤坡度<25°）	高山地（坡度≥25°）
1∶2000	高程点	0. 4(0. 2)	0. 5	1. 2	1. 5
	等高线	0. 5(0. 25)	0. 7	1. 5	2. 0

注：1. 最大允许误差为 2 倍中误差。
2. 括号内表示依用途需要选用等高距的高程中误差。

3)属性精度检查

①测量控制点。室内对照控制点资料，比对分析各类控制点类型、等级等属性值的正确性。

②居民地及设施。实地检查或室内对照调绘片等资料，比对分析居民地、工矿及其设施、农业及其设施、公共服务及其设施、名胜古迹、宗教设施和科学观测站等居民地要素的分类代码、名称等属性值的正确性。

③水系。实地检查或室内对照水系资料和调绘片等资料，比对分析河流、沟渠、湖泊、水库、海洋要素和水利及附属设施等水系要素的分类代码、名称、河流编码、水库库容量、水质和堤坝高程等属性值的正确性。

④交通。实地检查或室内对照道路及其附属设施资料、调绘片等资料，比对分析铁路、各级道路及附属设施、水运设施、航道和空运设施等交通要素的分类代码、名称、编号、等级、铺设材料和桥梁载重等属性值的正确性。

⑤管线。实地检查或室内对照调绘片、电力通信线等资料，比对分析输电线、通信

线、油(气、水)输送管道和城市管线等管线要素的分类代码、线路名称、电力线电压和通信线种类等属性值的正确性。

⑥境界与政区。实地检查或室内对照境界资料、调绘片等资料，比对分析国界、未定国界、国内各级行政区划界、特殊地区界和自然保护区界等境界要素的分类代码、行政区域名称、行政区划代码和界桩界碑号等属性值的正确性。

⑦地貌。实地检查或室内对照调绘片等资料，比对分析等高线、高程注记点、水域等值线、水下注记点、自然地貌和人工地貌等地貌要素的分类代码、高程和比高等属性值的正确性。

⑧植被与土质。实地检查或室内对照调绘片、植被土质等资料，比对分析植被、土质要素分类代码和类别等属性值的正确性。

⑨地名。实地检查或室内对照调绘片、地名录等资料，比对分析自然和人文地理名称分类码、名称等属性值的正确性。

⑩属性接边。利用程序自动检查或调用相邻图幅，比对分析线状、面状要素属性接边的正确性。

4) 完整性检查

完整性检查需实地检查或室内对照调绘片、DOM 等参考资料，比对分析测量控制点、居民地及设施、水系、交通、管线、境界与政区、地貌、植被与土质和地名等要素是否有遗漏、多余或放错层的情况发生。

5) 逻辑一致性检查

逻辑一致性检查需检查概念一致性、格式一致性、拓扑一致性，检查方法如下。

①概念一致性检查。利用程序自动检查，或调用数据核查分析数据集(层)定义的符合性，属性项数目、名称、类型、长度和顺序等的正确性。

②格式一致性检查。利用程序自动检查或调用数据核查分析数据文件的存储、组织、归档的符合性，数据文件格式、文件命名的正确性，数据文件有无缺失、多余，数据是否可读。

③拓扑一致性检查。利用程序自动检查或调用数据核查分析线要素节点匹配的正确性，是否存在不合理伪节点和悬挂点；面要素是否闭合，是否存在不合理面重叠和面裂隙，相同属性面是否分割为多个相邻面；该重合的要素之间是否严格重合；有无重复采集的要素。

6) 时间精度检查

时间精度需核查分析生产中使用的各种资料是否符合现势性要求。

7) 表征质量检查

表征质量检查需检查几何表达和地理表达，检查方法如下。

①几何表达检查。几何类型和几何异常。几何类型检查需实地检查或室内对照调绘片、DOM 等参考资料，比对、核查分析点、线、面要素几何表达的正确性。几何异常检查需利用程序自动检查或调用数据核查分析要素几何图形异常数量，包括极小的不合理面或极短的不合理线，以及线要素的折刺、回头线、自相交和抖动等。

②地理表达检查。检查要素取舍、图形概括、要素关系、方向特征。要素取舍需实地检查或室内对照调绘片、DOM 等参考资料，比对分析和核查要素取舍与技术设计及图式规范的符合性，综合取舍指标掌握的准确性。图形概括需实地检查或室内对照调绘片、DOM 等参考资料，比对分析和核查要素图形概括的正确性，能否准确表达实地的地理特征，地物局部细节和地貌特征有无丢失、变形等。要素关系需实地检查或室内对照调绘片等参考资料，比对分析和核查同一层或不同层要素空间关系表达的协调性、合理性。方向特征需实地检查或室内根据与地物地貌的关系，核查或对照调绘片、DOM 等参考资料，比对分析有向点、有向线要素方向的正确性。

8) 附件质量检查

附件质量需对元数据、图历簿和附属资料进行检查。元数据检查可利用程序自动检查或调用数据核查分析元数据文件的命名、格式、元数据项数目、顺序和各项内容填写的正确性、完整性。图历簿需核查分析各项内容填写的正确性、完整性。附属资料需核查分析各种基本资料和参考资料的完整性、正确性和权威性；技术设计、技术总结、检查报告及其他文档资料的齐全性、规整性。

2. 概查检验内容及方法

DLG 概查的检验内容与方法见表 7-17 所列。

表 7-17　DLG 质量概查的检验内容及方法

质量元素	质量子元素	检验内容	检验方法
成图范围		测图范围的符合性	核查分析
空间参考系	大地基准	坐标系统	
	高程基准	高程基准	
	地图投影	投影参数	
		图幅分幅	
逻辑一致性	概念一致性	属性项	核查分析
		数据集	
	格式一致性	数据归档	
		数据格式	
		数据文件	
	拓扑一致性	文件命名	
		拓扑关系	
时间精度	现势性	原始资料现势性	核查分析
		成果数据现势性	
其他		重要或特别关注检查项	
		重要或特别关注要素	
		详查发现的系统性偏差、错误	

成图范围检查依照生产合同、技术设计等资料，核查分析成图范围是否正确，测图区域有无漏测。空间参考系、逻辑一致性和时间精度 3 项检查内容及方法与详查内容及方法

一致。此外，还可根据项目需要和检验所收集的资料情况，选择以下几项全面检查：

①重要或特别关注的一个或多个检查项；

②重要或特别关注的一种或多种要素的部分检查项；

③详查发现的系统性的偏差、错误。

3. 任务相关测绘标准

①《基础地理信息数字成果 1∶500　1∶1000　1∶2000 数字线划图》(CH/T 9008.1—2010)。

②《数字线划图(DLG)质量检验技术规程》(CH/T 1025—2011)。

③《国家基本比例尺地图图式　第 1 部分：1∶500　1∶1000　1∶2000 地形图图式》(GB/T 20257.1—2017)。

④《基础地理信息要素数据字典　第 1 部分：1∶500　1∶1000　1∶2000 基础地理信息要素数据字典》(GB/T 20258.1—2019)。

○ 巩固练习

(1)1∶2000 比例尺 DLG 应采用哪种平面坐标系、高程基准和地图投影？

(2)哪些比例尺 DLG 需检测平面相对位置中误差？对检测边有哪些要求？

(3)DLG 成果详查中质量元素表征质量检查包括哪些内容？

参考文献

陈国平，2014. 摄影测量与遥感实验教程[M]. 武汉：武汉大学出版社.

邓非，闫利，2018. 摄影测量实验教程[M]. 武汉：武汉大学出版社.

国家测绘地理信息局测绘标准化研究所，2008. 1：5000　1：10000　1：25000　1：50000　1：100000 地形图航空摄影规范：GB/T 15661—2008[S]. 北京：中国标准出版社.

国家测绘地理信息局测绘标准化研究所，2008. 1：500　1：1000　1：2000 地形图航空摄影测量内业规范：GB/T 7930—2008[S]. 北京：中国标准出版社.

国家测绘地理信息局测绘标准化研究所，2017. 国家基本比例尺地图图式　第1部分：1：500　1：1000　1：2000 地形图图式：GB/T 20257.1—2017[S]. 北京：中国标准出版社.

国家测绘地理信息局测绘标准化研究所，2017. 基础地理信息要素数据字典　第1部分：1：500　1：1000　1：2000 基础地理信息要素数据字典：GB/T 20258.1—2019[S]. 北京：中国标准出版社.

国家测绘地理信息局职业技能鉴定指导中心，2015. 测绘案例分析[M]. 北京：测绘出版社.

张剑清，潘励，王树根，2009. 摄影测量学[M]. 2版. 武汉：武汉大学出版社.

张军，2019. 摄影测量与遥感[M]. 郑州：黄河水利出版社.

中测新图(北京)遥感技术有限责任公司，2011. 数字航空摄影规范　第1部分：框幅式数字航空摄影：GB/ T 27920.1—2011[S]. 北京：中国标准出版社.

自然资源部测绘标准化研究所，2009. 数字航空摄影测量空中三角测量规范：GB/T 23236—2009[S]. 北京：中国标准出版社.